SHENJIA ZHEYANG TIGAO

身价，这样提高

维 迪 ◎ 编著

北京工业大学出版社

图书在版编目（CIP）数据

身价，这样提高 / 维迪编著. —北京：北京工业大学出版社，2012.11

ISBN 978-7-5639-3238-2

Ⅰ.①身… Ⅱ.①维… Ⅲ.①成功心理—通俗读物 Ⅳ.①B848-49

中国版本图书馆CIP数据核字（2012）第205139号

身价，这样提高

编　　著：维　迪
责任编辑：陶国庆
封面设计：尚世视觉
出版发行：北京工业大学出版社
　　　　　（北京市朝阳区平乐园100号　100124）
　　　　　010-67391722（传真）bgdcbs@sina.com
出 版 人：郝　勇
经销单位：全国各地新华书店
承印单位：唐山才智印刷有限公司
开　　本：787 mm×1092 mm　1/16
印　　张：17
字　　数：305千字
版　　次：2012年11月第1版
印　　次：2021年1月第2次印刷
标准书号：ISBN 978-7-5639-3238-2
定　　价：32.00元

版权所有　翻印必究

（如发现印装质量问题，请寄本社发行部调换 010-67391106）

前　　言

在今天这个社会，任何人群皆存在于一定的社会阶层之中，个体的人都具有不同的身价，跻身不同的阶层。对于工薪者来说，薪资是他们的身价；对于官场人士来说，级别是他们的身价；对于企业家来说，资产是他们的身价；对于文化人来说，学识就是他们的身价。

一个影视明星在一则广告里笑了一笑，一句话都没说，可以获得几十万元甚至数百万元酬金，一名球星的转会费可以达到数千万美元甚至上亿美元。

如果换作你、我，也能有这样高的价值吗？不能。因为我们没有他们那样的身价。

就算同一个单位的员工，有的人月薪上万元，有的人月薪却只有两三千甚至几百元，为什么呢？只是因为每一个人的身价不同的缘故啊！

无论你认为这公平不公平，也不管你个人有多少牢骚，事实都明明白白地摆在那里，社会早已经对身价有了基本的标准和认同。

那么，我们该怎样提高自己的身价，让自己的人生过得更加灿烂辉煌呢？

那就翻阅本书吧！本书从多个方面讲述了提高身价的方法，相信读者朋友读完本书一定有所裨益。

由于水平有限，加之时间仓促，本书不足之处在所难免，诚望读者朋友批评指正。

目 录

第一章 用美好的形象展示你的身价 ………………………… 1

以得体的言行举止和良好的风度展示魅力 …………………… 1
摆出自信和平易近人的姿势 …………………………………… 3
以培养领袖气质来塑造人格魅力 ……………………………… 6
正确的表情最能捕捉人心 ……………………………………… 8
得体的微笑表示力量和涵养 …………………………………… 9
控制好眼神 ……………………………………………………… 13
以注重仪表为自己加分 ………………………………………… 15
以得体的服饰展现个人品位 …………………………………… 17
细节体现修养 …………………………………………………… 30
有"礼"走遍天下 ……………………………………………… 32
训练自己的魅力 ………………………………………………… 56

第二章 宏大的气度为你拓展身价的空间 ………………… 59

海纳百川，有容乃大 …………………………………………… 59
做人不可无容人之量 …………………………………………… 61
有大胸怀才有大成功 …………………………………………… 62
度量大一点儿，脾气小一点儿 ………………………………… 64
要拿得起，更要放得下 ………………………………………… 67
人生就是一连串的取舍 ………………………………………… 72
在利益面前不要"吃独食" …………………………………… 77
从得到中失去就能从失去中获得 ……………………………… 80
以德报怨才能感化他人 ………………………………………… 81
把仇恨轻轻地写在沙滩上 ……………………………………… 84

第三章 德行有多厚，身价就有多高 …………… 87

诚实是一笔无形的财富 …………………………… 87
诚信是一种可贵的品德 …………………………… 88
承诺不可轻许，许诺就要兑现 …………………… 91
做人要凭良心，做事要守规矩 …………………… 94
做人要学会感恩 …………………………………… 95
自制是一切美德的基石 …………………………… 98
道歉是值得尊敬的 ………………………………… 101
让自己德才兼修 …………………………………… 103
创出自己的品牌 …………………………………… 104

第四章 以博学提高你的身价 …………………… 106

知识决定身价 ……………………………………… 106
你能得到多少，往往取决于你已知道多少 ……… 107
在学习中与时俱进 ………………………………… 109
把学习作为人生的第一需要 ……………………… 112
用读书调整好心理 ………………………………… 114
老来发愤无须叹晚 ………………………………… 116
善于开辟学习的途径 ……………………………… 118
掌握良好的自学方法 ……………………………… 120

第五章 靠人气提高你的身价 …………………… 123

成功源于好的人际关系 …………………………… 123
通晓人情世故，万事成功皆有路 ………………… 124
培育好的人际关系 ………………………………… 126
重视团结协作 ……………………………………… 127
交际本领比专业本领更重要 ……………………… 128
赢得他人的友谊 …………………………………… 130
尽量结交卓越的人士 ……………………………… 132
与朋友保持和谐的关系 …………………………… 134
处理好依赖和独立的关系 ………………………… 136
树立人际交往的积极心态 ………………………… 137

第六章 塑造独特的个性提高身价 ………………… 140

揭开个性世界的面纱 ……………………………… 140
个性生存是一种主流 ……………………………… 145
性格是健康的,人生也会是快乐的 ……………… 146
张扬个性,"秀"出自己 …………………………… 148
优秀的个性是一笔巨大的财富 …………………… 150
保持真我本色 ……………………………………… 152
无须与别人比什么 ………………………………… 154
不必太在意别人的眼光 …………………………… 156
遵从自己内心的渴望 ……………………………… 157
像世界超模一样走路 ……………………………… 159
做一个有个性、有特色的人 ……………………… 161

第七章 赚取财富提高身价 ……………………… 163

向贫穷挑战,向命运挑战 ………………………… 163
冲破害人的"思想牢笼" …………………………… 165
谋划好自己的"财富导航图" ……………………… 167
直觉和胆量是赚钱秘诀 …………………………… 172
思路决定财路 ……………………………………… 173
赚钱要有心计 ……………………………………… 175
正确的方法是致富的捷径 ………………………… 177
经商要能守住道德底线 …………………………… 179
金碑、银碑不如口碑 ……………………………… 180

第八章 提高身价需要自我磨砺 ………………… 183

人贵有自知,自知是大智 ………………………… 183
不要被不合理的标签所左右 ……………………… 185
做自己擅长的事 …………………………………… 186
挑战自己的潜能 …………………………………… 188
把自己变成竞争高手 ……………………………… 191
别跟自己的出身赌气 ……………………………… 193
拥有强烈的上进心 ………………………………… 195
在困难中磨炼自己 ………………………………… 196

第九章　自己争气才能提高身价 …………… 202

与其生气，不如争气 …………………………… 202
生气解决不了问题 ……………………………… 203
不必强争，有"礼"走遍天下 ………………… 205
学会消气，停止抱怨 …………………………… 206
向消极思想说"不" …………………………… 208
失意不失志 ……………………………………… 214
把"好的"、"坏的"都变成"对的" ………… 215
扫除自卑的心理 ………………………………… 218
学会忘怀，让生命显出勃勃生机 ……………… 220
清理心灵花园里的各种杂草 …………………… 221
人穷不怕，心穷才可怕 ………………………… 222
改变不了环境，就改变自己 …………………… 224
别为一时的损失而哭泣 ………………………… 226

第十章　勤奋是提高身价的阶梯 …………… 229

一种聪明的误读 ………………………………… 229
懒惰是一种劣根性 ……………………………… 232
勤奋者的眼里遍地是黄金 ……………………… 234
不要轻视自己的工作 …………………………… 235
做事就要做到位 ………………………………… 237
以勤勉的工作体现人格的魅力 ………………… 243
珍惜光阴才可成就人生 ………………………… 244
一分钟都不能耽误 ……………………………… 247
恪尽职守塑造平凡而卓越的人生 ……………… 249

第十一章　身价越炫耀越不值钱 …………… 251

低调做人是一种大智慧 ………………………… 251
做人越低调，生活越轻松 ……………………… 252
放下"架子"才有"身价" …………………… 253
藏而不露品自高 ………………………………… 255
"才"高外露惹人妒 …………………………… 258
自夸不如人夸 …………………………………… 260
不做狂妄傲慢的人 ……………………………… 262

第一章　用美好形象展示你的身价

以得体的言行举止和良好的风度展示魅力

优雅的言行举止使人风度翩翩。即使最普通的职员，只要他们言行得体，举止规范，自然会使人肃然起敬。一个人的一举一动、一言一行都与他自己的风度仪表相关联，注意这些小节并使之规范化，会给生活增添无限的光彩。一般而言，良好的言行举止总使人感到愉悦、畅快。

有些人认为，一个人的言行举止、外在仪表无关紧要。事实却并非如此。在现实生活中，一个人的举止是否优雅、言行是否得体，对于一件事情的成败往往有直接的影响。毕业于牛津大学赫特福德学院的米德尔顿大主教说："高尚的品德一旦与不雅的仪表举止连在一起，也会使人生厌。"毫无疑问，优雅的言行举止能使社会交往更加轻松愉快，从而有利于事情的成功。

一个人自己的言行举止与别人对他的尊敬息息相关，在管理支配他人时，它常常比内在的、实质性的品性这类东西具有更大的作用。热情友好、彬彬有礼的言谈举止无疑会使人通身舒畅，在这种友好的交往中，成功往往就会到来。也就是说，亲切友好的言行举止会有助于事业成功。与此相反，不良的言行举止、粗鲁庸俗的言语只会使人产生厌恶之感，这样一来，什么生意、交易都做不成。人际交往的第一印象特别重要，而一个人是否谦恭有礼往往对第一印象有着十分重要的影响。

友善的言行、得体的举止、优雅的风度，这些都是走进他人心灵的通行证。无论老年人还是年轻人，心扉都是向举止得体、彬彬有礼的人打开的。态度生硬、举止粗鲁的言行举止只会使人产生厌恶之情、憎恨之感。这种人在生活中必定处处碰壁，处处令人生厌，就像过街的老鼠一样，使人通身不快。

有的人可能显得没有修养，甚至粗鲁无礼，但他们也许是心地善良、品德高尚的人。如果这种心地善良、品德高尚的人能举止优雅、谦恭有礼，就如真正优雅的绅士一样，那么他们肯定对社会更加有益，在现实生活中能给予人更多的快乐和幸福。

　　米德尔顿大主教指出："在一定的程度上可以说，一个人的行为举止反映出一个人的内在品格。"也就是说，一个人外在的行为举止是其内在本性的表现。它反映出一个人的兴趣、爱好、情感世界、性格性情以及他早已习惯了的社会习俗，等等。这些经过长时期自我修养、自我教育而养成的个人的行为方式，乃是一个人本身性格、气质、禀性的综合反映。因而，这些与个人内在本性相关联的仪表风度以及待人接物的方式、方法就具有不可小视的意义。

　　优雅的行为举止在很大程度上源于谦恭有礼和善良友好。从外表上看，礼貌乃是一种表现或交际形式，从本质上讲，礼貌反映着我们自己对他人的一种关爱之情。也许一个人并没有必要对他人表示关爱之情，但他却对别人十分礼貌。优雅的举止与得体的行为并没有什么本质的区别，两者基本上是一致的。有人说："漂亮的体形比漂亮的脸蛋要好，优雅的行为举止要胜过婀娜多姿的身段；优雅的行为举止是最好的艺术，它要胜过任何著名的雕塑或名画。"

　　真正的礼貌必然是源自忠诚，必然是出于内心，不然的话，就不会产生持久而深刻的印象。缺乏真诚的优雅是不存在的。粗鲁的言行、粗暴的性格与优雅的行为风马牛不相及。优雅的行为举止是人性的一种自然流露。

　　真正的谦恭有礼必出自善良。心地善良的人必然乐于助人，而不愿意让别人痛苦或烦恼。正如友好和善意一样，谦恭有礼自然让人感到轻松愉快，谦恭有礼与友善的行为总是合二为一、不可分离。

　　如果一个人希望别人尊重自己，他自己就要善于尊重他人。真正有礼貌的人总是尊重他人的意见和看法，从不强求他人的意见与自己的一致，虚心听取他人的不同意见。他应该宽容，善于忍耐、克制，避免作任何尖刻的评论。任何过激的言辞、尖刻的评论总会招致别人对自己的过激的言辞与尖刻的评论。

　　那些没有修养、举止粗鲁、容易冲动的人，根本就不会尊重别人。他们只知道一味地放纵自己的言行，宁可失掉自己的朋友，也不去收敛自己的放纵言行。这种只知道满足一时的自我而不顾及别人人格的人，总是得罪自己的朋友，因此这种人是名副其实的蠢人。约翰逊博士曾说过："任何人都无权说粗鲁的话，更无权干粗鲁愚昧的事情。恶言恶语伤人比将一个人打倒在地更令人怨恨。"

　　那些明智的、有礼貌的人，从来就不会表现出自己比别人更优越、更聪明或更富有。他们从来不向别人夸耀自己高贵而显赫的社会地位，不向别人炫耀自己的职业，也不会总是夸夸其谈地谈论自己的工作，也不会一开口就炫耀自己的生活或工作经历。与此相反，那些明智的、有礼貌的人，总是温良恭厚，总是特别的谦虚谨慎，从不装腔作势、装模作样，不夸夸其谈，不招摇过市。他们总是通过自己的行为而不是通过自己的言语来证实自己的内在品性。他们总是默默无闻地做，而不是哗众取宠地说。真正有礼貌的人总是朴实无华、默默无闻的人。

有的人不尊重他人的感情，主要是因为他们自私自利。自私自利的思想总是会导致种种生硬、粗鲁和令人厌恶的行为举止。当然，这种令人厌恶的行为举止并非出自恶毒的天性，而是由于这种人缺乏必要的同情与体谅他人之心，忽视了日常生活中那些使人愉快欢乐或痛苦的细小之处，从而自觉或不自觉地致使别人不愉快。可以说，一个人到底有没有好的修养，主要在于这个人有没有利他的精神，在日常的生活中能不能够真正体贴、关心他人。

在日常生活中，那些没有一点儿自制力的人是令人难以忍受的。这种人总会给人带来莫名其妙的烦恼和痛苦，与这种人交往，没有一个人会感到由衷的畅快。正是由于缺乏自制力，许多人一辈子都在与自己制造的种种麻烦作斗争。由于他们的任性、倔犟和粗暴，成功总是与他们无缘，苦恼和麻烦总是与他们形影不离。而其他一些天赋并不太高的人，由于他们具有耐心和毅力，待人接物应心平气和，善于自我克制，因而总是一帆风顺，并取得良好的成绩。

优雅的行为举止是相当自然的行为——它并不在乎别人的注意，而是尽去矫饰，任其自然。矫揉造作与坦诚的举止是不相容的。18世纪的学者罗谢弗古尔德曾经说过："任何东西都无法抑制我们的欲望，任何人的欲求总要自然地表现出来。"真诚和坦率总是通过谦恭有礼、温文尔雅、友善和体贴他人等外在行为表现出来。优雅文明的行为举止总让人兴奋快乐，使人心悦诚服。正如人的内在品性一样，人的行为举止也是促使人成功的真正动力。

摆出自信和平易近人的姿势

我们与人相处，有些人虽然话不多，但我们却喜欢和他们待在一起，因为他们能让人感到轻松愉快；有的人逢人便滔滔不绝、夸夸其谈，这不但不让人喜欢，反而令人十分讨厌，总想与之拉开一段距离。在职场上，有的公司职工、干部精诚团结，公司搞得红红火火，他们尊敬自己的公司领导，情愿鞍前马后地效力；有的公司却是职工、干部工作不积极，互相扯皮，人心涣散，工作

无法开展。出现这些不同情况的原因是什么呢？主要是人的素质修养问题。

有时候，我们确实感觉得到，有一种人无论出现在哪儿，都能立即成为众人瞩目的核心，即使他们不言语，就那么站着或坐着，也带给人一种特别的感觉和深刻的印象，甚至还能令人毫无保留地对他们产生信任感。例如那些具有独特气质的领袖人物。

气质与外貌漂亮与否并没有什么直接的关系。关键是看你能否通过你的面部表情、形体动作、语言等展示你迷人的个性气质。真正能打动人的是气质，而不是漂亮的外貌。

在实际生活中，有的人谈吐时精神抖擞，情感丰富，口若悬河，表情自如，显示出超人的才干和气质，博得听众的喜爱和青睐；有的人则是窘迫不安，语无伦次，面部表情麻木，手足不知如何放置，让人大失所望。这两种不同的气质可以说是截然不同的。

每一个人都具有一种理想的自我形象，这就是心理学上所说的"理想自己"。"理想自己"往往被赋予很高的价值。尽管人们来自于不同地方，成长在不同环境，具有各自不同的自我形象，但他们大多具有一些共同点，如俊美的仪表、丰富的情感、敏捷的思维、畅达的语言等，而且都希望给对方留下亲切善良、聪慧正直、才学渊博的印象。但是，不管"理想自己"是多么完美，都必须通过自己的一言一行体现出来，并且争取在表现自己魅力的过程中把它发挥得淋漓尽致。

那么，怎样才能体现这种独特的气质呢？简单地说，可以通过我们身体的努力来体现，比如，站姿或坐姿，走路的姿态，说话抑扬顿挫或诙谐幽默，与他人谈话时的专注等。所有这些都要求自然而不做作，随和而又充满机敏，由此所透露出来的影响力，会产生一种无形的人格魅力，一点一滴地注入对方的心田，在他们的心里产生连锁反应，使他们在不知不觉中被吸引，被征服。

在表现个人魅力时，一个重要的方面就是自信。自信是基础，它是使人情绪稳定的核心，对能否发挥作用至关重要。当双方彼此面对、互相注目时，也许因为环境的变化或多或少地引起一些紧张感。这有助于让人的注意力高度集中，认真进行思考。如果是过度紧张，则往往会影响发挥，使自己的意思不能完全表达。在这种情况下，进行自我调控，强调自信就十分重要。这时要充分看清自己的优势，保持头脑清醒，绝不能流露出半点儿的不安和胆怯。稍后，这种紧张感会慢慢地消失。所以应注意随时调整好自己的音调、节奏与表情、动作配合，自如地发挥自己的魅力，给别人留下良好的印象。

一个人的体态能够表达其信心，显示出他是否精力充沛。如果一个人总是缩着肩膀、大腹便便、下巴松垂，或者眼睛半睁半闭，那就很难说他是一个充满自信的人。一个充满自信并且精力充沛的姿态应该是：挺胸收腹、肩膀平直、胸肌发达、下巴上提、面带微笑，双眼炯炯有神。虽然没有人能够总是表现出一副精力充沛的样子，但我们都要尽力而为。

要时时注意你走路的姿势，这一点最容易向人表露你的精神状态。走路时应该稳健自如地行走。请记住，如果因为工作性质的原因，你必须经常出入其他办公室，你要养成一个随手带些材料或夹个文件夹的习惯。这样不会让你两手空空，而且让你表现出一种讲求效率的形象，你会因此得到他人的赞许。

坐着，背部挺直，双脚靠拢。要避免笔直地坐在一张直背椅上，不管这样多么舒服，你的姿态会显得僵硬。最好的方式是将身体的某一部位靠在靠背上，整个身体稍微有些倾斜。

当你听对面的或旁边的人谈话时，可以摆出一种显得很轻松而不是紧张的坐姿。你在听别人讲述时，可以通过微笑、点头，或者轻轻移动位置以便更清楚地注意到对方的言辞的方式，以表明你的兴趣与欣赏。请注意电视上一些访谈节目的主持人，他们懂得如何更好地倾听他人讲话。

当轮到你说话时，可以先通过某些恰当的手势来吸引他人注意，强调你谈话内容的重要性，你可以这样做：

一是身体前倾，把手肘撑在桌子上，将手指并拢；

二是摘下眼镜，然后用它来强调你要强调的论点；

三是用手轻快地拢拢头发。

但你绝不要这样做：

其一，身体向后仰，以典型的答辩姿态把双臂抱在胸前；

其二，擦碰鼻子；

其三，清理嗓门；

其四，用手遮掩嘴巴；

其五，将口袋里的钥匙或硬币弄得叮当作响。

花点儿时间检查一下积极的和消极的手势，你将发现，积极的手势将不只使你的自我感觉良好，而且也使你和听众更易接受；而消极的手势将把你与听众的距离拉开。

不管你打算采用哪种积极的手势，它们的运用都必须有助于听众对你所说的内容的理解。

你同别人握手的方式，也同样把自己的许多情况告诉了别人。缓慢无力的握手，表明你缺乏自信；而过于用力的握手，暗示你企图极大限度地表明自己要把握着局势，但却缺乏自信。只有那种稳重的、简练的握手才意味着自信。

以培养领袖气质来塑造人格魅力

你是否有过这样的困惑,为什么同样的一个建议,从你的口中说出来与从别人的口中说出来会产生两种截然不同的效果?在某种情况下,为什么有着比他人更出色才能的你,却无法像他人那样得到团体的认可呢?你是否意识到这种现象对你的职场进阶有着什么样的影响呢?

在任何一个团体中,总有某一个人充当着核心的角色,这个人的言行能够被团体认可,并指引着团体的决策和行动。我们可以把这种人所具备的人格魅力称为"领袖气质"。具有这种领袖气质的并不一定是高层的管理者。在任何一个团体中,小到几个人组成的办公室,大到一个集团,总会有一个人具有说服他人、引导他人的能力。在某种程度上,"领袖气质"也可以被认为是人格魅力的一部分。

树立权威形象,培养领袖气质,并不是一朝一夕的事情,如果我们在日常工作中能够注意到以下几点,将会为你培养领袖气质打下良好的基础。

1. 诚实守信,表里如一

试想,一个欺诈而不讲信用,连人格都让人产生怀疑的人,怎么可能在他人心里树立权威形象呢?所以诚实守信是培养"领袖气质"的基本条件。

不少指导社交的实用小册子总是这样教导你、规劝你:你应该昂首阔步地走进去,先声夺人地向周围人展示你的风采,用"虎钳般有力的握手"来给人一个下马威,还暗授机宜似的说你必须用催眠术一般咄咄逼人的目光紧紧地盯住他人。假如你真的照此行事,你会让每一个人都发疯的,他们也一定这样看你。

真正的社交秘诀应该是:你应该始终如一地显示你最好的一面。最有影响力的人不因场合变化而改变他们的个性,不论是亲切的私人交谈,还是向公众发表演说,抑或参加求职面试,他们都是一以贯之,毫无矫揉造作之态,处处显露出他们真实的面目。他们用自己的全部身心与人交流。他们的音调与姿态也总能与口中的表白和谐一致,一切都显得那么亲切自然。

然而,某些面向公众演说的人,却向听众发出令人迷惑的信息。比如,当一个人说"女士们、先生们,我很高兴有机会……"时,眼睛却总盯着听众的鞋子,其实这表明他一点儿都不高兴,这样的演讲怎么会有感染力和鼓动力呢?

2. 认真倾听

在日常生活中，有一些人在大家七嘴八舌地讨论时，他们总是一声不吭地在一边静静地坐着，仔细聆听着别人的发言。到最后，他们才会站出来果断地说出自己的意见。因为"听"首先是对他人的一种尊重，同时也可以帮助你了解别人的思想，了解别人的需求，了解自己和别人的差异，知道自己的长处和不足。当掌握了一切信息以后，你所提出的意见就会站在一个新的起点上，站在团体的角度上。所以在某种时候，最后发言者因为掌握了更多的信息，见解也就更深入、更权威。如果你每一次的意见都是相对正确的，那么自然而然地在他人的心中就会树立起权威形象。

当你出席一次会议、一场晚会或与人谈话时，你不要迫不及待地亮出自己的观点，先等一两分钟，感受一下现场的氛围，了解人们当时的情绪，是激昂、愉快、观望，还是消沉？他们渴望了解你吗？对你的到来是否不悦？倘若你能感受到这一切，你便能更好地去接近他们，不会作出不合时宜的举动。

3. 记住身边每一个人的名字

你要让别人重视你，树立起你的权威形象，就必须学会重视别人。在现代社会中，生活节奏加快，交流增多，有时候只要"嘿"一声就可以认识一个新的朋友。也许对你来说，要记住每一张新面孔实在不是一件易事，于是，再次见面想不起他人名字的尴尬场景便会常常发生在我们身上。可是有谁意识到这其实是对他人的一种忽视和不尊重呢？心理学家发现，当许多人坐在一起讨论某个问题时，如果在你发言中提到了多个同事的名字及他们说过的话时，那么，被提到的那几个同事就会对你的发言重视一些，也容易接受一些。为什么一个称呼会有这么大魔力呢？那就是"被重视"这种心理因素在起作用。所以，让我们从记住别人的姓名做起，重视身边的每一个人，才能得到其他人的重视和尊重。

4. 从大局的利益出发

领袖气质最突出的一点就是从大局出发、高屋建瓴。一个人待人处世如果只从自己的利益出发，那就不可能得到团体的认可，也更谈不上树立自己在他人心目中的权威形象了。

5. 果断地提出你的意见

有些人在工作中面对某些问题时，明明有自己的见解，却思前想后，犹

犹豫豫，等到其他的同事提出之后才懊悔不已。一次一次的错过，使得他们失去了很多表现自己的机会。还有一些人，平时说话老是模棱两可，明明是一个正确的意见，却让他人产生模糊的感觉，这也会让他人对他们的权威性产生怀疑。所以，当你将问题考虑好了，请果断地提出你的意见。

6．善于运用肢体语言

在与人交往中，你必须将你的整个身体都看做是一个信息的载体。你必须意识到，你的一举一动都在说话。假如你善于运用你的肢体语言，他人将乐于接纳你，并与你合作。外表、情绪、言辞、语调、眼神、姿态，抓住他人兴趣点的能力，这些都是在与人交往时你能运用的东西，其他人正从这诸多方面形成对你的印象。

正确的表情最能捕捉人心

在一个宴会上，其中一名宾客——一个获得遗产的妇人急于留给每一个人一个良好的印象。她花费了好多金钱在黑貂皮大衣、钻石和珍珠上面。但是，她对自己的面孔却没下什么工夫。她的表情尖酸、自私。她没有发现每一个男人更看重的是一个女人面孔的表情，这比她身上所穿的衣服更重要。

捕捉人心的要素很多，其中效果最大，而且能使他人的目光不忍稍移的莫过于表情。普通人多少都会对自己容貌上不完美的地方加以掩饰，拼命地来弥补。特别是那些天生容貌称不上出色的人，总希望尽可能看起来漂亮些，于是努力作出高雅的举止，脸上常挂着温柔的微笑。

你脸上的表情究竟该如何表现呢？或许你想表现出自己是个男子汉，作出思虑深远、富有决断的表情。但是这实在是大错特错！充其量，你这张脸就像每天只是发号施令，看起来极端严肃的班长罢了。

你能够通过努力，使脸上浮现正确的表情。

首先，眼神应经常浮现温和的表情，而且最好能保持微笑。不妨试着学习传教士的表情：善意洋溢，充满着慈爱，严峻之中蕴涵着热情的表情——这种举止相当能吸引人。当然，单只靠表情是不够的。大部分的人要博得人们的欢心，还得利用心意的伴随。由于他们被认为有心，所以他们的表情便能使人着迷，产生好感。

行动比言语更具有力量，而微笑所表示的是："我喜欢你。你使我快乐。

我很高兴见到你。"

这就是为什么小狗这么受人们欢迎的原因。因为它们多么高兴见到我们，因此我们也就高兴见到它们。

必须注意的是，微笑的时候一定要真诚。一种不真诚的笑容骗不了任何人，因为那种笑是机械式的，最让人讨厌的。真正发自内心的微笑是一种令人心情温暖的微笑。

> 艾勒·哈巴德这样建议那些希望获得别人好感的人：
>
> "每回你出门的时候，把下巴缩进来，头抬得高高的，肺部充满空气，沐浴在阳光中；微笑着招呼你的朋友们，每一次握手都使出力量。不要担心被误解，不要浪费一分钟去想你的敌人。试着在心里肯定你所喜欢做的是什么，然后在清晰的方向之下，你径直地走向目标。时刻在心里想着你所喜欢做的伟大而美好的事情，当岁月消逝的时候，你会发现自己掌握了实现你的愿望所需要的机会。正如珊瑚虫从海水中汲取所需要的物质一样，在心中想象着那个你希望成为的有办法的、诚恳的、有用的人，而你心中的思想，每一个小时都会把你转化为那个特殊的人……思想是至高无上的。保持一种正确的人生观——一种勇敢的、坦白的、愉快的态度。思想正确，就等于是创造。一切事物都来自于希望，而每一个诚恳的祈祷都会逐一实现。我们心里想什么，就会变成什么。把下巴缩进来，把头部高高昂起。我们是明天的神仙。"

得体的微笑表示力量和涵养

19世纪的一位名人曾这样赞美微笑：

> 它不花什么，但创造了很多成果。
> 它丰盛了那些接受的人；而又不会使那些给予的人贫瘠。
> 它产生在一刹那之间，但有时给人一种永远的记忆。
> 没有人富得不需要它，也没有人穷得不会支付不起它。
> 它在家中创造了快乐，在商业界建立了好感，而且是朋友间的纽带。
> 它是疲倦者的休息，沮丧者的白天，悲伤者的阳光，又是大自

然的最佳良药。

但它却无处可买、无处可求、无处可借、无处可偷，因为在你把它给予别人之前，没有什么实用的价值。

假如在圣诞节最后一分钟的匆忙购物中，忙碌的店员累得无法给你一个微笑时，你能请他们留下一个微笑吗？

因为不能给予微笑的人，最需要微笑了！因此，如果你要别人喜欢你的话，请遵守这一条规则："微笑。"

一个人的面部表情比穿着更重要。笑容能照亮所有看到它的人，像穿过乌云的太阳，带给人们温暖。用你的微笑去欢迎每一个人，那么你就会成为最受欢迎的人。

富兰克林·贝特格是全美国最著名的推销保险人士之一。他说他许多年前就发现了面带微笑的人永远受欢迎，所以他在进入别人的屋子之前，总是停留片刻，想想高兴的事情，于是他脸上便展现出开朗的、由衷而热情的微笑；当微笑即将从脸上消失的刹那间，他推门进去。

富兰克林·贝特格深知：他推销保险的成功同自己面带微笑有很大的关系。

当你面带微笑去办事，回头看看效果，你必然会大吃一惊。微笑永远不会使人失望，它只会使人们欢迎面带微笑的人。

有这样一个例子，威廉·史坦哈是纽约证券股票公司市场成功的一员，他说他年轻的时候是个讨人嫌的家伙，他脸上没有微笑，不受人们的欢迎。

后来他决定，必须改变自己的态度，他决心要脸上展现开朗的、快乐的微笑。于是，在第二天早上梳头时，他对着镜子中满面愁容的自己下令说："威廉，你得微笑，把脸上的愁容一扫而光！现在立刻开始微笑。"于是，威廉·史坦哈转过身来，跟他的太太打招呼："早安，亲爱的。"同时对她微笑。她怔住了，惊诧不已。史坦哈说："从此以后你不用惊愕，我的微笑将成为寻常的事。"

过了两个月，史坦哈每天早上都对妻子微笑。结果怎么样呢？微笑改变了他的生活，两个月中他在家所得的幸福比以往一年还要多。

现在，史坦哈对大楼的电梯管理员微笑，对大楼门廊里的警卫微笑，对地铁的出纳小姐微笑。当他在交易所时，对那些从未见过他的人微笑。于是他发现，每一个人都对他报以微笑。

史坦哈带着一种轻松愉悦的心情去同一些满腹牢骚的人交谈，一面微笑，一面恭听。过去很讨人厌的家伙，现在变成了一个受人欢迎的人；过去很棘手的问题，现在变得容易解决了。

毫无疑问，微笑给史坦哈带来了许多的方便和更多的收入。现在，他发现以前同别人相处很难；现在可完全相反，他学会赞美、赏识他人，努力使自己用别人的观点看事物。从此他快乐、富有，拥有友谊与幸福。

不会微笑的人在生活中将处处感到艰难，这就是史坦哈自己的体会。

在现实的工作、生活中，一个人对你满面冰霜、横眉冷对；另一个人对你面带笑容、温暖如春，他们同时向你请教一个工作上的问题，你更欢迎哪一个？当然是后者，你会毫不犹豫地对他知无不言，言无不尽，问一答十；而对前者，恐怕就恰恰相反了。

一个人的面部表情亲切、温和、充满喜气，远比他穿着一套高档、华丽的衣服更吸引人注意，也更容易受人欢迎。

大卫·史汀生是美国一家小有名气的公司总裁，他虽然十分年轻，但是他几乎具备了成功男人应该具备的所有优点。他有明确的人生目标，有不断克服困难、超越自己和别人的毅力与信心；他大步流星、雷厉风行、办事干脆利索、从不拖沓；他的嗓音深沉圆润，讲话切中要害；他总是显得雄心勃勃、富于朝气。他对于生活的认真与投入是有口皆碑的，而且，他对于同事们也很真诚，讲求公平对待，与他深交的人都为拥有这样一个好朋友而自豪。

但以前见到他的人却对他少有好感。为什么呢？原来他几乎没有笑容。

他深沉、严峻的脸上永远是炯炯的目光、紧闭的嘴唇和紧咬的牙关，即便在轻松的社交场合也是如此。他在舞池中优美的舞姿几乎令所有的女士动心，但却很少有人同他跳舞。公司的女员工见了他更是畏如虎豹，男员工对他的支持与认同也不是很多。而事实上他只是缺少了一样东西，一样足以致命的东西——一副动人的、微笑的面孔。

第一章 用美好形象展示你的身价

微笑是一种宽容、一种接纳，它缩短了人们彼此间的距离，使人与人之间心心相通。喜欢微笑着面对他人的人，往往更容易走入对方的天地。难怪学者们强调："微笑是成功者的先锋。"

下面是一家小型电脑公司的经理讲述自己如何为一个很难填补的缺额找到了一位适当的人选。

"我为了替公司找一个电脑博士几乎伤透脑筋，最后我找到一个非常好的人选，刚刚从某名牌大学毕业的高才生。几次电话交谈后，我知道还有几家公司也希望他去，而且都比我的公司大，比我的公司有名。当他表示接受这份工作时，我真的是非常高兴也非常意外。他开始上班后，我问他，为什么放弃其他更优厚的条件而选择我们公司？他停了一下然后说：'我想是因为其他公司的经理在电话里是冷冰冰的，商业味很重，那使我觉得好像只是一次生意上的往来而已。但你的声音听起来似乎你真的希望我能成为你们公司的一员。因为我似乎看到电话的那一边，你正在微笑着与我交谈。你可以相信，我在听电话的时候也是笑着的。'"

的确，如果说行动比语言更具有力量，那么微笑就是无声的行动，它所表示的是："我很满意你。你使我快乐。我很高兴见到你。"笑容是结束说话的最佳"句号"，这话真是不假。

"你希望别人高兴来见你，你就必须高兴会见别人。"这是一位行政单位的秘书的经验之谈。他说他所在的办公室主任只要是见到上司总会微笑着打招呼、点头，上司也以同样的态度来回应。可一回到自己的科室，这位主任对下属便很冷淡、很严厉，从没有笑脸，这样他也就得不到同人们的微笑与拥护了。

对人微笑是高超的社交技巧之一，是一种文明礼貌的表现，它显示出一种力量、涵养和气质。一个刚刚学会微笑的中年经理说："自从我开始坚持对同事微笑之后，起初大家非常迷惑、惊异，后来就是欣喜、赞许，两个月来，我得到的快乐比过去一年中得到的满足感与成就感还要多。现在，我已养成了微笑的习惯，而且我发现人人都对我微笑。过去冷若冰霜的人，现在也热情友好起来。上周单位搞民主评议，我几乎获得了全票。这是我参加工作这么多年来从未有过的大喜事！"

有微笑面孔的人，就会有希望。因为一个人的笑容就是他好意的信使，他的笑容可以照亮所有看到它的人。没有人喜欢帮助那些整天皱着眉头、愁容满面的人，更不会信任他们。对于那些受到上司、同事、客户或家庭的压力的人，一个笑容能帮助他们懂得一切都是有希望的，世界是有欢乐的。一个人只要活着、忙着、工作着，就不能不微笑……

控制好眼神

能否博得对方的好感，眼神可以起主要的作用。为人处世不太成熟的人，只要他的眼神好，有生气，即可一俊遮百丑；反之，即使能说会道，如果眼睛不发光或眼神不好，也不能博得他人的好感。

不论你如何强烈地反驳对方都必须笑容满面，如果不笑，就无法保持温柔的眼神。在生意人的"词典"里，不应该有嘲笑的眼神、怜悯的眼神、狰狞的眼神或愤怒的眼神等字眼。在人际交往中，要塑造良好的形象，必须注意克服一些不当的眼神。

1．不正面看人的眼神

不敢正面看人的眼神表现为不正视对方的脸，比如，不断地改变视线以离开对方的视线，低着头说话，眼睛盯着天花板或墙壁等没有人的地方说话，斜着眼睛看一眼对方，然后立刻转移视线，直愣愣地看着对方，与对方的视线相交时立刻慌慌张张地转移视线，等等。

大家都知道，怯懦的人、害羞的人或神经过敏的人是做不成生意的。哪怕你只有那么一点儿毛病也必须立刻改掉。在和家人、朋友谈话时，不妨下工夫用眼睛盯着对方来进行训练，使自己能以平常的心态说话。

2．贼溜溜的眼神

一个人如果有一双贼溜溜的眼神可就麻烦了。有的人因职业关系在访问客户时有目的地表现出一种柔和的眼神，可是一旦紧张或认真起来就原形毕露，瞪着一双可怕的眼睛，反把客户吓一大跳。

带有贼溜溜眼神的人仅在从事销售工作时注意还不够，必须时时刻刻注意自己平时的日常生活，养成使自己的眼神温和的习惯。如果想从根本上解决的话，对一切宽宏大量是治疗这种眼神的唯一办法。

3. 混浊的眼神

上了年纪的人眼睛混浊是正常现象。然而有的人年纪轻轻的却也眼睛混浊，布满血丝。这样的人给人一种不清洁的感觉，甚至被误认为此人的人格是卑下的。作为一位职场人员来说这是非常不利的情况。

只要不是眼病，年轻人的眼睛一般会混浊。眼睛混浊的年轻人往往是由于睡眠不足或不注意眼睛卫生所引起的。因此，一定要注意睡眠和眼睛卫生。

4. 冷漠的眼神

心理冷酷无情，眼睛也会给人一种冷冰冰的感觉。有的人心眼儿虽然很好，可是两眼看起来却冷若冰霜，那种理智胜过感情的人、缺乏表情变化的人、自尊心过强的人或性格刚强的人往往就是这样。这种人很容易被人误解，因而被人嫌弃，若从事商务活动则很难有所成就。

因此，有这种眼神的人应对着镜子，琢磨如何才能使自己的眼神变得柔和、亲切、惹人喜欢，同时也要研究并调整好自己的心理。如果对自己的矫正还不太满意，可请教一下朋友。

5. 直愣愣的眼神

出差访问客户时，环顾四周是件非常重要的事。眼不斜视直愣愣地朝着对方的办公桌走去，这是没有经验的表现。那么应该怎么办呢？首先，要环顾一下四周，离得近的人就走上前去打个招呼，离得远的就礼貌地行个注目礼。

尤其是去客户单位办理业务时，即使客户单位的主管、一般的工作人员与你的业务并无直接关系，也要诚心诚意地向他们打招呼，这样不但可以提高你的形象，而且在某些情况下他们还会给你意想不到的帮助。

另外，和很多客户说话时行注目礼也是很重要的事，要一边移动视线看着全体人员的脸，一边说话。一般来说，人们比较注意发言多的客户，而往往忽视那些不发言的人，这就有点儿失礼了。对一言不发的人也要注意到，这样一来气氛就大不一样了。

以注重仪表为自己加分

一个人的外貌对个人总体形象是有影响的，但是影响不是很大。只要穿着得体，别人看到你整齐的外表，自然会感觉很舒服，就会给人留下良好的印象。

有的人认为内涵是最重要的，至于人的仪表是小问题，大丈夫就应不拘小节。这样想的人其实错了。试想，一个连自己的仪表都打理不好的人，怎么会成大事呢？不修边幅、不懂礼节的恶名戴在你的头上，这对你的发展没有一点儿好处。如果你注重自己的形象，衣着整洁、穿着大方得体，在和别人交往的时候就能很快获得别人的好感。

相貌是天生的，但相貌的作用也不是绝对的。没有良好的内在素质和真才实学，再漂亮也只是中看不中用，接触久了会让人觉得庸俗、肤浅、没有头脑。过分地注重自己的相貌，会使人失去更高贵、更持久的东西，也会影响工作业绩和生活质量。

为了给对方留下一个不错的印象，就要有良好的仪表，要让整个人看起来有气质。

俗话说："人靠衣装马靠鞍。"外表可以给别人留下深刻的印象。一个衣冠不整、邋遢的人和一个装束典雅、整洁利落的人，在条件相同的情况下，一同去办一件事，结果可能会大相径庭。前者恐怕会遭人冷落、受人白眼，而后者很可能受到热情的接待，从而顺利地完成任务。

在现实生活中，我们虽然不提倡以貌取人，但是有的时候外貌确实可以决定一个人的成败。当然这里所说的"貌"是指仪表。

整齐的着装反映出一个人的修养、气质与情操，人的内在因素完全可以通过仪表表现出来。所以，在尚未与人接触时，个人的修养、内涵已经体现出来了。因此，人们应该在外在形象即个人仪表方面下一点儿工夫，这样有助于办成事。

邋遢的形象不仅是对自己不负责，也是对他人不尊敬的表现。人们见到衣冠不整的人，一般会联想到落魄、失败，谁愿意与这样的人打交道呢？失去了朋友，一个很好的机会或许也同时离自己远去。

有一位行为学家曾做过一个实验，他本人以不同的打扮出现在同一个地点：当他身穿西装以绅士模样出现时，无论是向他问路或问时间的人，大多彬彬有礼；当他打扮成无业游民时，接近他的多半是流浪汉，或是来对火的，或是来借烟的。这说明，一个人的仪表即使不是全部，至少也会部分地反映他的个性、爱好和人品。因此，一个有着良好品格和品位的人，不会对自己的形象掉以轻心。反过来说，对自己外在形象的约束、装饰，也是一个人良好品格和品位的必然表现和自然流露。当然，这种修饰不是矫饰，而是服从于人品修养的发自内心的自然举动，所谓"于细微处见精神"，或精神显露于举手投足之间。

日常生活中，人们常常听到这样的劝告：不要以貌取人。然而事实却是大多数人仍在以貌取人。所以，为了给别人留下好印象，显示自己的身价，人们除了要注重衣着整洁之外，还要注意如下几方面：

(1) 保持牙齿清洁

白净的牙齿是外表形象的第一表象，会给人们增添几分意想不到的魅力。在与人交往过程中，满口黄牙自然会降低你的自信心，别人看在眼里同样会产生不舒服的感觉，不了解你的人很可能认为你是一个不重外表、不讲卫生的粗人，甚至认为你对别人不够尊重。

(2) 注意不良气味

口臭、腋臭、烟味、酒味、鞋臭味等恶劣的气味是影响人际交往的因素之一，这些气味都会使人看起来肮脏、邋遢，令人觉得很不舒服。要时刻注意自己是否有让人感觉厌恶的气味，一旦发现要及时处理。

(3) 注重手和指甲的清洁

手可以说是人的第二张脸，在与人交往时，与人行握手礼是在所难免的。如果你伸出一双脏兮兮的手，别人很可能对你产生想法，与你握手吧，脏兮兮的手让人看了生厌；不与你握手吧，一片盛情让人难以推却。这就会造成彼此间的尴尬。为了避免这种情况，要时刻注重手的清洁卫生，尤其是指甲的清洁与护理。

说到对指甲的在意，最具代表性的就是日本歌手滨崎步了，据说她每天单单在指甲上的化妆就需要花费5个多小时。当然不是要求每个人都要像她一样，但是对指甲的清洁和修剪却是万万不可马虎的。因为指甲的清洁与否直接体现出一个人的生活态度、对礼仪的重视程度。干净、漂亮的指甲，给人以轻松、舒适之感，这样便会拉近与人的距离。

以得体的服饰展现个人品位

得体的服饰属于社交礼仪的范畴，也是显示一个人身份的重要表现形式。

服饰包括着装。着装，从文字上看，就是服装的穿着。从礼仪的角度看，着装不能简单地等同于穿衣。因为它反映了一个人文化素质之高低，审美情趣之雅俗。

着装是根据不同的时间、场合、目的，在一定条件下对所穿的服装进行精心的选择、搭配和组合。在各种正式社交场合里，注重个人着装的人能体现仪表美，让人看着舒服，这在交际中会给自己增分不少。相反地，一个穿着不当、举止不雅的人，往往会降低自己的身份，损害自己的形象。由此可见，着装是一门艺术，它既要讲究协调、色彩，也要注意场合、身份等。同时它又是一种文化的体现。

　　大型文艺晚会大多有民族服装的展示，比如，民族舞蹈，舞者身上的着装展示的不仅仅是服装，更是一种文化，是一个民族特有的文化，这是一种文明的体现。要文明大方，忌穿过露、过透、过短和过紧的服装。身体部位的过分暴露，不但有失自己身份，而且也失敬于人，使他人感到多有不便。虽然着装是自己的事，但是落在别人眼里的，可能就不只是你自己的事。所以，穿衣还是庄重点儿好，把自己的气质穿出来。

　　对我们来说，着装自然得体，协调大方，符合气质，彰显魅力就是最得体的了。服装不但要与自己的具体条件相适应，也要保持整齐、整洁，还要时刻注意客观环境、场合对人的着装要求，也就是着装打扮要优先考虑时间、地点和目的这三个要素，并努力在穿着打扮的各方面与时间、地点、目的协调一致。

　　我们穿衣要恪守服装本身及鞋帽之间约定俗成的搭配，在整体上尽可能做到完美、和谐，展现着装的整体之美。使得身上各个部分相互呼应，相得益彰。除此之外，还要注重颜色的搭配，一般来说，暖色调（红、橙、黄等）给人以温暖、华贵的感觉；冷色调（紫、蓝、绿）则给人凉爽、恬静、安宁、友好的感觉；中和色（白、黑、灰）给人平和、稳重、可靠的感觉。我们要学会色彩的搭配，穿出最有活力、最有自信的自己。

　　俗话说："鞋袜半身衣。"想象一下一套光鲜的衣服配一双肮脏的皮鞋，其形象可想而知。由此可见鞋袜的搭配对人的重要性。所以，在穿着美观方面，细节的搭配很重要，合适的着装还要配上合适的鞋袜。我们自己要特别注意这个细节。

　　五光十色的服装在被千姿百态的人们演绎的同时，服装已经不再是一种没有生命的遮羞布。它不仅是布料、花色和缝制的组合，更是一种社交工具，它向社会中其他成员传达出信息，人们可以通过衣着向他人展示自己的内涵：你是个什么个性的人？你是不是很重视仪表？你是不是重视工作？你的审美观怎样？

　　好的着装可以体现出一个人的道德魅力、审美魅力、知识魅力以及行为规范的魅力；也能让服装在无形中协调人际关系，提高工作效率，增加职位升迁的机会，等等。

第一章　用美好形象展示你的身价

着装要个性鲜明。个性特征原则要求一个人的着装要与他的年龄、体形、职业和所在的场合吻合，表现出一种和谐，这种和谐能给人以美感。个性鲜明要求扬长避短，并在此基础上创造和保持自己独有的风格，即在不违反礼仪规范的前提下，在某些方面可体现出与众不同的个性，不能盲目地追逐时髦，要找寻适合自己的风格。

要想展现出自我的风采，懂得着装礼仪是一个快捷的方式。做一个会给自己形象加分的人吧！让自己变得富有魅力，这将会对自己的发展有很大的帮助作用。

1. 着装的 TPO 原则

TPO 是英文 Time Place Object 三个词首字母的缩写。T 代表时间、季节、时令、时代；P 代表地点、场合、职位；O 代表目的、对象。

着装的 TPO 原则是世界通行的着装打扮的最基本原则。它要求人们的服饰应力求和谐，以和谐为美。着装要与时间、季节相吻合，符合时令；要与所处场合环境，与不同国家、区域、民族的不同习俗相吻合；要符合着装人的身份；要根据不同的交往目的、交往对象选择服饰，以便给人留下良好的印象。

根据 TPO 原则，着装时应注意与自身条件相适应。选择服装首先应该与自己的年龄、身份、体形、肤色、性格和谐统一。

着装还要与职业、场合相宜，这是不可忽视的原则。工作时间着装应遵循端庄、整洁、稳重、美观、和谐的原则，能给人以愉悦感和庄重感。着装应与场合、环境相适应。正式社交场合，着装宜庄重大方，不宜过于浮华。参加晚会或喜庆场合，服饰则可明亮、艳丽些。节假日休闲时间着装应随意、轻便些。家庭生活中，着休闲装、便装更益于与家人之间沟通感情，营造轻松、愉悦、温馨的氛围，但不能穿睡衣、拖鞋到大街上去购物或散步，那是不雅和失礼的。着装应与交往对象、目的相适应。与外宾、少数民族相处，更要特别尊重对方的习俗禁忌。总之，着装的最基本的原则是体现"和谐美"，上装、下装呼应和谐，饰物与服装色彩相配和谐，与身份、年龄、职业、肤色、体形和谐，与时令、季节、环境和谐等。

2. 不同场合的不同着装要求

（1）喜庆场合

喜庆场合一般是指生日纪念、结婚庆典、节日纪念及其他联欢晚会等。这些场合大都具有气氛热烈、情绪昂扬、欢快喜庆的特点，所以，要求人们在服饰上也相应地热烈一些，明快华丽一些。如男性除了在正规的喜庆场合一般应着深色中山装、西装或自己民族的服装以外，其他的喜庆场合如聚会、游园等可以着各种便装，如夹克、牛仔服、两用衫等，但要穿得大方、整洁，千万不要穿皱巴巴的衣裤。一般来说，除婚礼外，主人的穿着应以素雅为宜，不要太华丽，太暴露。出席婚礼鞋子必须是黑色的，而不能是茶棕色的。女性的服装则以轻松洒脱、色彩鲜艳的裙子、套装、旗袍为宜，还应适当化妆，戴一些美丽、飘逸的饰物。但如出席婚礼，穿着打扮不宜过于出众、耀眼，以免喧宾夺主，也不要打扮得过于怪异。

(2) 庄重场合

庄重场合主要是指除了喜庆场合以外的庆典仪式、正式宴会、会见外宾等场合。这种场合的服饰要以庄重、高雅、整洁为基调。如果请柬上规定来客一律穿礼服，那么男女宾客都应服从，而不可别出心裁。严肃、庄重的场合，一般不宜穿着夹克衫、牛仔裤等便装，女性不能穿超短裙。在庄重场合，除按规定着装、规范着装以外，还要注意着装礼貌。比如，手不要随意插在裤兜里；进入室内，除女士的薄纱手套、帽子、披肩、外套允许穿戴外，男士进入室内场所均应摘帽，脱去大衣、围巾、风雨衣，并送存衣处；不要当众解开衣扣或脱下上衣；如果室温很高，经主人同意，可以宽衣。男士、女士进入室内都不要戴墨镜；在室外遇有隆重仪式或迎送场合，也不应戴墨镜。如有眼疾需戴墨镜，应向主人说明并致歉意。在与人握手、说话时，应将墨镜摘下。

(3) 悲哀场合

悲哀场合主要是指殡葬仪式、吊唁活动、扫墓等场合。这种场合的气氛比较悲哀、肃穆，所以，要求人们在服饰上应注意以下几点。

服装的颜色要以黑色或其他深色、素色为主，切忌穿红着绿，也不宜穿有花边、刺绣或飘带之类装饰物的服装，以免显得轻佻、不庄重。

服装的款式要尽量选择比较庄重、大众化一些的，不要穿各类新潮时髦、显得怪异和轻飘的服装，以免冲淡庄严肃穆的气氛。着丧服的原则是不露肌肤，所以不能穿大领圈、无袖的服装，以穿西服、套裙为宜。

女性不宜过分打扮，不宜抹口红和戴装饰品。男性在举行追悼仪式时不要忘了脱帽，也不要敞衣袒胸，不要散漫随便，不要大声地说话，不要议论与这个悲伤气氛不相宜的话题。

3. 服饰的色彩与搭配礼仪

有了色彩，世界才有生气，服装才如此绚丽多姿。

俗话说：衣服是穿给别人看的。别人看什么呢？首先是看色彩，其次才看款式、质地和线条。色彩是人类生活中的美神，它具有多重感情意义，并能直接表达人们的情趣爱好与格调。因而人们在穿着上总是选择那些既适合自己心意，又能表达自己情思的色彩、图案的服装。因为不同的色彩有不同的象征意义，也有不同的礼仪效应。

红色象征热烈、活泼与浪漫，它使穿者更显朝气与活力。开朗外向的人常常穿红色。在我国，它还是革命与喜庆的象征，被称为喜色。

黄色是亮度最高的色，黄色灿烂、辉煌，有着太阳般的光辉和金色的光芒，因此又象征着财富和权威。

蓝色给人以高远、清新、深邃之感，使人联想起蓝天、海洋，它象征着宁静、深远与永恒，它是大多数人成年以后喜欢的颜色。

绿色是青春生命的象征。黄绿、蓝绿与含灰的绿色能使穿着者更显年轻、豁达与宁静。

橙色具有健康、温暖、幸福的象征意义，是一种明快、富丽的色彩，它使人联想到成熟的果实。紫色给人以华贵、典雅、娇艳和忧郁之感，是高贵和财富的象征。在古代中国，紫色被定为一、二、三品官服的颜色。

白色是纯洁、高尚、坦荡的象征。按中国传统，白色为丧服色，而在欧美，白色却是婚礼服的色彩，表示爱情的纯洁和坚贞。

黑色是一种庄重、肃穆的色彩，它能使人产生高贵、威严、阴森、恐怖等不同感觉。黑色象征严肃、庄重与高雅。在西方，上层社会的男性穿着颇为重视黑色。

灰色象征庄重、大方与朴实。是一种彻底的中性色彩，本性随和。

色彩不仅能给人以不同的联想，有不同的象征意义，而且从色相上能让人产生冷暖、扩缩、轻重的感觉。如红、黄、橙等颜色能给人以温暖的感觉，故称为暖色。蓝、绿、紫、黑等颜色则往往给人降温变冷的感觉，故称为冷色。白色、灰色则为中性色。于是人们利用这种联想，喜欢在冬天穿戴暖色调服饰，在夏天穿戴冷色调服饰。又如，暖色调的服饰具有扩散的感觉，冷色调服饰具有收缩的感觉。因此，体型瘦小的人们喜欢穿戴色彩明度较高的浅色服饰以显得丰满；而体型肥胖的人们则乐于选用色彩明度较低的深色服饰以显得苗条。再如，明亮的色彩使人产生轻快感，深暗的色彩则使人产生凝重感。因此年轻人常用上深下浅的服装颜色搭配，给人以活泼、轻松、飘逸的动感；中老年人则在服装颜色搭配上多采用上浅下深，给人以稳重、坚实、沉着的静感。

没有不美的颜色，只有不美的搭配。不同的色彩搭配会显出不同的格调。从服饰美学的角度讲，服饰色彩的搭配与组合的基本方法大体有四种。

(1) 同色系服饰搭配

这是运用同一色系中各种明度不同的色彩进行搭配。比如你选用灰色系的色彩将自己的外套、套裙和衬衫进行搭配与组合，你可采用"由深入浅"的方法，即外套选深灰色、套裙选中灰色、衬衫选浅灰色；或者反过来亦可采取"由浅入深"的搭配方法。又如，浅灰色上衣与深灰色的裤子相配也属同色搭配。在同色系搭配中，应注意同色系中深浅程度的颜色之间的衔接与过渡，应力求自然、平稳，避免生硬，明度差异不宜太大或太小。太大给人以断裂失衡的感觉；太小又相互混淆，缺乏层次感。运用同色搭配，意在以简洁的配色来创造一种和谐的美感。"色彩要少，款式要新"，这是世人公认的服饰高品位的一个标志。

(2) 相似色服饰搭配

这是用色谱上相邻的颜色进行搭配的方法。如红配黄、黄配绿、绿配蓝、白配灰等。运用相近的色彩配色，自由度比较大，难度也较大，但只要匠心独运，就会使我们身上的服饰颜色既丰富多彩又柔和协调。运用相近的色彩搭配，应遵守服饰礼仪的"三色原则"，即是说在正式场合，所使用的服饰配色包括西服套装、衬衫、领带、腰带、鞋袜等在内的一切服饰，都不应超过四种颜色。因为从视觉上讲，服饰的色彩在三种以内较好搭配而且比较协调，否则就会显得杂乱无章。

(3) 对比色服饰搭配

各种色彩都有与之相对应的色彩，如红与蓝、黄与蓝、黄与紫、绿与紫、黑与白等，都是常见的对比色。从本质上讲，一对对比色实际上是由两种相互排斥的色彩组成的。如运用得当，可以相映生辉，给人以清新、明快、耳目一新的感觉。如当你穿上一件黑色的真丝旗袍，再配以洁白的珍珠项链或白色的钻石胸针时，你所佩戴的白色首饰就会更加醒目，更加迷人。

(4) 主色调服饰搭配

主色调配色方法首先要决定整套服饰的基调是偏冷还是偏暖。其次选择某一色作为主色。主色应与整套服饰的基调一致。暖色调的服饰，主色应选暖色；以冷色为基调的服饰，主色应选冷色。主色在整套服饰中，应占较大比例的面积，或占较重要的位置。第三步再选择辅色，但大部分辅色要与基调的冷暖性质相同。

上述四种方法只是服饰色彩搭配的基本方法，在服装制作和选择中可以根据需要和可能，派生出许多其他搭配方法。无论采用哪种方法，都应掌握一个基本原则：和谐，和谐就是美。一般来说，黑、白、灰是配色中的几种"安全"色，因为它们比较容易与其他各种色彩搭配，而且效果也比较好。

4．女士穿衣要点

迄今为止，没有任何一种女装在塑造女性形象方面能比裙子更完善。对于女性来说，穿了得体的裙子，形象就会光鲜百倍，气质和风度也有了更好的体现。

裙装历来是女性的宠物，不论是炎热的夏季，还是温暖的春季和凉爽的秋季，裙装始终是女士的主要装束，甚至冬天着裙装的也大有人在。

（1）裙装的种类

可以说"裙装是服装的王后"。裙装的美主要表现在它的造型优雅、轮廓多变，最能表现女性的俏丽风姿。可强调女性线条的紧身裙、公主裙和强调臀部的倒三角形连衣裙等，展现了女性线条美，弥补了很多女性形体上的不足。同时，裙装的多姿多彩和精美装饰为女性追求个性美创造了条件。

种类繁多的裙装面料，为不同季节、不同款式的裙装提供了多方面的选择。各类丝绸衣料能强调裙装的款式，给人们以活跃、鲜艳、丰满的感觉，是制作旗袍、晚礼服的最佳面料；丝麻混纺、薄纱及透明的绸纱面料，是夏季连衣裙的最佳选择，能展现出一种若隐若现的朦胧式的美感；一些无光泽的棉布、薄呢等制作的裙装，给人以稳重、高雅的感觉，十分适合日常穿用；厚重呢绒制成的秋冬季半截裙，显得庄重、沉着、暖和。

现代女性由于职业、地位、年龄、爱好的差异，对裙装有着不同的要求。青年女性更喜欢短裙，它简洁清丽，能展现女性曲线，拔高身材。较流行的有紧身短裙、灯笼短裙、无腰短裙、迷你裙等。中老年女性多喜欢筒裙、旗袍裙。职业女性多着西装套裙，应多把注意力放在裙装的格调上，或长上衣、短裙子，或短上衣、长裙子，剪裁合体，色彩典雅，充分体现个性，增强自身的感染力。知识女性更加追求裙装的品位，运用裙装的无声语言来表现自己的修养、学识、气质和社会地位，以赢得人们的信任和尊敬。

裙的种类有：连衣裙、长裙、及膝中裙、迷你裙、A字裙、鱼尾裙、吊带裙、短裙、牛仔裙、百褶裙等。

（2）穿裙的禁忌

① 裙、鞋、袜不搭配

鞋子应为高跟或半高跟皮鞋，颜色可与裙色相配；袜子一般为尼龙袜和高统袜或过裤袜，颜色宜为单色，袜子应当完好无损。

② 光脚

光脚不仅显得不够正式，而且会让自己的某些瑕疵见笑于人，还会被人视为故意卖弄风骚，有展示性感之嫌。

③ 三截腿

所谓三截腿，是指穿半截裙子，穿半截袜子，袜子与裙子中间露一段腿肚子，结果导致裙子一截，袜子一截，腿肚子一截，这种现象术语上称"恶性分割"，会被视为没有教养。

(3) 女士要避免的不恰当的着装

① 过分时髦型

现代女性喜爱流行的时装是很正常的现象，即使你不去刻意追求流行，流行也会左右着你。然而有些女性几近盲目地追求时髦，例如，有家贸易公司的女秘书在指甲上同时涂了几种颜色鲜艳的指甲油，当她打字或与人交谈时，都给人一种令人厌恶的压迫感。一个成功的职业女性对于流行的选择必须有正确的判断力，同时要切记：在工作或办公场所，主要表现工作能力而非赶时髦的能力。

② 过分暴露型

夏天的时候，有些职业女性便不够注重自己的身份，穿起颇为性感的服装。这样她们的才能和智慧便会被埋没，甚至还会被人看成轻浮。因此，再热的天气，也应注意自己仪表的整洁、大方。

③ 过分正式型

这个现象也是常见的，其主要原因可以说是没有适合的服装。职业女性着装应平淡朴素。

④ 过分潇洒型

最典型的样子就是随随便便的T恤罩衫，配上一条泛白的"破"牛仔裤，丝毫不顾及办公室的原则和制度，这样的穿着可以说是非常不合适了。

⑤ 过分可爱型

在服装市场上有许多可爱俏丽的款式，也不适合工作中穿着。如果穿这样的服装，会给人轻浮、不稳重的感觉。

(4) 职业女性着装四讲究

① 整洁平整

服装并非一定要高档华贵，但须保持清洁，并熨烫平整，穿起来就能大方得体，显得精神焕发。着装整洁并不完全为了自己，更是尊重他人的需要，这是良好仪态的第一要务。

② 色彩技巧

不同色彩会给人不同的感受，如深色或冷色调的服装让人产生视觉上的收缩感，显得庄重严肃；而浅色或暖色调的服装会有扩张感，使人显得轻松活泼。因此，应当根据不同需要进行选择和搭配。

③ 配套齐全

除了主体衣服之外，鞋、袜、手套等的搭配也要多加考究。比如，袜子以透明近似肤色或与服装颜色协调为好，带有大花纹的袜子不能登大雅之堂。正式、庄重的场合不宜穿凉鞋或靴子，黑色皮鞋是适用最广的，可以和任何服装相配。

④ 饰物点缀

巧妙地佩戴饰品能够起到画龙点睛的作用，给女士们增添色彩。但是佩戴的饰品不宜过多，否则会分散对方的注意力。佩戴饰品时，应尽量选择同一色系。佩戴首饰最关键的就是要与你的整体服饰搭配统一起来。

5．男士穿衣要点

(1) 西装

① 穿着西装"'三个三'原则"

穿着西装要讲究"三个三"，即"三色原则"、"三一定律"、"三大禁忌"。

三色原则。是指在正式场合穿西服套装时，全身颜色必须限制在三种之内，否则就会显得不伦不类，失于庄重。

三一定律。是指穿西服套装时，三个色彩必须协调统一，指鞋子、腰带、公文包的色彩必须统一起来，一般以黑色为宜。

三大禁忌是：

一是袖口上的商标未拆。袖口上的商标应该在买西服之时就由服务人员拆掉，如果穿着带商标的西服，显得不懂行，被人取笑。

二是穿西装不穿皮鞋。要恪守西装本身约定的搭配，穿西装不能穿布鞋、凉鞋、拖鞋、运动鞋。

三是在正式场合穿西装不配衬衫、不系领带，或里面只穿T恤衫、汗衫、棉毛衫等。西装是男士的正装、礼服。在大多数社交活动中，男子都穿西装。

西装可分工作用的西装、礼服用的西装、休闲用的西装等，对一般人来说，同样一套西装配上不同衬衫、领带，差不多就可以每天穿着并应付多数的交际活动了。在各种类别的服装中，男子穿西装的讲究最多，因此，下面着重介绍这方面的常识。

② **西装款式与场合**

现在男子常穿的西装有两大类，一类是平驳领、圆角下摆的单排扣西装；另一类是枪驳领、方角下摆的双排扣西装。另外西装还有套装（正装）和单件上装（简装）的区别。套装要求上下装面料、色彩一致，两件套西装再加上同色同料的背心（马甲）就成为三件套西装。套装如果当做正式交际场合的礼服，色调应比较深，最好用毛料制作。在半正式交际场合，如在办公室参加一般性的会见，可穿色调比较浅一些的西装。在非正式场合，如外出游玩、购物等，如穿西装，最好是穿单件的上装，配以其他色调和面料的裤子。

③ **西装穿着要领**

穿双排扣的西装一般应将纽扣都扣上。穿单排扣的西装，如是双粒扣的只扣上面的一粒，三粒扣的则扣中间的一粒。在一些非正式场合，可以不扣纽扣。穿西装的衬衫袖口一定要扣上。西装的驳领上通常有一只扣眼，这叫插花眼，是参加婚礼、葬礼或出席盛大宴会、典礼时用来插鲜花用的，在我国人们一般无此习惯。西装的衣袋和裤袋里，不宜放太多的东西，最好将东西放在西装左右两侧的内袋里。西装的左胸外面有个口袋，这是用来插手帕用的，起装饰作用，在此胸袋里不宜插钢笔或放置其他东西。

④ **西装与衬衫**

穿西装时，衬衫袖应比西装袖长出 1～2 厘米，衬衫领应高出西装领 1 厘米左右。衬衫下摆必须扎进裤内。若不系领带，衬衫的领口应敞开。在正式交际场合，衬衫的颜色最好是白色。

⑤ **西装与领带**

领带是西装的灵魂。凡是参加正式交际活动，穿西装就应系领带。领带长度以到皮带扣处为宜。如穿马甲或毛衣时，领带应放在它们后面。领带夹一般夹在衬衫的第四和第五个纽扣之间。

⑥ **西装与鞋袜**

穿西装时不宜穿布鞋、凉鞋或旅游鞋。庄重的西装要配深褐色或黑色的皮鞋。袜子的颜色应比西装深一些，花色要尽可能朴素大方。

⑦ **西裤与西裤带**

裤长标准为裤脚正好接于脚面，太长会影响裤的笔直，太短则可能在入座时露出腿部，有失雅观。由于西裤带的前方显露于外，因此西裤带的选择必须雅观大方，带头不要太花哨，宽度以 2.5～3 厘米为佳。不在裤带、裤鼻上扣挂钥匙等物品，袜子应选长一点儿，以坐下跷腿时不露出小腿为宜。

（2）衬衫

男士衬衫有内穿型和外穿型之别，这在国外是极讲究的。内穿型衬衫合体，

穿着严谨,凡衬穿在外套内的应选穿内穿型衬衫;而外穿型衬衫较宽松、穿着随意,适合于直接以衬衫为外衣的场合。目前,国内市场普遍是内外兼穿的传统型衬衫,内穿型的极少。

衬衫款型要分清。正式场合配穿西装或礼服时,应选穿内穿型衬衫;衬衫穿在夹克衫或中山装里面时,以内穿型最好,内外兼穿型次之;当衬衫仅作外衣穿着时,外穿型或内外兼穿型是比较适当的选择。

正规场合应穿白衬衫或浅色衬衫,配之以深色西装和领带,以显庄重。

当衬衫搭配领带穿着时(不论配穿西装与否),必须将领口纽扣、袖口纽扣和袖衩全部扣上,以显男士的刚性和力度。

衬衫领子的大小,以塞进一个手指的松量为宜的衬衫,脖子细长者尤忌领口太大,否则会给人羸弱之感。

不系领带配穿西装时,衬衫领口处的一粒纽扣绝对不能扣上,而门襟上的纽扣则必须全部扣上,否则就会显得过于随便和缺乏修养。

配穿西装时,衬衫的下摆忌在裤腰之外,这样会给人不伦不类、不够品位的感觉;反之,则会使人显得精神抖擞、充满自信。

应尽量选穿曲下摆式样的衬衫,既便于下摆掖进裤腰内,又使穿着舒适,腰臀部位平服美观。

外穿型衬衫忌穿在任何外套里面(尤其是西装),避免给人以臃肿、不和谐的感觉。

正规的短袖衬衫可配套领带出现于正式场合。这既适应气候环境,又不失男子汉风度。

(3) 礼服

① 大礼服

大礼服也称燕尾服,西式晚礼服的一种。深色高级衣料制成,前身较短,身后较长,下端分开像燕子尾巴,翻领上镶缎面,裤腿外侧有丝带,通常系白色领结,配黑色皮鞋、黑丝袜,戴白手套。

② 晨礼服

晨礼服通常上装为灰色或黑色,后摆为圆尾形,下装为深灰色黑条裤。戴黑礼帽,系灰领带,穿黑色皮鞋。参加规格较高的各种典礼、婚礼时穿用。

6. 服装配件的礼节

(1) 帽子

服装的主要配件,除了领带和鞋袜以外,还有帽子与手套。

帽子既有实用功能，又有审美装饰功能，同时还能作为一种礼仪的象征。一顶合适的帽子，加上得体的戴法，能够衬托出一个人的身份、地位和修养，也能掩盖不尽如人意的脸形或头型的缺陷。国外参加正式的仪式一般都要戴帽。穿礼服须戴黑帽子，穿毛料西服应戴礼帽或前进帽，参加正式宴会穿晚礼服时，绝不能戴帽子。在社交场合，男士用脱帽向对方表示敬意，并辅以微微的点头。在庄重严肃的场合，如参加重要的集会、升旗仪式时，除军人可以戴帽行军礼外，其他戴帽的人应一律脱帽以示敬重。在悲伤的场合，如在追悼会、殡葬仪式上向遗体告别时都应脱帽。

根据服饰礼仪要求，女士在参加正式的仪式时，要戴上与自己服装相般配的帽子。帽子既可正戴，也可斜戴，不同的戴法会产生不同的视觉效果和礼仪效应。正戴显得庄重、正派，斜戴则显得活泼、妩媚；正戴可使脸形更加丰满、端庄，斜戴则显得清瘦、俏皮。但切不可把帽檐拉得太低，那样会使人显得忧郁；如果像电影中的坏家伙"歪戴帽子斜穿衣"，那就降低了自己的格调。公务活动中（如上班、洽谈生意），通常在室内不宜戴帽子，尤其不宜戴装饰性过强的帽子；在社交活动中，按"女士优先"的原则，在室内允许女士戴帽子，但在对长者表示敬意时或在看演出时，应把帽子暂时摘下来。

(2) 手套

手套不仅有防晒、御寒的功能，而且有极其重要的装饰作用。在西方，手套被称作"手的时装"。选戴手套要与年龄、身材、气质相协调，与整体装束相一致。如老成持重的人适合戴深色手套；年轻活泼的人适合戴浅色或彩色手套。女士穿西装套裙或夏令时装时选戴装饰手套（网眼手套），新娘着白礼服则选戴薄纱手套，以示纯洁与神圣。在社交场合，不论男女是必须戴手套的，只是男士在与人握手和进入室内时应摘去手套，以示礼貌；女士则可不脱手套。但在饮茶或吃东西时，要把手套摘下来，并和手袋一起放在椅子背侧或膝部。

7．饰品佩戴的礼节

(1) 眼镜

眼镜不仅用来矫正视力、保护眼睛，而且具有很强的装饰性，选戴得当，能使人平添几分儒雅的风度。眼镜有近视镜（包括隐形眼镜）、平光镜、太阳镜（墨镜）和老花镜之分。不管选择哪种眼镜，都要根据自己的脸形、年龄、肤色、鼻型来选择，近视眼患者还要根据自己的近视度来选配，不能只顾时髦、盲目地佩戴。在社交场合要讲究戴眼镜的礼节：要注意保洁，经常用专用镜布清洁眼镜，不让镜片上有斑点或灰尘。进入室内或在室外进行礼仪活动时，

都应摘下墨镜，否则会使人难识真面目。

(2) 首饰

首饰泛指宝石、戒指、耳环、项链及其挂件、手镯、手链、足链、胸针等饰物，它是服装美感的一种延伸。穿一套美观、新颖、得体的服装，如果再适当佩戴符合身份、雅而不俗的项链、耳环，便会锦上添花，倍增风采。首饰是一种无声的语言，能在一定程度上体现佩戴者的阅历、教养和审美情趣；也是一种有意的暗示，人们可以借此了解佩戴者的身份、财富和婚恋信息。因此，在社交场合，人们选用和佩戴首饰不得不注意选用规则和佩戴礼节，略知"首饰语言"，遵守以少为佳、同质同色、符合身份和传统习俗的原则。

① 戒指

戒指通常应戴在左手。戒指戴在不同的手指上所传递的语意是不同的。戒指戴在食指上表示无偶尔有寻求恋爱对象或求婚的意向；戴在中指上表示正在恋爱之中；戴在无名指上，表示名花有主，佩戴者业已订婚或结婚；而戴在小指上，则暗示自己是位独身主义者，将终身不嫁（娶）；拇指通常不戴戒指。修女的戒指则戴在右手无名指上，意味着她已把爱献给了上帝。戴白纱手套时戴戒指，应戴于其内，只有新娘不受此限制。钻戒是最正规的结婚戒指，它不能用合金制造，必须用纯金、白金或银制成，再镶以贵重的钻石、宝石，以表示爱情的纯洁珍贵。戒指的粗细应与手指的粗细成正比。戴戒指还要与年龄相适应，如少女可以不戴，也可以选择小巧玲珑的非镶嵌类款式，如星月戒、如意戒、闪光戒等。已婚的青年妇女可以选戴珠宝镶嵌戒，也可以选择龙凤戒、桃形戒等寓意已婚的戒指。中老年妇女推崇端庄、稳重、吉祥，戴素圈戒、福字戒比较合适。

在社交场合，男士一般右手无名指戴结婚戒或左手小指戴图章戒。

② 手镯与手链

戴手镯与手链的规矩相似。一般已婚者戴在左手腕或左右两手腕同时佩戴；如仅在右手腕佩戴，表示自己是自由不羁的人。值得注意的是，一般情况下，男女士均可戴手链，但仅戴一条，且戴在左手腕上。在一只手上戴多条手链，或双手同时戴手链，手链与手镯同时佩戴，都是不适宜的。手镯、手链也不能与手表同戴于一只手上。如果手腕、手臂不太漂亮，则要慎戴手镯与手链，不然反而暴露自己的短处。

③ 项链

佩戴项链有悠久的历史，考古发现山顶洞人的遗物中，就有用动物牙齿和贝壳经染色串成链状的化石。项链男女均可佩戴，但仅限一条，且男士所戴的项链一般不外露。戴项链应考虑脖子的长短、粗细，因人而异。如脖子粗短则宜戴长而细的款式，脖子细长则应戴短而粗的款式。

④ 耳环

耳环仅为女性所用，并要成对佩戴。耳环的选用与佩戴要与自己的脸形相协调。根据视错觉原理，人的视线左右移动时，会产生宽度感；而视线做上下移动时，会有纵长感。因此，长脸形宜佩戴浅色的大耳环、贴耳式耳环、短坠耳环，有利于人们对长脸形印象的改变，因为浅色在人的色彩心里感觉上有扩张感。而圆脸形则宜佩戴有坠耳环，可以利用耳环的垂挂所形成的纵长度，使圆脸的外轮廓有所改变。

(3) 手表、钢笔与皮包

手表被称为男人的首饰，在西方世界，手表、钢笔与打火机曾一度被称为成年男子的"三件宝"，并被看做是身份的象征。在公务和社交活动中，男士戴的手表虽不一定是名牌，但要做工精、走时准、造型庄重的保守的机械表，避免怪异、新潮或广告表、卡通表。

钢笔可以显示一个人的身份和尊严，尽管笔的种类繁多，但男士对传统的钢笔依然难舍。

皮包不仅有实用功能，而且有装饰作用，使男女士平添几分风韵。女士皮包有肩挂式、手拿式、手提式、双肩背式等。不论提着、挎着、握着都要注意端庄、大方。比如，手提包应套在手上，不应拎在手里摆来摆去。在社交场合还是选用肩挂式为宜。皮包的颜色要与自己的服装和所处的场合气氛相协调。皮包大小也要与自己的体型相协调。

男士的公文包以深褐色和棕色为宜，不宜用黑色和灰色的。公文包中要准备钢笔、记事本或散页纸、电话本、计算器，但也不能塞得鼓鼓囊囊的。

细节体现修养

一个具有高的身价和魅力的人，并非单靠他的学历背景来做支撑，而且靠平时日积月累的修养，即一个人待人处事的态度。

一位朋友讲述了这样一个故事。

"我去某公司应聘。面试时，外面等了很多人，叫到谁，谁就去经理室推门而入。叫到我时，我在门口敲门问：'我可以进来吗？'经理说可以，我才进去。

身价，这样提高……
SHENJIA ZHEYANG TIGAO

"几天后，我被该公司聘上。过了一段时间，我与经理熟了，就问他，聘我是看中我什么优点。经理回答：'说老实话，你哪一条都不比别人强，我看中你的，是你进房时敲了门。敲门说明你懂礼貌、有教养。有教养的人虽然不一定能在公司有大的作为，但起码不会给公司添乱子。'"

一个小小的细节体现了一个人的修养。修养是人内在的品质，而这种内在的品质正是通过外在的礼貌表现出来。

良好的修养比财富更重要。对于有修养的人，所有的机会大门都向他们敞开；他们即使身无分文，也随时随地会受到人们热情的接待。一个言行得体、谦和友善、助人为乐、举手投足无不具有绅士风范的人，在成功的道路上将会畅通无阻。

有的人认为"不拘小节"是一种潇洒，是一种成就大事的风格。实际却是我们于小节处更应检点。在紧要的关头，大家都会以最佳状态小心应战，而日常琐碎所体现的细节，则是一个人的天性、本质、修养的自觉流露，这些地方往往比人的言谈举止反映得更客观、更全面。

如今有些人将轻浮视为洒脱，将放荡不羁视为追求个性。这种认识上的错误，使他们在与人相处时处处碰壁。有的人在工作单位上班下班，见了别人从来不打招呼，对面来人了赶紧将头扭向一旁。他们获得了一点儿成绩，更加我行我素、旁若无人。当他们失败时，不会得到别人一点儿安慰和帮助，大家的评语竟是"活该"、"应有此报"。这样的结局多令人心寒！如果他们平时能放下自己那副趾高气扬、不可一世的派头，与周围的人多沟通点，又怎么会落得如此狼狈的下场呢？人生活在社会上，要受社会环境的制约和诱导，不可能不与周围的人接触，你不拘小节，难道你周围交往的人也不拘小节吗？

不要小瞧与别人沟通这一细节。虽然与人沟通感情的最初阶段只是打招呼，但不要忘记，人的内心都有思想和感情两个方面。心与心之间的轴要想系上纽带，最初的方法就是打招呼，由陌生到认识，再到熟悉。如果连最简单的如"您好"、"再见"等日常的招呼也不会的人，怎么能成大事呢？

在人际交往时，言行举止往往与人的内心世界联系在一起，因此，对于个人的言行举止也必须注意。因为你的言行可能会影响对方对你的印象，从而在一定程度上影响交往的成败。尤其应该注意的是，尽量不要引起对方不愉快，这种损人不利己的事情一定要严加禁止，即所谓"严于律己，宽以待人"。我们要时时反省、审视自己的举止言行，虽然只是一些小节，但只有平时多加注意就会养成良好的习惯。

有的人交谈过久就习惯使用口头禅，甚至时常讲"不可以"、"不行"这一类否定词语，这种人给人的印象多半不是很好。此外还有一种人服装不整、不注意卫生，给人以不洁之感，或常做些不雅的动作，或者是态度冷漠、公私不分等，这些都必须注意加以改善。"入乡随俗"是一句大家都很熟悉的谚语，每个人的举止言行都是环境的产物，但人是能动可变的。要改造环境，首先必须适应环境。这点任何人都需要注意。

下面讲到的几点，都是人际交往中大部分人公认的恶劣态度。每一个人都应当注意这些细节。

A. 自鸣得意的态度、傲慢的态度、不屑的态度——这会伤害对方的自尊心。

B. 不自信的态度——说一些没有自信心的话，使听的人无法信任你。

C. 卑屈的态度——持这种态度的人会被视为傻瓜、无能，会让人低估他们的实际能力以至被人从骨子里看不起。过度热衷于取悦别人，很难给人留下好印象。

D. 冷淡的态度——使人感觉不亲切，缺乏投入感，使人敬而远之。

E. 不识时务的态度——比如，在酒席上谈论严肃的话题，或者诉说悲哀的事情时，脸上无任何表情，或只知谈论个人兴趣，从不理会别人的感觉和反应等。

F. 随便的态度——给人马马虎虎、消极应付的感觉，或是反应过激，语气浮夸粗俗，满门俚语粗话等。

应该随时注意自己是否有以上所举的不良态度，避免这些不良态度在与人交往中表现出来。

在细节中体现人个修养，还应注意自己的姿势或动作。

坐要有坐相，不要随便左右晃动，如果是女士的话两腿要并拢。站立时膝盖要伸直，腰板要直，不要抖腿，不要撅臀部。不要抓头搔耳，两手应自然垂放在两侧，或是轻放在前面；不要玩弄或吮吸手指，尽量不要跷脚；要表情温和，眼神亲切，精神饱满。

有的人说话时喜欢将手插在口袋里，有时还坐在桌子上，这都不是好习惯，是过于散漫、过于随便的习惯。在交谈时，将手插在口袋里，不仅很难令对方接受，而且容易让人产生不良的印象，尤其是在多数听众面前，这种姿态会使周围的人觉得这种人只沉迷于自己的世界之中，表现欲非常强，而且看低他人，让人感觉到他们很难接近。不管你有没有这种傲慢的想法，如果作出这种姿势，很容易让人误以为你就是这样一种人。

上面说到的都是人际交往中需要注意的细节。我们并不是提倡处处都谨小慎微、缩手缩脚、婆婆妈妈，而是要求在人际交往中以细节体现个人的修

第一章 用美好形象展示你的身价

养和身份，赢得他人的尊重和合作，成就自己的事业和人生。

有"礼"走遍天下

孔子说："不学礼，无以立。"孟子说："君子以仁存心，以礼存心。仁者爱人，有礼者敬人。爱人者，人恒爱之，敬人者，人恒敬之。"

礼仪是社会文明的重要标志，也是人们处世待人的准则。随着社会的进步和文明程度的提高，人们的社会交往日益频繁。社交礼仪作为联系沟通交往的纽带和桥梁就显得更加重要。

1. 懂礼仪身价自然高

一个人走进一家酒店点了些饭菜，吃完之后发现忘了带钱，便对掌柜说："店家，今日忘了带钱，改日送来。"

掌柜连声说："没关系，下次送来吧。"然后，十分客气地把他送出了门。

这件事情被一个乞丐看到了，他也进饭店点了饭菜，吃完后，他摸了一下口袋，对店老板说："店家，今日忘了带钱，改日送来。"

谁知店老板脸色一变，揪住他，非要带他见官。

乞丐不服，说："为什么刚才那人可以赊账，我就不行？"

店家说："人家吃菜，筷子在桌子上找齐，喝酒一盅一盅地筛，斯斯文文，吃罢掏出手绢揩嘴，是个有德行的人，岂能赖我几个钱。你呢？筷子往胸前找齐，狼吞虎咽，吃上瘾来，脚踏上条凳，端起酒壶直往嘴里灌，吃罢用袖子揩嘴，分明是个居无定室、食无定餐的无赖之徒，我岂能饶你！"

一个小小的故事，不禁让人感慨良深。礼仪举止，在人们心目中已经成为判断一个人品格优劣的标准。礼仪举止是一个人品德修养的外在体现，不了解你的人往往会通过你表现的言行举止来评判你的人格和身份。虽然说礼仪举止并不完全可以体现出一个人的内心善良与否，可是现实中大家只能看到你的举止，无法透视到你的内心。即使以人的外在言行评判其内在品质并非是十分公平的一件事情，你也必须学会接受，并且把培养自己良好的礼仪举止当做你重要的一课来学习。

2. 社交礼仪的基本原则

礼仪名目众多，细则纷繁，讲究商务礼仪还应掌握必要的世界各国的礼仪习俗，以便使其呈现出五彩缤纷的特点。那么，如何才能有效地掌握这些必要的商务礼仪呢？我们认为，在从事各种商业活动时，具体遵行商务礼仪应遵循以下基本原则，其中包括言行文雅、态度恭敬、尊重他人、平等待人、表里一致等。

（1）"尊敬"原则

有人曾把商务礼仪的基本原则概括为"充分地考虑别人的兴趣和感情"。尊敬是礼仪的情感基础。在我们的社会中，人与人是平等的，尊重长辈，关心客户，这不但不是自我卑下的行为，反而是一种至高无上的礼仪，说明一个人具有良好的个人素质。"敬人者，人恒敬之；爱人者，恒爱之"，"人敬我一尺，我敬人一丈"。"礼"的良性循环就是借助这样的机制而得以生生不息。当然，礼待他人也是一种自重，不应以伪善取悦于人，更不可以富贵骄人。尊敬人还要做到入乡随俗，尊重他人的喜好与禁忌。总之，对人尊敬和友善，这是处理人际关系的一项重要原则。

（2）"真诚"原则

商务人员的讲究礼仪主要是为了树立良好的个人形象和组织形象，因此礼仪对于商务活动的目的来说，不仅仅在于其形式和手段上的意义。同时商务活动并非从事短期行为，而是越来越注重其长远效益，只有恪守真诚原则，着眼于将来，通过长期潜移默化的影响，才能获得最终的利益。也就是说，商务人员要爱惜其形象与声誉，在追求礼仪外在形式完美的同时，更应将其视为情感的真诚流露与表现。

（3）"谦和"原则

"谦"就是谦虚，"和"就是和善、随和。谦和既是一种美德，更是社交成功的重要条件。《荀子·劝学》中曾说："礼恭而后可与言道之方，辞顺而后可与言道之理，色从而后可与言道之致。"即是说只有举止、言谈、态度都是谦恭有礼时，才能从别人那里得到教诲。

谦和，在社交场上表现为平易近人、热情大方，善于与人相处，乐于听取他人的意见，显示出虚怀若谷的胸襟，因而对周围的人具有很强的吸引力，有着较强的调整人际关系的能力。

当然，我们此处强调的谦和并不是指过分的谦虚、无原则的妥协和退让，更不是妄自菲薄。应当认识到过分的谦虚其实是社交的障碍，尤其是在和西方人的商务交往中，不自信的表现会让对方怀疑你的能力。

(4)"宽容"原则

宽即宽待，容即相容。宽容，就是心胸坦荡、豁达大度，能设身处地地为他人着想，谅解他人的过失，不计较个人得失，有很强的容纳意识和自控能力。中国传统文化历来重视并提倡宽容的道德原则，并把宽以待人视为一种为人处世的基本美德。从事商务活动，更要求宽以待人，在人际纷争问题上保持豁达大度的品格或态度。在商务活动中，双方出于各自的立场和利益，难免出现冲突和误解。遵循宽容原则，凡事想开一点儿，眼光看远一点儿，善解人意、体谅别人，才能正确地对待和处理好各种关系与纷争，争取到更长远的利益。

(5)"适度"原则

在人际交往中，要注意各种不同情况下的社交距离，也就是要善于把握住沟通时的感情尺度。古话说："君子之交淡如水，小人之交甘如醴。"此话不无道理。在人际交往中，沟通和理解是建立良好人际关系的重要条件，但如果不善于把握沟通时的感情尺度，即人际交往缺乏适度的距离，结果会适得其反。例如，在一般交往中，既要彬彬有礼，又不能低三下四；既要热情大方，又不能轻浮谄谀。所谓适度，就是要注意感情适度、谈吐适度、举止适度。只有这样才能真正赢得对方的尊重，达到沟通进而合作的目的。

掌握并遵行礼仪原则，做待人诚恳、彬彬有礼之人，在人际交往和商务活动中就会受到别人的尊敬。

3. 见面时的5种礼节

在人际交往中，给人留下良好的印象是十分重要的。双方见面时，既要主动热情，又要礼节得体，显示出应有的身份和身价。

(1) 亲吻

① 吻手礼

在西方，男子同上层社会的贵族妇女相见时，如果女方把手伸出作下垂式，男方则可将其指尖轻轻提起亲吻之；如果女方不把手伸出，则不吻。如女方地位较高，男士要屈一膝作半跪式，再提手吻之。此礼在英、法两国最流行。

② 接吻礼

这种礼节常见于西方、东欧、阿拉伯国家，是亲人以及亲密的朋友间表示亲昵、慰问、爱抚的一种礼仪，通常是在受礼者脸上或额上接一个吻。不同人之间接吻方式不同：父母与子女之间是亲脸、亲额头；兄弟姐妹、平辈亲友是贴面颊；亲人、熟人之间是拥抱、亲脸、贴面颊。在社交场合，关系亲近的妇女之间是亲脸，男女之间是贴面颊，长辈对晚辈一般是亲额头。

(2) 拥抱

拥抱礼是流行于欧美国家的一种见面礼节，通常与接吻礼同时进行。

拥抱行礼方法：两人相对而立，右臂向上，左臂向下；右手搭在对方左后肩，左手挟对方右后腰。双方头部及上身均向左相互拥抱，然后再向右拥抱，最后再次向左拥抱，礼毕。

(3) 合十

合十礼又称合掌礼，流行于南亚和东南亚信奉佛教的国家。行合十礼的方法是：两个手掌在胸前对合，掌尖和鼻子基本相对，手掌向外倾，头略低，面带微笑。

(4) 拱手

拱手，又叫作揖，至少已有2000多年的历史，常在人们相见时采用。

行拱手礼时，两手握拳，右手抱左手。行礼时，不分尊卑，拱手齐眉，上下略摇动几下，重礼可作揖后鞠躬。目前，它主要用于佳节团拜活动、元旦春节等节日的相互祝贺。也有时用在开订货会、产品鉴定会等业务会议时，厂长经理拱手致意，也含有拜托之意。

(5) 鞠躬

鞠躬礼就是弯身行礼，是表示对他人敬重的一种礼节。"三鞠躬"称为最敬礼。在我国，鞠躬常用于下级对上级、学生对老师、晚辈对长辈，亦常用于酒店、宾馆、商场服务人员向宾客致意，演员向观众宾客答谢。

鞠躬方法：行礼前，应立正站好，保持身体姿势端正，同时双手在体前搭好（右手搭在左手上）面带微笑。鞠躬时，以腰为轴，整个腰及肩部向前倾斜15°～30°。目光向下，随即恢复原态。同时问候"您好"、"早上好"、"欢迎您"等语。

受礼者随即以鞠躬还礼，但长辈对晚辈、上级对下级，欠身或点头还礼即可。

鞠躬时应注意：

A. 脱下帽子。戴帽鞠躬是不礼貌的；

B. 目光要向下；

C. 嘴里不可吃东西或叼香烟；

D. 礼毕眼睛应注视对方。

4．介绍时的礼貌

为人处世，待人接物，被邀请参加宴会，是我们与他人交往时常遇到的事情。在社交场合，在前后左右都是素不相识的陌生面孔时，除了微微点头招呼之外，真是不知说什么为好。

如何打破这沉闷的局面呢？介绍在这时扮演了重要的角色。在介绍时，介绍和被介绍的双方都要注重相应的礼仪，注重身份。

（1）自我介绍

自我介绍并非见人即通报自己的姓名，而得看是在什么场合、什么目的。如是事务性接触，你首先得找准该找的人，而后奉上介绍信，这便是最好的开始形式——公事公办，有凭证才能可信，而后再介绍自己姓什名谁。如果是人海中结识，那你应先设法将对方的注意力引到自己身上，而后上前自我介绍。在这种场合，也不能一开始就说"我是某某"云云，而应该先找个适当的话题与对方搭上腔才行；否则，突如其来的自我介绍非把对方吓一跳不可。

（2）为恋人介绍

恋人初次见面时，彼此的羞涩尴尬是很自然的，介绍人得注意适时地点拨话题，但绝不要让自己跟某一方说个不停，而应当使恋人双方拉上话题对起话来。男女双方既愿相见，已说明彼此有一定的意愿，只要他们双方能够自动对上话来，就说明彼此的"愿意"在加深，介绍人得及时找个借口脱身，你一走，被介绍的男女双方自会话入正题的。介绍人的"借口"要显得圆满，太明显的做假会使恋人感到不自在，特别是羞涩的女孩说不定也会提出要走，那可就糟了。因此，双方已经开始对话时（通常多是男方提问或挑起话题，女方只要回答不是敷衍，就是火候了），介绍人可说："好了，我孩子今天要打预防针，现在已经晚了，抱歉啦，我先走了，你们好好谈吧！"或说："哎呀，我好像家门忘了上保险，前几天我们邻居还被偷了呢。对不起，我得先走了，你们聊聊吧！"等等。所找的借口既要可信，还得要"迫切"才行。

(3) 一般朋友介绍

在应酬场合中，对陌生人之间的介绍应当尽量措辞简单，无须将朋友的履历搬来说出，而只需突出被介绍方现在的情况，并且同时争取引出话题，如："这位是小刘，去年毕业分配到这里工作的。"这句话中间既有介绍也有悬念，介绍时说得太透彻了并不好，因为悬念往往是最好的话题，这个话题让被介绍双方自己去讲，岂不一举两得？如"他在哪里工作？学什么的，叫什么？"等问题，都不必一语道破。

一般应酬场合的介绍，介绍人通常无须回避。因为介绍人在场可以不时调整话题。但得注意，自己的身份毕竟只是介绍，因此最好多听、多赞扬，少高谈阔论，而要设法使被介绍双方的谈兴被引起来。譬如，你可说："小刘很爱下围棋，你的围棋也挺不错的，是吗？"或"你不是说想认识一位学医的吗？这位医道很在行，他父母亲都是医生。"等等。需要注意的是，这类介绍中，朋友彼此的名字并不是一开始就需要强调的，讲了也不会给人留下什么印象，只有到末了彼此有心结识时，交换通信地址才是必要的。

(4) 事务性应酬中的介绍

所谓"熟人好办事"大抵就是说的这类事。这种介绍往往带有一定的目的性，但也不尽然，如果你不愿意得罪来者，又不愿与其说话，那么最好在作过双方的一般介绍以后就借故离开；估计谈话快要结束时，你再回来打个哈哈，就这么过去了。如果你有心说项，那么你的介绍要带一点儿倾向性，对来者介绍说："这是我的老朋友（同事、同学），请多多关照！"而对拜托之人的介绍则要带点儿吹捧："这位是专门负责这类问题的×主任（科长、处长），有什么问题尽管跟他说好了。"无论如何，对这类介绍须注意自己的名誉，当办则办，不当办则坚决回避。

5．参加舞会的礼仪

在现代社会中，人们的交往离不开舞会，舞会以其自由活泼的形式、丰富健康的内容而成为社交活动中经常采用的一种聚会形式，同时也是人们用来陶冶性情、消闲娱乐、联络感情的最佳方式。当然，参加舞会必须遵守其相关的礼仪。

(1) 男子的礼仪

参加普通的舞会，在你收到的请柬上，服装这一项都是写着"常服"，所谓"常服"，就是穿日常的服饰便可以了，你不必穿晚礼服，但也不能只穿衬

身价,这样提高……
SHENJIA ZHEYANG TIGAO

衫赴会,应该穿西服结领带,总之,比平常要打扮得漂亮些。舞会多在晚间举行,赴会前应该洗个澡,不能把白天工作留下的汗臭都带去。同时,应把胡须刮干净,头发梳整齐,切不可像一个刺猬似的跑去参加舞会,因为这样不但自己失礼,而且主人也会很没有面子。

其次是找舞伴的问题,如果你已有太太或女友,当然不用愁没有舞伴。如果你既没有太太也没有女友的话也不用愁,因为舞伴不一定是要太太或女友才可以,你相识的女同事、女同学,亲戚里的表姊妹,甚至自己的姊妹都可以邀请去做你的舞伴(必须预早约好)。自然,实在找不到舞伴的情况下,单身一人也可以去。当你进门之后,首先要把女朋友介绍给主人,假如你带去的是亲戚或姊妹,那么你在介绍时要明确:这位是我妹妹或表妹××小姐,那么主人在介绍你的舞伴和其他人认识的时候也会特别留意这点,不致误会。

在舞会开始的时候,第一曲应该和你的舞伴共舞。不论你和哪一位舞伴共舞,都应该迁就对方的身材,不要把她架得高,拉得太紧,这样不但使对方感到不舒服,而且不好看。在跳快舞曲的时候,切不可只顾自己高兴,一股劲儿地猛转,如果你是个高手,还要留意步子不要迈得太大,舞曲快结束时,要慢慢地停下来,帮她站稳,并对她说"谢谢"(无论你请哪一位共舞,当一曲完毕的时候,说一声"谢谢"是一种礼貌),然后再陪送舞伴回到原处。第二曲开始时,如果你的舞伴已被别人邀请去跳舞,那么你可以去请别人跳舞。当你去邀请小姐时,应先向她的男友招呼一下,表示我想请女伴跳舞。在礼节上,对主人的太太或姊妹,你都应该邀请她们共舞一次,跳完应该再回到你的舞伴身边。你也应该随时关心你的舞伴有什么需要,例如是否要喝茶、汽水之类的饮料。在集体游戏时也要尽量协助照顾她,不可让对方感到为难。一直到舞会结束,向主人致谢后,你把舞伴送回到她的家里然后告别。假如你为了交通车辆的收班或其他特殊原因需要提前离开,得预先悄悄地向主人说明,到你离开的时候,不必喧嚷,以免破坏舞会的气氛,也不必再向主人告辞。当舞会结束,播出晚安的乐曲时应鼓掌致谢,这也是一种礼节。

(2) 女子的礼仪

女子参加舞会之前,也一样要梳洗一番,面部的化妆比白天较浓些,但不可太过分,一定要保持自然美。因为在舞会中人与人距离很近,如果妆化得太过分,反会引起别人的反感。用香水也要适可而止,用得太多,味太浓也会引起反效果。衣服要看各人喜欢,有的喜欢穿丝袜,有的喜欢穿净色,总之长裙或成套的西服裙都可以,切不可穿西装裤赴会,这是不礼貌的。手袋以小为佳,因为一般小型的舞会是不设储物处的,所以小小的手袋比较方便。必须要穿高跟鞋,因为平底鞋跳起舞来不好看,而且非常吃力,容易累(也

38

不要穿新鞋，很容易把脚打起泡，那就吃苦头了）。还要记住一点，不论男女，在你预定去参加舞会的那天，千万不要吃口气很重的食物，如洋葱、大蒜之类。

在舞会中，女士要特别留意自己的仪态；对刚认识的新朋友要大方谈吐，不可作神圣不可侵犯之状，不过也不可高谈阔论或放声大笑，也不要和相熟的人指手画脚谈论他人。休息时坐在一旁，坐的姿势也要留意，双腿不要交叠，也不要叉开两只脚，更不要搔首弄姿，最好是端庄自然，欣赏别人跳舞。对别人的邀请不可以生硬地拒绝，有困难时应该很坦白地对他说："很抱歉，我不会跳这种花式。"或说："我很累，下一曲再跳吧！"

不论男女，在跳舞时眼睛东张西望都是失礼的。一面跳舞，一面谈话，甚至提出艰深偏门的问题或工作上的问题，这都是失礼的。因为舞会并不是讨论会。舞罢，女性对男性的致谢应还礼。

6．拜访与迎送礼仪

拜访与迎送是人际交往中最常见的社交应酬活动。高朋满座、朋友如云是事业兴旺、人情练达的标志。健康、正常的拜会与迎送活动，对于扩大人际联系、拓展视野、交流信息、沟通情感、增进友谊、加强协作乃至排解烦闷、陶冶性情，都有其他活动不可替代的作用。

（1）拜访礼节

拜访是指本人或派人到朋友府上或工作单位去拜见访问某人的活动。人与人之间、社会组织之间、个人与组织之间总少不了相互拜访。拜访有事务性拜访、礼节性拜访和私人拜访三种，而事务性拜访又有商务洽谈性拜访和专题交涉性拜访之分。不管哪种拜访，都应遵循做客的礼节。

① *事先预约，不做不速之客*

拜访友人，务必选好时机，事先约定，这是进行拜访活动的首要原则。一般而言，当你决定要去拜访某位友人，应先写信或打电话与被访者取得联系，约定宾主双方都认为比较合适的会面地点和时间，并把参访人数和访问的意图告诉对方。一般应避开吃饭和午休的时间，晚上拜访时间也不宜太长。在对外交往中，未曾约定的拜会，属失礼之举，是不受欢迎的。因事急或事先并无约定，但又必须前往时，则应尽量避免在深夜打扰对方；如万不得已非得在休息时间约见对方时，则应见到主人立即致歉，说"对不起，打扰了"，并说明打扰的原因。

② *守时践约，不做失约之客*

宾主双方约定了会面的具体时间，作为访问者应履约守时如期而至。既不

能随意变动时间,打乱主人的安排,也不能迟到早到,准时到达才最为得体。如因故迟到,应向主人道歉。如因故失约,应在事先诚恳而婉转地说明。在对外交往中,更应严格遵守时间。日本人安排拜访时间常以分为计算单位;在瑞典,如拜访迟到10分钟,对方就会谢绝拜会。准时赴约是国际交往的基本要求。

③ 登门有礼,不做冒失之客

无论到办公室或到寓所拜访,一般要坚持客由主定的原则。如是到主人寓所拜访,作为客人进入主人寓所之前,应用食指轻轻叩门或按动电铃,若是熟人、亲属,可在敲门后立于门口;若是初访或下级,应侧身站在门首的左侧,待有回音或有人开门相让,方可进入。若是主人亲自开门相迎,见面后应热情施礼问好;若是主人夫妇同时相迎,则应先问候女主人。若你不认识出来开门的人,则应问:"请问,这是×××先生的家吗?"得到准确回答后方可进门。当主人把来访者介绍给他的妻子或丈夫相识,或向来访者介绍家人时,都要面带微笑,热情地向对方点头致意或握手问好。见到主人的长辈则应恭敬地请安,并问候家中其他成员或保姆。当主人请坐时,应道声"谢谢",并按主人指定的座位入座。若带有鲜花、果品、书籍等礼物,可在进门之初奉献主人。主人上茶时,要起身双手接迎,并热情道谢。喝茶时要慢慢品饮,果品要小口细嚼,烟则要少抽或不抽,如要抽烟,需征得主人和女士的同意。对后来的客人应起身相迎,必要时,应主动告辞回避。如带小孩做客,要教其礼貌做人,尊敬地称呼主人家所有的人。如主人家中养有狗和猫,不应表示害怕、讨厌,不应去踢它、赶它。作为主人,也应遵循"尊客之前不叱狗"(《礼记·曲礼上》)的传统礼节。

④ 衣冠整洁,不做邋遢之客

为了对主人表示敬重之意,拜访做客要仪表端庄,衣着整洁。入室之前要在门垫上擦净鞋底,不要把脏的东西带进主人家里。夏天再热,进屋后也不应脱掉衬衫、长裤,冬天再冷,进屋也应脱下外套,摘下帽子、手套、墨镜,有时还应脱下大衣和围巾。在主人家中要讲究卫生,不要把主人的房间弄得烟雾腾腾,糖纸、果皮、果核应放在茶几上或专用果皮盒内。身患有病尤其是传染病,不应走亲访友。邋遢之客、带病之客是不受欢迎的。

⑤ 举止文雅,不做粗俗之客

古人云:"入其国者从其俗,入其家者避其讳。"(汉·刘安《淮南子·齐俗》)人们常说,主雅客来勤;反之,也可以说"客雅方受主欢迎"。在做客时,谈话应围绕主题,态度要诚恳自然,如有长辈在座,应用心听长者谈话。古人说:"见人背语,勿倾耳窃听;入人私室,勿侧目旁观;到人案头,勿信手乱翻。"(清·金缨《格言联璧》)在朋友家里不要乱脱、乱扔衣服。与主人关系再好,也不要翻动主人的书信和工艺品。未经主人相让,不要擅入主人的卧室、书房,更不要在桌上乱翻,床上乱躺。做客的坐姿要注意文雅。

⑥ **适时告辞,不做难辞之客**

"串门无久坐,闲话宜少说。"初次造访以半小时为宜,一般性拜访以不超过一小时为限。造访目的达到,见主人显得疲乏,或意欲他为,或还有其他客人,应适时告辞。假如主人留客心诚,执意强留用餐,饭后应停留一会儿再走,不要抹嘴便走。辞行要果断,不要"走了"说过几次,却口动身不移。辞行时要向其他客人道别,并感谢主人的热诚款待。出门后应请主人"就此留步"。

(2) 迎访礼节

① **预做准备**

古人言:"有朋自远方来,不亦乐乎?"(《论语·学而》)这说明广交朋友,礼貌待客是中华民族的传统美德。迎访包括迎客、待客两个方面。如何礼貌地迎客待客?总的原则应是主随客便,考虑周全,讲究礼仪,关怀备至,使来访者有宾至如归之感。

为了让客人有一个良好的"第一印象",平时就应将办公室、会客室或家里的客厅收拾整洁,以免"不速之客"光临时手忙脚乱。从迎访角度讲,社交活动中的来访也有礼节性的来访、事务性的来访和私人来访三种。礼节性来访一般时间较短,主人待客要热情、周到,事后还要注意"礼尚往来";事务性来访,一般时间略长些,主人要想方设法替客人节省时间,并尽可能地使客人满意而去;私人或消遣性来访,通常伴有娱乐性活动和闲谈等,主人待客,应尽量做到轻松愉快。

无论是接待哪一类型的来访者,特别是应邀而来的客人,事先都应做必要准备。包括做好室内外卫生和室内的布置,"洒扫门庭,以迎嘉宾";备好待客的用品,如糖果、香烟、饮料和水果、点心等;如留客吃饭,还得预备丰盛而可口的酒菜;如有小客人同来,还得预备一些玩具和幼儿园书。为了向客人表示敬意,主人还要特别注意自己的仪表,作为女主人更应穿着得体。

② **热情迎候**

在家不会迎宾客,出外方知少主人。如来访者来自外地,应按事先约定的时间专程前往车站、码头或机场迎候。接到客人后,应致以问候和欢迎,并说一些简短的欢迎词。如果是久未见面的,见面时可说:"久违、久违"(即久违雅教之意);对近道初次登门的客人,也应到寓所的院门口或楼下迎接。见面时可说:"久仰、久仰!""百闻不如一见。"未及亲迎的,可说"失迎、失迎"或"有失远迎"等以示歉意。如客人手提重物,应主动帮助接提,还

要关照家人给予合作。接应客人时应面含微笑,握手问候和表示欢迎,这是必不可少的"迎宾三部曲"。

③ 待客以礼

客无亲疏,来者当敬。在接待中,对任何客人来访都应热情欢迎,毫不见外地奉为上宾。接客人进屋,应主人在前,客人在后;进入客厅后,应请客人在上座就座。所谓上座,即指较为尊贵的座位。居室中的上座有:比较舒服的座位,较高一些的座位,宾主并排就座时的右座和面对正门的座位。客人一旦落座,就不再劝其换位。来客如是至亲挚友,可以不拘礼节,随便一些反而显得亲密无间;来客如是师长,则应注重礼节,不可轻率、随便。如果客人不期而至,无论多忙多累,都应立即停止手中的工作来热情接待。如客人没打招呼便推门而入,也应立即起身表示欢迎,不能拒之门外。为了表示对客人的敬意,主人应请客人先入座。如在同一时间接待多方来访者,应注意待客有序和一视同仁。客人进屋后,作为主人应事事处处体现对客人的恭敬与谦让。有的主人对不速之客冷眼相向,或一边跟客人聊天,一边看电视、看报纸、打毛衣,这都是极不礼貌的。客人落座后,应热情地献茶或奉上糖果、饮料。一般来说,茶水饮料放在客人的右前方,点心糖果放在客人的左前方;上茶应从客人的右边上。从卫生角度来讲,客来不敬烟不算失礼,甚至在美国人看起来,敬烟不但不表示恭敬和情谊,反而显得敬烟者缺乏礼貌和教养。如请客人吃水果,应将洗净的水果和水果刀交给客人自己削皮。与客人谈话,态度要诚恳热情,不要频频看表,不要显出厌倦或不耐烦的样子。万一主人有急事要办,应向客人说明并致歉。如有准备的话,可真诚地请客人一起进餐。如来自外地的客人需要留宿,应周密安排,并向客人介绍家庭生活设施和提供卫生用品等。

(3) 礼貌送客

在人际交往中,好的开场就像一束鲜花给人愉快;精彩的告别就是一杯芬芳的美酒令人回味。否则会造成热情迎宾、冷淡送客的不良后果,给客人留下不好的印象。当客人要走时,应婉言相留,这是情谊留恋的自然显示,并非客套与多余。当客人起身告辞并伸出手时,方可出手相握,切不可在送客时先"起身"或先"出手",免得有厌客之嫌。迎客应主人走在前面,送客则应客人走在前面。主人送客,一般应送到门外或楼下,目送客人远去时,可挥手致意,并说:"欢迎再来!"远客或年纪大的客人,如有需要(如路不熟、走路不方便等),则应送到车站或码头,待客人上车、上船并等车船开动消失在视线以外再返回。送客至机场,应待客人通过安全检查处之后再返回。和上司一起送客时要比上司稍后一步。客人来访常带有礼品,主人应表示谢意,说声："让您破费了，实在对不起！""让您费心，真不好意思。"绝不可若无其事，显出理所当然或受之无愧的样子。一般情况下，应遵循礼尚往来的原则，在收下客人礼品的同时回赠必要的礼品。

7．馈赠礼仪

古往今来，馈赠是人际交往的重要手段和内容。馈赠礼仪是社交活动必须遵循的行为规则。

(1) 馈赠的原则

在人际交往中，正当的礼品馈赠是礼仪的体现、感情的物化，它能使赠受双方架起一座心心相通的桥梁。馈赠礼品的方式尽管多种多样，目的也不尽相同，但均要遵循下列原则。

① 注重情意

李白诗言"人生贵相知，何必金与钱"（《赠友人三首》），道出了礼轻情义重的哲理。人们礼尚往来，是为了联络感情，礼品不过是感情的传递物，因而礼不在多，达意则灵；礼不在重，传情则行。在亲友交际中，以薄礼淳朴为本，这是中华民族的优良传统之一。我们提倡以增进和发展感情为目的的送礼，反对文明贿赂型和以权谋"礼"型的实物性馈赠，努力营造"礼轻情义重"的气氛，使礼物真正成为亲朋交往中礼和情的载体，使"人情"名副其实地表达亲情、爱情、友情，而不成为人们交际中的一种负担。

② 因人制宜

送礼的关键不在礼品的轻重，而在礼品对于送礼者来说能否以礼传情、寓于真情；对于受礼者来说，是否得体，即是否适合受礼者的身份、特点及需要。所以，因人制宜、投其所好、注重实用、把握适度，这是送礼的要诀。如同是婚礼馈赠，对一位经济较为富裕、尚好文墨雅趣的亲友，与其送100元礼金，还不如送一幅喜幛贺联显得得体。相反，如果受礼者是一位经济并不富裕，且生活较为节俭的人，送实惠的用品或礼金就较为合适些。为使送礼得体，送礼之前，可先对受礼者的个性、爱好、文化层次、风俗习惯、经济状况等加以了解和分析，这样送礼才会恰到好处。一般说来，出乎受礼者意料而又是他向往已久的礼品，才是最受欢迎的礼品。

③ 赠受有度

在赠礼与受礼问题上，我国一向提倡"赠有度，受有节"。西方发达国家虽然经济较富裕，但不送重礼。我们是发展中国家，是"礼仪之邦"，这就更要求我们送礼要把握分寸。受礼分寸的把握有两种情况：一是把握收与不收的

分寸。一般来说，贵重礼品，或对方破费较大购买的礼品，应婉言谢绝；小件礼品，或只表达对方心意，不含任何功利成分的礼品，可谢后欣然笑纳。对方有目的而来，应本着"朋友论情，办事论理"的原则，对力所不能及的，应说明情况，并婉拒礼品。对于至亲挚友在重大喜庆和偶遇病灾困难时的馈赠，如结婚时亲友送的大件礼品，或遇病灾困难时，亲友捐赠的钱物等，在不影响对方经济承受力的情况下，应热情接受或部分接收。对于公务往来中的礼品，应按有关规定处理，把礼品公开，并按照规定上交。二是把握退与不退的分寸。一般来说，亲友之间在节日喜庆期间的正常礼尚往来，并不存在谢绝或退回的问题。问题是"送礼"成为一种社会现象，有不同的"送礼"目的。因此，对于送礼也要进行分析。如果是以拉关系、走后门为目的的礼品，或有贿赂嫌疑的钱物，应坚决拒收或退回，但不要因此伤害对方的感情。对打算退还的礼品，应及时处置，以不超过24小时为宜。

④ 随俗避忌

"礼，从宜；使，从俗。"(《礼记·曲礼上》)赠礼都要适合当时、当地、当事人的心态和风俗。无论是国内还是国外，都有一定的民俗禁忌，选择礼品不能不加考虑。如老人忌讳送钟，因为其谐音是"送终"。恋人之间忌送梨，友人之间忌送伞，因为有"离"、"散"之嫌。也不送刀、剑或其他带有尖、刃的物品，因为这些有"一刀两断"之虞，象征友谊的终结。除情人可互赠领带、手帕外，对一般亲友也不送手帕，因为手帕是与眼泪连在一起的；在台湾还有"送巾断根"、"送扇无相见"之嫌。在颜色上，一些国家以绿毛龟为宠物，而在国人看来，被送了"戴绿帽的乌龟"那是极大侮辱。在中国红色代表喜庆，黄色代表高贵，白色代表哀丧。可在北非红色代表死亡，在巴西和埃塞俄比亚黄色代表凶丧，黑色是西方人表示哀悼的色彩。在数字上，我国有"好事成双"的说法，认为偶数表示圆满、吉祥，一般喜礼忌"单"，丧礼忌"双"。白族有"无六不成礼"的习俗。广州人及港澳同胞对"8"则情有独钟。对"5"和"9"也颇感兴趣，因为"5"具有完全、圆满的意思，如"五湖四海"、"五彩缤纷"等；"9"则是皇室专用数，象征至高无上。但我国广东人和韩国、日本人忌讳"4"，因为"4"和"死"读起来相近。有的地方还有"人三鬼四"之说。对外宾还要坚持五不送。一是不送触犯外宾习俗的礼品，如欧洲人忌讳菊，阿拉伯人不喜欢熊猫和忌酒，在法国和东南亚一些国家则视"仙鹤"为"淫鸟"；二忌过于昂贵和过于廉价的物品；三忌印有广告的物品；四忌药品与补品；五忌使异性产生误会的物品，如向欧美少女赠送红玫瑰和送香水、化妆品等。总之，对于不同国家和同一国家的不同地区的风俗习惯，都应加以尊重。

(2) 馈赠的艺术

① 注意品位

礼品馈赠是一种艺术，送什么，送给谁，怎样送，这都是应考虑的问题。礼品除贵在表达情意外，礼品选择还要考虑它的时尚性、情趣性、纪念性和针对性。礼品既要经济实惠，又要新颖、精巧、耐人寻味，能引起对方的兴趣。有的礼品虽然耗费很大，但并不受人欢迎，而有的礼物花钱不多或者亲手制作，却能使对方满心欢喜，富有情趣又增进友情，且具有实用价值或保存纪念价值。随着社会的进步，在礼品的内涵上应返璞归真，即由偏重物质内容到讲究文化品位，注重心灵感情的沟通。明信片、礼仪电报、代订报刊、赠送书籍、荧屏点歌、赠送鲜花、赠送"新婚纪念册"等，都表现了现代人的情趣和追求。礼本来属于精神范畴，现在悄然兴起的"精神礼品"，正是人们心灵呼唤的结果，是人情的升华。当然，适宜的物质礼品也还是需要的。在亲友、同事、邻里之间的礼尚往来，按"交浅礼薄，谊深礼重"的原则，有一些实物性馈赠也是人之常情。

赠送他人的礼品，在相赠之前都应撕掉价签，检查有无破损和是否超过保质期；为避免过于直露、俗气，给人些许神秘感，礼品应用专门的包装纸精心包装，扎上彩色缎带，这也是对受赠者的尊重。

② 选择时机

送礼要把握时机。选择恰当的时机，可以使赠礼自然亲切。如节假良辰、婚丧喜庆、临别远行、看望老人、病灾慰问、谢客酬宾等，在这些时候赠送一些适合受礼者需要的礼品，会使对方倍感亲情和厚意。赠礼贵在及时、准确，宜在喜日、生日、节日前夕送达。

③ 表现大方

馈赠的方式有亲自赠送、托人转送和委托邮局、快递公司、礼仪公司代赠三种方式，当然前者更显得郑重其事。呈送礼品，宜在宾主会面之初或分手道别时。若是两对夫妻会面，则呈送礼品最好在两位夫人之间进行。赠受礼物时的表达，中国文化和西方文化有所不同。在中国，如果当面赠送礼物，送礼者应起身，稳步走向对方先打招呼，然后用双手捧送，双目注视对方，边送边说上几句祝福与问候的客套话，如："祝您生日快乐！""祝两位百年好合！""祝早日康复！""感谢您帮了我的忙！""区区薄礼，不成敬意，敬请笑纳！"等等。送礼时应注意：私人性的礼品不宜在大庭广众之前进行；向数人赠送的礼品若互有不同最好分别赠送；在顺序上应由尊而卑或由近而远依次进行。

④ 说明寓意

向对方赠送礼品时，除了应端庄稳重、郑重其事以外，还应说明赠礼的

原因及其所表达的心意；介绍礼品本身的寓意及其主要功能等。

(3) 受礼与答礼

① 恭谨受礼

受赠者接受礼品之前，应表示谦让，在对方诚意相赠时，应神情专注、双手捧接，握手并诚恳感谢对方："请不要这样客气。""谢谢您的美意！"在涉外活动中，则不必如此，因为不少国家以左手为不洁，双手赠礼反而不够尊重。国人受礼后，往往不当着客人的面打开，也不陈列。而西方人送礼多会附上卡片，表达祝福的心愿。当收到附有卡片的礼物时，应该先读卡片，再启封。西方的风俗是收到礼物时当场打开陈列，同时表达对赠送者的赞美和感谢，如说："非常感谢。这么好的礼物，我会永远珍惜。""看到它时，我会永远记起您！"当受到别人诚恳的赞扬时，赠送者不能说"不用谢"之类的谦虚词，而应报以微笑，说一句："我真高兴您喜欢它。"如果把礼品原封不动地放在一旁，那就意味着对礼品不感兴趣，至少也会令赠送者感到冷落。若收到托人送或邮寄的礼品时，应回复一枚名片或亲笔写信表示感谢。

② 依礼还礼

"投桃报李"，这是礼尚往来的行为准则。须注意还礼的时间和形式。还礼宜选择对方有喜庆活动时还礼，或在此后登门拜访。还礼的形式可选对方相赠之物的同类物品，或选择与相赠之物价格大体类似的物品还礼。对于违规礼品则应"婉拒"而不失谢意。

(4) 送花的礼节与禁忌

① 赠花礼节

花是美的化身，是感情的纽带、友好的信使。以花传情，以花为媒，是我们中华民族古老的传统礼仪。在古时候，"花"与"华"是同一个字，所以有人推断："中华"者还有"百花之中"的寓意，于是也就形成了中华民族特有的爱花、种花、赏花、画花、插花、唱花、咏花、赠花等全方位的花文化的表现形式。今天，赠花寄情已成为人们社交生活中一种高雅文明的重要礼仪。

A. 花的选择

祝贺新婚，宜送红玫瑰、百合花、红郁金香、并蒂莲、吉祥草、香雪兰、非洲菊、向日葵、绣球花、红掌。夫妻间可互送合欢（夜合花），合欢叶长，两两相对，"至暮而合"，象征百年好合。

祝贺生日，对中青年可送火红的石榴花、大红月季花、象牙花、马蹄莲、银芽柳、蛇鞭菊、茶花，含有火红年华和前程辉煌的祝愿。为老年人祝寿，可选万年青、寿星草、红枫、菊花、万寿菊、松柏、长寿花、福寿花、文竹，祝老人健康长寿，永葆青春。

走亲访友，送往迎来，可选含有喜庆吉祥之意的鲜花，如金橘、水仙花、步步登高、状元红、大丽花、万年青、吉祥草，表达美好的祝愿。到车站、机场迎接来客，可赠月季、百合花，辅以满天星，表示热烈欢迎和崇敬。送别，可赠芍药、"折柳"，表示难舍难分。

慰问德高望重的老者或离退休老人，可送兰花、君子兰、晚香玉、剑兰、红枫等。象征品质高洁，老有所为。

探望病人，可送芝兰花，象征着"正气清运，贵体早康"，或送马蹄莲、苍兰、水仙、鸢尾、满天星、红罂粟、野百合，表示慰问，祝福康复。

丧礼宜送菊花、百合花、玫瑰、夜来香，颜色以白、黄为好，对高龄死者，可送紫色。

友人乔迁之喜，可赠文竹、米兰、兰花、君子兰、蛇鞭菊、鸢尾，或紫薇花、月季花，祝贺平安和兴旺。

朋友新店开张，公司开业，可送牡丹、报喜花、吉祥花、红月季、康乃馨、大丽花、金达莱、红菖兰、步步登高等，亦可赠发财树，祝事业发达，财源茂盛。

B. 赠花的形式与时机

在现代社会，随着人们生活水平的提高，鲜花已成为崇尚精神生活的现代都市人的最佳礼品选择，成为社交礼仪活动的主角。赠花的形式，是指经过精心设计和加工，创造出多种类型、不同风格的鲜花制品，并应用于各项礼仪活动中。赠花的具体形式有：束花、篮花、盆花、插花、饰花（包括胸饰、颈饰、肩饰、头饰、帽饰、腕饰花）、花环、花圈，还有新娘捧花和婚礼花车等。

在人际交往中，适合以花相赠的时机，主要有：贺喜赠花、贺礼赠花、敬长赠花、慰问赠花、生日祝寿赠花、迎送赠花、寓志嘉奖赠花、节庆赠花、爱恋赠花、商务赠花、惜别赠花、悼念赠花等。

C. 如何赠花

赠花的过程要讲究一定的礼仪，才会使"送花传情"的礼仪活动更加完美。比如应邀做客，鲜花通常送给女主人，而且应先握手后赠花。如果是应邀参加晚宴或酒会，最好能提前一天将花送到，以方便主人安排花的摆放位置。若是没有时间提前送达，也应通过电话与女主人联络，征询她的意见，比如需要何种类型的花，摆放在何处，以求所送鲜花适合整体氛围。如果是接到邀请而因事不能出席宴会或聚会，除应打电话致歉外，还可通过花店或速递公司，将鲜花送到发出邀请者处，表达你对发出邀请人的感谢及未能参加的歉意。

若是到医院探望病人，应事先了解一下是否已有人送花，如果病房已有许多鲜花，则可以改变选择，另送其他物品。若是选择送花，花香宜淡不宜浓，

送给病人的花束或花篮,体积不宜过大,送达病房后主动将花摆放在适当的位置,不应随便堆放。

为模范人物献花,或向舞台上的演员献花时,应双手送上,双目注视对方,面带微笑。若是邀请贵宾参加庆典活动,需佩戴胸花,在征得同意的情况下,可主动将胸花别在客人的胸前。

② 受花礼节

接到朋友送来的鲜花,作为受花者应注意这样几项礼仪要点,即:正身鞠迎,面带微笑,目光正视,双手相接,仔细品赏,嗅闻再三,赞美道谢,轻稳安放,及时护理,握手道别。受花人有"六忌":忌侧身相待,忌单手接花,忌无动于衷,忌置之不理,忌无谢意,忌目不正视。

③ 赠花的宜与忌

赠花是一种高尚的礼仪,无论在什么场合,对象是谁,只能送鲜花,绝不能送纸花、塑料花和其他人造花。

A. 在色彩上的宜与忌。在中国,红色系的花是人们普遍喜爱的颜色。红色象征喜庆,能够趋吉避邪,在喜庆的日子里,红色往往是主角。在西方人眼里,白色鲜花象征着纯洁无瑕。

黄色系的花也颇受人们喜爱,看到金黄的色彩,让人联想起黄金的耀眼光华。黄色与红色系的花材搭配使用,可以营造出欢乐、祥和、热烈的气氛。但黄色与白色、紫色运用在一起时,有肃穆、悲哀之感,常用于哀悼场合。法国、埃塞俄比亚人就不喜欢黄色。埃塞俄比亚人以穿淡黄色服装对死者表示哀悼,土耳其人厌恶紫色。

白色系的花很少独立使用,除非是自己偏爱,通常要与其他色彩配合运用。在葬礼或追悼会可以使用白色系的鲜花制品。在国内,送礼用的花篮切忌用白色花插制。近年来,年轻人婚礼颇为"洋化",婚礼上新娘身着白色婚纱,手捧漂亮的捧花。为了与婚纱相配,捧花中大量用白色系的鲜花。这样的搭配最好能事先征求家中长者的意见。印度人忌白色。加拿大人通常在丧礼上用白色百合花。但匈牙利人和芬兰人喜欢白色。对蓝色,不同国家也有不同看法,法国人、荷兰人、捷克和斯洛伐克人喜欢蓝色,而伊拉克人和比利时人就忌讳蓝色,把蓝色视为不祥的标志。

B. 在数字上的宜与忌。在我国喜庆活动送花要送双数,但在情人节这一天,送恋人或妻子一枝红玫瑰,象征爱情专一。红玫瑰一般只送给自己的母亲、妻子、姊妹及未婚妻、情人,但不宜送给朋友的妻子或有夫之妇。丧葬仪式上送花只能送单数,以免"祸不单行"。北欧国家和俄罗斯人喜欢奇数,而且如俄罗斯人对"7"情有独钟,但瑞士人送玫瑰可送1枝、2枝、8枝、9枝、

11枝、12枝、24枝均可，但不能送3枝，否则意味着送花人是第三者。日本人送给母亲的花通常由凌霄花、僧鞋菊、报春花、金钱花和冬青五种花组成，表达了在母爱的呵护下子女快乐成长之意，但送花回避"6"与"9"。

　　C. 在花语上的宜与忌。我国人民对菊花喜爱至深，日本也喜欢菊花，但西方人则视菊花（尤其是黄菊、白菊）和绣球花为"葬礼之花"。杜鹃花，在我国南方叫映山红，陕北叫山丹丹，是一种受人喜爱的鲜花，但在国外却视为"廉价之花"。莲花"出淤泥而不染，濯清涟而不妖"，在中、印、泰国和埃及，有"花中君子"、"碧波仙子"的美誉，还有"净客"、"净友"之称。而在日本则属忌送之花，因为在日本它是专用于祭奠之用的。花朵呈钟状的铃花，在西方也是忌讳之花，因为将它送给友人意味着绝交。西方人尤忌白百合花和白山楂花，因为它们被视为厄运的征兆和死亡的象征。对西方人来说，最晦气的是卧病住院被探访者送以红白两色相间的鲜花，因为它被视为不祥之兆。英国崇尚鲜花，又是世界上花语最多的国家。在英国，一些美丽的花被赋予了不吉祥的花语：天竺葵、万寿菊表示忧愁、悲哀；大丽花象征不稳定、变化无常；鸡冠花象征纨绔子弟；金鱼草表示冒昧、无礼；八仙花象征无情与残忍。西班牙人也认为大丽花不吉祥。

　　D. 有些花的忌讳与谐音有关。在我国的南方和台、港、澳地区给生意人送桃花，能令其喜笑颜开，因为它含有红火之意。如送梅花和茉莉花，则会使人感到不大吉利，因为梅与"霉"、茉莉与"没利"同音。同样，在我国的这些地区有"金橘"不送人的说法，因金橘象征"有金有吉"，如果送人了，自己就没"金"与"吉"了。在日本、韩国、朝鲜及我国的广东、海南、香港、澳门、台湾等地区，送花不能送"4"枝，因为"4"与"死"读音相同。在我国的广州和香港，探望病人避免送剑兰（唐菖蒲），因为"剑兰"与"见难"发音相近。也不能送盆花，因有"不除病根"之意。所以，送花要因人、因场合而异，注意其宜与忌。

8. 不可不知的谈吐礼仪

　　"语言是人类最重要的交际工具。"这里说的语言包括"声音语"、"态势语"和"文字语"。一个人的谈吐表情，实际上就是他的"声音语"和"态势语"。"言为心声，语为人镜"。谈吐是有声语言，表达的是人的心声；表情则是无声语言，是人的内心情感的外现。前者有声，后者有形，形声兼备，相辅相成，共同表现出一个人的生活阅历、学识修养和心态人格，当然也是塑造个人形象、提高个人身价的重要手段。

(1) 敬语得体

俄国哲学家赫尔岑说："生活里最重要的是有礼貌。"社交离不开谈吐。谈吐是人们交流思想、传递信息、增进了解和友谊的重要形式。可以说，社交艺术在很大程度上是运用语言的艺术。谚语说："见事知长短，听话品高低。"对有健全发声系统的人们来讲，谈吐虽然人人都会，但却有文野雅俗之别。怎样使自己的言谈文雅动听、入情入理？作为知书达"礼"的现代人，文雅地谈吐，重要的是要使用规范的尊称、敬语、谦词、雅语，使自己的言语文明、礼貌、准确。

① 字字千金的七个礼貌用语

在日常生活中养成使用七个礼貌语的习惯是很重要的，它会使你广结人缘，令人肃然起敬。这七个礼貌语及其内涵如下：

"您"，是尊的音符，敬的旋律；

"您好"，是热情的问候，良好的祝愿；

"请"，是礼貌的象征，谦恭的标志；

"谢谢"，则显示礼仪规范，强化对方的好感；

"对不起"，是道德的尺度，灵魂的外显；

"没关系"，表示善于宽容，更见涵养；

"再见"，则是亲切的道别，友谊的延续。

开头这个"您"就是一个充满感情色彩的字眼，是用"心"呼唤他人的尊称，而"你"则仅仅只是一个十分平淡的人称代词而已。"您"看似一个平常的称呼，但其内涵却是一个人的知识修养、人格德行的重要体现。

"请"是一个专门用于请求的敬辞。在日常生活中，多用上一个"请"字，往往可以处处赢得主动，得到对方的照应，还可以使自己的所作所为表现得彬彬有礼、不卑不亢。比如，"有请"、"请教"、"请笑纳"等。

"谢谢"是对别人的好意表示感谢的礼貌语。每逢得到帮助、承蒙关照、受到礼遇、接受服务或得到理解与支持时，都应及时地向交往对象诚挚地道一声"谢谢"。这既是对对方友善行为的感激，也是沟通心灵的桥梁。比如，日本人爱说"谢谢"，据统计，一个在百货公司工作的日本职员，一天平均要说571次"谢谢"。否则，就不是一个好职员。

"对不起"是表示道歉的套语。及时地使用这句抱歉语，有助于弥补感情上的裂缝，修复双方关系，甚至化干戈为玉帛。

经常运用这些礼貌语，看起来似乎是小事，但它能反映出一个人的教养程度，也是开人心扉的钥匙。使用这些礼貌用语，要做到亲切、准确、诚挚、热情。

② 广结良缘的应酬语

在社交活动中,应酬语是少不了的。恰当地应用应酬语,是表示对人尊重,密切人际关系的一个重要环节。常用的应酬语如下:

问候语:"您好!""早上好!""晚上好!""晚安!"

欢迎语:"欢迎您!""欢迎阁下!""欢迎光临!"

请托语:"麻烦您!""劳驾!""拜托了!""承蒙关照!"

赞赏语:"太好了!""美极了!""真棒!"

祝福语:"祝你成功!""祝你好运!""祝你心想事成!"

慰问语:"辛苦了!""麻烦了!""祝你早日康复!"

致歉语:"对不起!""请原谅!""真抱歉!""真不好意思!"

礼请语:"请!""请进!""请坐!""请用茶!"

道谢语:"谢谢!""多谢您!""非常感激!"

告别语:"再见!""回头见!""明天见!""请走好!""欢迎再来!"

③ 林林总总的客套语

正如培根所说:"得体的客套同美好的仪容一样,是永存的荐书。"恰当地使用文明、得体的客套话,不但不是虚伪做作之举,而且是儒雅风度的表现。在我国丰富多彩的语言宝库中,有大量对交往对象表示谦虚恭敬的客套语,这些客套语是礼貌语的一部分。大致归纳如下:

初次见面说"久仰";

好久不见说"久违";

等候客人用"恭候";

宾客来到称"光临";

未及欢迎说"失迎";

起身作别称"告辞";

看望别人用"拜访";

请人别送用"留步";

陪伴朋友用"奉陪";

中途告辞用"失陪";

请人原谅说"包涵";

请人批评说"指教";

求人解答用"请教";

盼人指点用"赐教";

欢迎购买说"惠顾";

请人受礼称"笑纳";

身价，这样提高……
SHENJIA ZHEYANG TIGAO

请人帮助说"劳驾"；
求给方便说"借光"；
麻烦别人说"打扰"；
托人办事用"拜托"；
向人祝贺说"恭喜"；
赞人见解称"高见"；
对方来信称"惠书"；
赠人书画题"惠存"；
尊称老师为"恩师"；
称人学生为"高足"；
请人休息说"节劳"；
对方不适说"欠安"；
老人年龄称"高寿"；
女士年龄称"芳龄"；
平辈年龄问"贵庚"；
打听姓名问"贵姓"；
称人夫妇为"伉俪"；
称人女儿为"千金"。

使用这些客套语，要真诚自然，言必由衷，不落俗套，使人听在耳中，暖在心头。

④ **谦辞敬语七字诀**

谦辞和敬语是一个问题的两个方面，前者对内，后者对外，内谦外敬，礼仪自行。谦辞和敬语的用法，过去有个七字诀："家大、舍小、令外人。"

所谓"家大"。是在别人面前称自己的长辈和年长的平辈的谦辞。如自称自己的父亲为"家父"、"家严"、"家尊"、"家大人"；母亲为"家母"、"家慈"；叔父为"家叔"；哥哥为"家兄"等。

"舍小"是在外人面前称比自己年龄小的家人用的谦辞。凡是辈分小、年龄小的家人都冠以"舍"字，如"舍弟"、"舍妹"、"舍侄"等，但不能用"舍儿"、"舍女"，只能称"小儿"、"小媳"、"小女"、"小婿"；称妻子为内人、寒荆。值得注意的是，这里的"家大"、"舍小"已包含有"我的"意思在内，在使用时不能再赘称为"我家父"、"我舍妹"之类。

"令"是敬辞。凡是称呼他人家中的人，无论辈分大小，男女老幼，都冠以"令"字，表示尊敬。如称他人的父亲为"令尊"、"令严"、"尊公"、"尊大人"，母亲为"令堂"、"令慈"、"令母"。妻子为"令妻"、"嫂夫人"（或称"贤内助"、

"太太"、"牵手",以不称"爱人"为宜,以免产生歧义),亲属为"令兄"、"令弟"、"令妹",儿子为"令郎"、"令嗣",女儿为"令爱"等。

敬语是表示恭敬和敬仰的词语,在使用时应注意以下三点:

一是场合。敬语主要用于以下四种场合:正规的社交场合;公务场合;与师长或身份、地位较高的人交谈;和陌生人打交道的时候。

二是对象。敬语的使用要有针对性,要先看清对象,然后分别选用恰当的敬语。比如,你想询问一位长辈的年龄就可这么问:"您老人家高寿?"而询问平辈时则可以这样说:"请问阁下贵庚?"

三是尊重。敬语是表示对人尊重的一种语言形式,只有心诚意切,才能在语言上表现出恭敬之情。

(2)谦雅适当

① 谦辞

谦辞,是向人表示谦恭和自谦的一种礼貌用语。

谦词除前面所述的"家大"、"舍小"所包含的内容外,还有以下几个:

鄙——鄙陋之人,谦称自己。如鄙人、鄙意、鄙见等。

愚——愚笨之人,谦称自己,又称"下愚"。如愚兄、愚意、愚见等。

敝——谦称自己或跟自己有关的事物。如敝人、敝姓、敝处、敝校、敝舍等。

不佞——没有才智,谦称自己,又称不才、不肖。

拙——多用于谦称自己的论著、见解。如拙作、拙笔、拙刊、拙著、拙译、拙见等。

此外,文人雅士在长者面前则谦称"晚生"、"小生"、"晚学"、"后学"、"末学";老年人有时则谦称"老夫"、"老身"等。

② 雅语

雅语是同粗俗言语相对的一种文雅言辞,往往反映一个人的文明程度。当今的雅语首先表现在称谓的雅化上。比如,把手脚残疾者叫"手脚不健全者",把痴呆、低能人叫"智力障碍者",把管太平间的管尸人员称为"阴阳天使",把为病人服务的人叫"陪护人员"或"卫生员",把捡破烂的叫"拾荒者",把扫大街清理垃圾的叫"城市美容师"、"环卫工作者",把保姆叫"家政服务员",等等。这充分体现出社会对不同从业者人格的尊重。

雅语还表现在对某些行为举动说法的雅化上。如把吃饭称为"用餐"、"用膳";把倒酒称为"满酒"、"斟酒";把喝茶叫"用茶"、"品茶";把上厕所称为"净手"、"方便"、"去卫生间",等等。

这些谦辞雅语是传统礼仪的一部分。适当地使用谦辞雅语,是谦逊有礼的表现,无疑会受到别人的尊敬。那些出言不逊,开口自称"老子"、"老娘",

骂他人为"笨蛋"、"老不死的"、"小兔崽子"的人只会被人侧目。

(3) 吐字清晰准确

社交谈吐不仅要坚持待人敬、于己谦的准则，而且要吐字清晰准确。

① 发音规范，吐词清晰

在社交谈吐中，要力求发音规范，坚持讲普通话并且讲好普通话，不用或少用方言、土语；吐字要清晰，不要含糊不清，更不要发错音、念错字，以免贻笑大方。

② 声音适度，语气谦和

"听话听音"，有声语言的表达是以声传意，以声传情。在与人言谈中，应注意语音的轻重、语速的快慢、语气的徐疾，音量要大小适中，抑扬顿挫适宜，口气要平易近人，使之亲切谦和。总之，说话的音量高低、音幅长短、音速快慢、重音位置均表达特定的含意。同样是一句"您请"，用平调柔声来说表示客气，用升调拖腔来说显得油滑，用短促的降调说就显得怀有敌意了。

在社交场合中，一般以柔声谈吐为宜。我们知道，语言美是心灵美的外在表现，"有善心，才有善言"。因此，要掌握柔声谈吐，首先应加强个人的思想修养和性格锻炼。同时还要注意在遣词造句、语调语气上的一些特殊要求。比如，应注意使用谦词敬语，忌用粗鲁污秽的词语；在句式上，应少用"否定句"，多用"肯定句"；在用词上，要注意感情色彩，多用褒义词、中性词，少用贬义词；在语气语调上，要亲切柔和、诚恳友善，不要随便加一些"嗯"、"啊"、"这个"之类的词，不要以教训人的口吻谈话或摆出盛气凌人的架势。在交谈中，要眼神交汇，笑口常开。

③ 要言不烦，用语准确

言简意赅、要言不烦，这是社交谈吐应遵循的规则之一。用语准确得当，就会收到"良言一句三冬暖"的效果，用语失当就会出现令人尴尬的局面。

从前有个刘大做寿的笑话，说的是此人做50大寿，约了张三、李四、王五、赵六前来赴宴。用餐时间已到，赵六还未来，只好等他。主人刘大有些着急，信口说了句："怎么该来的还没有来？"张三听此言，暗想："该来的没来，说明我们是不该来的！"于是拂袖而去。赵六还没有来，张三又走了，刘大叹道："不该走的又走了！"李四想："张三是不该走的，那该走的肯定是我。"于是也悄然离去。刘大见状，摊开双手对王五说："我又不是说他……"王五更不高兴，只好气愤地不辞而别。

一场高兴的寿宴，只是用语不当，被搞得不欢而散。

（4）言谈幽默含蓄

幽默是现代人必须具备的文明素质，是社交中不可缺少的润滑剂，正如高尔基所说，"幽默是生活中的盐"。社交谈吐中加入了幽默的调料，可以让人觉得醇香扑鼻、魅力无限。幽默风趣的言谈，能拉近彼此间的心理距离，融洽交际的气氛。

1975年春，毛泽东主席因眼病需会诊。当得知著名眼科专家叫唐由之时，毛泽东主席说："这个名字好，你的父母一定是读书人，他可能读了鲁迅先生的诗，为你起了'由之'这名字。"接着，他便抑扬顿挫地吟起了鲁迅悼杨铨的诗"岂有豪情似旧时，花开花落两由之"，既表现出他对待疾病的乐观态度，也使会诊的气氛顿时变得愉快和谐起来。

幽默风趣的谈吐能显示一个人的过人才智和乐观情绪。

1972年2月，周恩来总理陪同美国总统尼克松参观我国自行设计和施工的南京长江大桥。当踏上了引桥时，尼克松突然问："总理阁下，请问南京长江大桥每天有多少人经过？"周恩来总理回答："总统阁下，南京长江大桥每天有5个人经过。"看到对方发怔的样子，总理自豪地解释说："每天经过南京长江大桥的人是工、农、兵、学、商，不是5个人吗？"尼克松听后"啊"了一声，随即连连点头赞叹。

幽默风趣的谈吐有时也能缓解尴尬的局面，起到自我解嘲的作用。

一位著名的钢琴家去一个大城市演出。由于这个城市的居民对钢琴比较陌生，因此到场的人不多。这位钢琴家走上舞台才发现全场观众坐了不到五成，他很失望。但他很快地调整了心态，恢复了自信，走向舞台的脚灯对听众说："这个城市一定很有钱，我看到你们每个人都买了两三个座位的票。"音乐厅里响起一片笑声。正是幽默改变了他的处境。

要学会使用幽默风趣的谈吐方式，就要着意培养自己敏锐的观察力与丰富的想象力，同时还要不断提高自己的文化修养以及活用成语、典故、笑话的能力。

在与人交谈中，有时需要清晰直率，有时需要幽默风趣，有时还需要"言在此而意在彼"的委婉含蓄。培根曾说："善于谈者必善幽默。"（《人生论·论言谈》）

罗斯福在当选美国总统之前，曾任海军要职。有一天，一位朋友向罗斯福问及海军在加勒比海一个小岛上建立潜水艇基地的计划，罗斯福煞有介事地向四周看了看，故意压低声音问："朋友，你能保密吗？"朋友回答"当然能。"罗斯福微微一笑说："那么，我也能！"

这样幽默的交谈，既利于保密的目的，又不致令朋友尴尬。

训练自己的魅力

生活在现代社会，由于社交活动与职场工作流动性的增加，上班族每天遇见陌生人的机会愈来愈多。

你外出参加一个会议，放眼望去，四周都是一些陌生的脸孔，令你觉得很不自在，你不知道如何才能把自己"推销"出去。正当你犹豫不决的时候，你发现会场上出现了一位先生，他从容不迫地先和你打招呼，并且泰然自若地和你侃侃而谈。你觉得对方既开朗又热忱，态度亲切而且很有感染力，你不禁暗中佩服他的功力："为什么我就没有这种本领？"

在我们生活的四周，总有这种魅力无穷的人，他们非常易于察觉人际往来的微妙互动关系，只要有他们出现的地方，总是很能带动气氛，使人如沐春风，乐于和他们接近。

那么，这种魅力究竟是什么呢？

你可能想到的是聪明、仁慈、有活力、美好的外貌，等等。不错，这些都是构成一个人是否受欢迎的条件。但是，人际沟通专家认为，人的魅力并不是一种单纯的性格或特征，而是一个人多方面能力的综合体现。

不过，具有这样的魅力还真不是一件简单的事。根据观察，有魅力的人几乎都是由丰富多样的社交活动中磨炼出来的。

"印度圣雄"甘地就被公认是一个具有非常魅力的人。然而，甘地的魅力并非天生的。据说，从年轻的时候开始，甘地就有心打入英国上流社会的社交圈，立志成为一位"英国绅士"。因此，他有计划地克服自己各项弱点，训练自己面对群众的演说技巧与沟通的能力。

身为一个外国人，甘地明白自己的皮肤颜色及外国口音是绝对改不了的特征，于是他改变发型，勤练英国式腔调，装扮适当，频频出入各种社交场所。

甘地的魅力，在于他能运用简洁诚恳的语言和人交谈。无须讳言，经过长时间培养出来的社交能力，日后对甘地的政治生涯发生很大的助益，他不但能与英国的领导阶层平起平坐，畅谈政治，也抓住了全印度甚至全世界人的心。

人际专家指出，人的魅力奠基于良好的并且发展均衡的沟通技巧，而这种技巧在平常的生活中就可能练习。美国加利福尼亚州立大学的一位心理学博士曾经这样形容："就好像是欲成为著名小提琴家一样，魅力必须通过不断练习、练习、再练习，才能有所收获。"

那么，如何训练自己的魅力呢？以下几招供你参考。

必须要有强烈的动机。任何人希望自己变得有魅力，首先就必须对魅力有强烈的渴望。

必须循序渐进，从外表开始着手。虽然说不应以貌取人，但不可否认，外表有时可以左右别人对我们的看法。

学会放松，自由抒发情绪。拥有一颗开放真诚的心，随时与人作情感的分享与交流，会让生活更有趣，而且让别人更容易接近自己。

多聆听观察别人。在人多的场合，随时注意别人谈话时的声音与表情，你不妨想象自己是大侦探福尔摩斯在办案，仔细地研究别人的一举一动，可增加自己对他人情绪敏锐度的掌握。

强迫自己与陌生人交谈。排队买票、问路、到商场购物、等车，等等，都是不错的时机。

即兴演讲。你可以在家里对着镜子练习，最好把过程录下来，作为改进的参考。人们之所以拒绝在他人面前表达自己，多半是由于害羞及缺乏自信。如果你能随时面对各种话题不假思索地谈话，将是你提升魅力的本钱之一。

尝试角色，体验生活。很多具有魅力的人物，都是生活经验丰富的人，他们具有开阔的眼界。以罗斯福总统为例，除了当总统以外，年轻的时候他还曾经当过牛仔、士兵、警察局局长、律师、作家、新闻记者。

走向人群，实际投身于各种社交场合。虽然你可以借着不同的观摩练习来锻炼自己的社交技巧，但是正如那位心理学博士强调的："唯一能让你成为

身价，这样提高……
SHENJIA ZHEYANG TIGAO

一流好手的最佳途径，便是直接走进球场，面对着强劲的老手捉对厮杀。"

当然，一个人魅力的培养不是在某一方面训练几下就可以完成的。既然魅力是一种综合素质的体现，那你就应该全面提高自己的能力与素质，使自己成为一个真正具有魅力之人。

第二章　宏大的气度为你拓展身价的空间

海纳百川，有容乃大

从一个人成长的过程来看，各种各样的生活环境总是产生两种不同的心境：有的是快乐多于烦恼，有的是烦恼多于快乐。渴望生存的愉悦，追求生命的快乐，是人的天性，然而只有拥有宽广胸怀才能忍受不快，享受快乐。

一次，英国作家萧伯纳的《武器与人》首次演出，大获成功。当萧伯纳走上舞台正准备向观众致意时，突然有一个人对他大声喊叫道："萧伯纳，你的剧本糟透了！没有人爱看！收回去，停演吧！"观众们大吃一惊，以为萧伯纳一定会气得浑身发抖。谁知萧伯纳非但不生气，反而笑容满面地向那个人深深地鞠了一躬，彬彬有礼地说："我的朋友，你说得对，我完全同意你的意见。"他又指了指剧场中的其他观众说："但遗憾的是，我们两个人反对这么多观众有什么用呢？我们能禁止这剧演出吗？"简短的两句话，引起全场一阵响亮的笑声。那个故意寻衅的人自讨没趣，灰溜溜地走了。

"海纳百川，有容乃大。"要想成为快乐人，就要有宽广的胸襟。宽容是人生的一种智慧，是建立人与人之间良好关系的法宝。聪明人总是借助宽容的力量来实现自己的梦想，成就自己的事业。他们用宽容的智慧让自私的人汗颜，他们用容忍的胸怀代替敌对和报复。

阿尔瓦尔·居尔斯特兰德是一位极高明的眼科医生，他曾获诺贝尔医学奖。阿尔瓦尔·居尔斯特兰德不但是一位优秀的医生，还是一位为人豁达、待人宽容的智者。

阿尔瓦尔·居尔斯特兰德的父亲是文诺·居尔斯特兰德，文诺·居尔斯特兰德也是一位眼科医生，他在贫民区办了一个小诊所。诊所

很有名气，不但瑞典国内的患者，连北欧其他国家的患者也常慕名前来找文诺·居尔斯特兰德看病。

当地最有钱的富豪玛尔孟勋爵也在此地创办了一所眼科医院，并且距离文诺·居尔斯特兰德的眼科诊所不远。但是，玛尔孟的医院显得很冷落，来看眼病的人不多。有人向玛尔孟建议，请文诺·居尔斯特兰德来医院主持眼科。但玛尔孟嫉贤妒能，不但以文诺·居尔斯特兰德没有文凭为由将其拒之门外，而且多次贬低文诺·居尔斯特兰德的医术。

阿尔瓦尔·居尔斯特兰德对这种境遇很不满，他发誓一定要干出个样子来，给父亲争口气。阿尔瓦尔·居尔斯特兰德18岁时以优异的成绩考入医学院。5年后毕业回到父亲的小诊所，接替了父亲。在这个小诊所里，阿尔瓦尔·居尔斯特兰德28岁时获得了博士学位，他的博士论文轰动了瑞典首都斯德哥尔摩；30岁时他被任命为斯德哥尔摩眼科诊所所长。

玛尔孟简直嫉妒得要命，对阿尔瓦尔·居尔斯特兰德充满了敌意。偏偏这时，玛尔孟家的四小姐芬妮得了严重的眼病。她家医院里的眼科医生都束手无策，只能眼睁睁地看着她一天天走向黑暗。玛尔孟不惜重金，几乎把北欧各国的著名眼科专家都请来了，然而谁也没有办法。两块黑色的云翳盖在四小姐芬妮的瞳孔上，如果不动手术，等于有眼无珠；如果手术失败，就可能完全失明。最后还是芬妮提出：去请阿尔瓦尔·居尔斯特兰德治病，这是没有办法的办法。

此时，玛尔孟后悔当初不该把事情做得太绝，恶化了两家的关系，并认为阿尔瓦尔·居尔斯特兰德不会为芬妮看病。他带着绝望的心情去请求阿尔瓦尔·居尔斯特兰德。但出乎意料的是阿尔瓦尔·居尔斯特兰德来了，好像完全忘记了玛尔孟歧视、冷落他父亲的过去。不仅如此，阿尔瓦尔·居尔斯特兰德慎之又慎、精益求精地为芬妮的眼睛做了手术，结果手到病除，芬妮重见了光明。

为了感激阿尔瓦尔·居尔斯特兰德治病救人的恩情，为了弘扬阿尔瓦尔·居尔斯特兰德的医术和医德，为了弥补嫉贤妒能造成的裂痕，玛尔孟提议在家乡为阿尔瓦尔·居尔斯特兰德立一尊塑像。但是，阿尔瓦尔·居尔斯特兰德婉言谢绝了玛尔孟的好意。不久之后，他离开了家乡，踏上了到乌普萨拉大学就任眼科教授的旅途。

宽容是一个成熟人性必备的素质，同时也是一种享受快乐的工具。被人忌妒、讽刺是痛苦的，但是宽容忍耐却是快乐的，它能够化干戈为玉帛，能体现智者的胸怀与宽厚。

要想干一番大事业，就必须具有海纳百川的气度和超人的气量。做大事，要能容人，更要能包容不同的意见和看法，能与不同性格的人相处、共处大业。在工作和生活中，我们总是要面对很多人与人之间的矛盾和纠葛，如果没有宽容的胸怀，我们只会使自己的路越走越窄。

做人不可无容人之量

饮誉世界的美国著名通俗历史作家房龙1925年出版了一本名为《宽容》的书。这本书现在已成了世界经典名著。房龙在该书中叙述了人类思想发展的历史，倡导思想的自由，主张对异见的宽容，并对一切不宽容的行为深恶痛绝。他在书中痛斥和嘲弄不宽容，并大声疾呼："打倒这个可恶的东西，让我们全都宽容吧！"房龙还认为："个人的不宽容是个讨厌的东西，它导致在社团内部的极大不快，比麻疹、天花和饶舌妇人加在一起的弊处还要大。"

大凡有成就的领导者无不具备宽容的度量。无论亲疏好恶，无论智愚贤劣，他们都能够大度地容纳，让人们都像鱼儿那样忘记了自己身在江湖。人如果忘记自己身在天地之间，即便不想追求圣贤的境界也能达到见贤思齐的境界。这又何须忧虑人们不服从贤者的领导呢？

欲成就继往开来的大业，怎么可以缺乏恢弘豁达、浩然无比的气概呢？恢弘豁达、浩然无比的气概不是每个人都能做到的。海洋之大，非一川之水所能汇成；山岳之高，非一丘之土所能堆积。只有依靠众人的力量才能生存，如果个人刚愎自用、独断专横，那终究只会失败。

天地有容纳之量，希望成就大业者需要大度量。项羽虽有拔山之力、盖世之气，白手起家抗秦朝，驰骋天下，但在与刘邦的较量中，终究逃不过失败的噩运。项羽败就败在无容人之量，就连范增这样的旷世奇才他也无法容纳，刘邦虽是一介酒徒，却能容纳无数个像范增这样的人才。所以说，大度盖及天下而后能容纳天下，大量盖及天下而后能使用天下，智慧盖及天下而后能扭转天下，勇气盖及天下而后能托举天下。个人的胸怀具有如此大度量，自然能与天地同广大，与日月共光辉。

唐朝是我国多民族国家形成的重要历史时期，唐太宗李世民就

第二章 宏大的气度为你拓展身价的空间

身价，这样提高……
SHENJIA ZHEYANG TIGAO

是这一历史进程的伟大奠基者。他以泱泱大国的气势征服了周边国家，保证了边境地区的安宁。更能体现其博大胸襟的是他能在战争结束后，缓解民族间的矛盾，改善民族关系，促进了多民族国家形成的历史进程。他让许多部落首领在京城长安任职。对被任用的少数民族首领，李世民十分信任，用他自己的话说："待其达官皆如吾百察。"受重用的少数民族将领几乎参加了所有的征讨战争，有的人担任行军大总管，有的人担任安抚使等要职，让他们充分发挥了自己的军事才能，立下卓越战功。皇帝直接任命少数民族首领带领少数民族军队征战，并能完全信任这些将领，在历史上有如此恢弘气度者，唐太宗李世民大概是第一人。唐太宗李世民用他博大的胸襟把各个民族团结在大唐帝国周围，于是，京都长安不仅是国内各民族的大都会，也成了世界性的大都会，形成万国来朝的鼎盛局面。

由此可见，一个人的心胸有多大，世界就有多大。

有大胸怀才有大成功

成功的人有很多种：有的人可以在风云变幻的政治舞台上纵横驰骋、运筹帷幄；有的人可以在跨国企业的领导岗位上指挥若定、谈笑风生；有的人能够用十年磨一剑的执著精神探索未知的科学世界；有的人则甘愿在书香琴韵的天地里品味自然与艺术的恬淡、幽远……无论是哪一种人，我们只要细心观察就不难发现，他们的成功与其宽广的胸怀、坦荡的气度形影相随、寸步不离。

麦金莱做美国总统时，特派某人为税务主任，但为许多政客所反对。他们派遣代表进谒总统，要求总统说出派那个人为税务主任的理由。为首的是一个国会议员，身材矮小，脾气暴躁，说话粗声恶气，开口就给总统一顿难堪的讥骂。如果当时换成别人，也许早已气得暴跳如雷。但是麦金莱却视若无睹，不吭一声，任凭他骂得声嘶力竭，然后才用极温和的口气说："你现在怒气应该可以平和了吧？照理你是没有权利这样责骂我的，但是，现在我仍愿详细地解释给你听。"

这几句话把那位议员说得羞惭万分。麦金莱总统不等他道歉，便和颜悦色地说："其实我也不能怪你。因为我想任何不明究竟的人，都会大怒若狂。"接着他把任命的理由解释清楚了。

不等麦金莱总统解释完，那位议员已被他的大度折服了。他很懊悔刚才不该用这样恶劣的态度责备一位和善的总统。他满脑子都在想自己的错。因此，当他回去报告咨询的经过时，他只摇摇头说："我记不清总统的全盘解释，但只有一点可以报告，那就是——总统并没有错。"

胸宽则能容，能容则众归，众归则才聚，才聚则业兴。这样的道理其实并不难懂，但真要落实起来就不容易了。

甘地是20世纪印度民族独立运动最有权威的领导者，是印度国大党的主要领导人，人称"圣雄"。甘地不仅是出色的领袖，也是杰出的思想家。他的思想和主张对整个印度半岛产生了巨大而深远的影响。甘地的思想很特别，他的政治观念是建立在印度传统宗教思想基础之上的。英雄式的忍耐性，使甘地的"非暴力运动精神"注入到了每一个印度人的灵魂之中，从而使得英国殖民当局武力式的压迫在非暴力运动精神面前束手无策。

甘地是一个纯粹的精神运动领袖，宽广的胸怀、坦荡的气度始终贯穿在他发动的革命运动之中。在甘地的领导工作中，找不出任何一点儿以权谋私的痕迹。他总是以牺牲自己的伟大精神来对待工作，并希望借此号召信徒、感化敌人。甘地的心灵永远是仁慈、虔诚的，甘地的胸怀永远是宽容、博大的，即使面对敌人也是如此。下面就是有关甘地的一两件小事。

1907年，甘地因为所采取的非暴力抵抗运动遭到部分激进分子的抵制，同时，英国当局又用尽全部手段迫使他屈服。有一天，甘地在大街上被一群暴徒无情地攻击和毒打，这群人打到以为他断气了才离开。以后，甘地又被捕入狱、判刑后做了苦役。在那非常时期里，甘地仍然以他那无比的度量，最大地包容暂时的或永久的政敌。他继续为鞭打他的人奋斗，继续走自己认定的道路。

甘地曾经和泰戈尔在观念上产生了分歧，两个人之间的友谊出现了微小的裂痕，可是甘地不想作任何文字、口头上的理论和辩解。当有人在他面前攻击泰戈尔时，甘地就想办法阻止他们说下去，并毫不客气地命令他们不要散布流言，破坏他和泰戈尔之间的交情。另外，他还发表声明，表示自己应该感谢泰戈尔。甘地就是依靠宽恕赢得了他的人民乃至敌人的信任和拥戴的。

第二章 宏大的气度为你拓展身价的空间

做人的关键在于胸怀。有一位老师曾经说:"今天,在大学中,同学或同事由于所谓的'竞争'而成为对手或敌人的事例屡见不鲜。在那些缺乏度量的人眼中,别人身上哪怕很小的一点儿优于自己的地方都会打翻自己心理上的'醋坛子';一旦看到别人遭到了挫折,他们就会因为'幸灾乐祸'而手舞足蹈。有人说人品是做人的第一位,但我进一步认为,好的人品其实是开阔的心胸造就的。作为老师,我想学校应该首先教学生做人,然后再教学生做学问。做学问的境界最终取决于做人的境界,而做人的境界就取决于一个人的心胸和器量。"

中华民族向来重视胸襟开阔、雍容大度的优秀品质。孔子说:"君子坦荡荡,小人长戚戚。"在事业上建功立业、取得成就的,绝非是那些胸襟狭窄、小肚鸡肠、谨小慎微之人,而是那些襟怀坦荡、宽宏大量、豁达大度者。只要有一种看透一切的胸怀,就能做到豁达大度;把一切都看作"没什么",才能在慌乱时从容自如。忧愁时,增添几许欢乐;艰难时,顽强拼搏;得意时,言行如常;胜利时,不醉不昏,有新的突破。只有如此放得开的人,才是豁达大度之人。而那些事事工于心计、器量狭小,处处流露出小家子气的人,不但不会取得真正的成功,也不会体验到任何属于自己的满足和快乐。

度量大一点儿,脾气小一点儿

度量大是一种修养,是一个人优秀人格和健康心理的体现。它来自其理念、理想追求及道德修养。胸襟宽阔,就要见贤思齐,而不能嫉贤妒能。心胸狭隘是不够虚心、不能容人、品性不端的表现。要做到大度、不小气,首先要眼界开阔,而不能目光短浅。因为眼界宽阔的人在看问题方面会比较大气,而没有什么见识的人只能囿于自己的小圈子里面,为了鸡毛蒜皮的事情跟人吵得面红耳赤。要始终怀着一颗美好的心去观察和认识世界,要用长远的眼光去看问题,只有这样,才能具有宏大而深邃的视野,表现出深刻的感性和理性。想要胸襟宽阔,就要大度能容,而不能小肚鸡肠。

大凡杰出人物,都是那些能够容忍、度量大的人。他们无论是在人际交往还是在工作中,都能做到"度量大一点儿,脾气小一点儿"。

朱莉娅·韦奇伍德夫人说:"所有精神礼物中,最珍贵的便是理性的宽容;文明的最大教训,便是我们一定要相信那些我们无法预见的困难。"

对那种不能容忍、脾性褊狭的最好修正便是增加智慧和丰富生活经验。

拥有良好的修养往往使人们摆脱那些无谓的纠缠。那些不能容人、脾性褊狭的人很容易便卷入到无谓的纠缠中。良好的修养主要在于具有一种良好的脾性，具有这种脾性的人能公正、理智、慎重和仁慈地对待和处理生活中的各种事物。因此，有文化修养和生活经验丰富的人总是能很好地克制自我、宽厚待人，那些愚昧无知和心胸狭窄之人则往往不能容忍和宽厚待人。那些具有宽厚性格的人其性格的宽厚程度与其智慧成正比，他们总是能考虑别人的缺点和不利条件而原谅他们——考虑别人在性格形成过程中环境因素的控制力量，考虑别人不能抵制诱惑而犯错的情形。

在人生的乐章中，每一个音符都是我们自己谱写的。开朗快乐的人拥有快乐幸福的人生，而抑郁忧愁的人则拥有抑郁忧愁的人生。我们常常发现，我们的性情往往能折射出我们周围的现实。如果我们自己是爱发牢骚的人，我们通常也会觉得别人也爱发牢骚；如果我们不能原谅和容忍别人，不能宽厚待人，人们也会以同样的态度对待我们。

假设我们想与人和睦相处并得到他人的尊重，那么我们就应该尊重他人的人格。每一个人都有他自己的为人处世方式和性格特征，我们与他人打交道时，应该容忍他们的为人处世方式和性格爱好。我们也许并不清楚我们自己的怪僻或一些奇怪的方面，但它们却实实在在地存在着。在南美洲的一个小村，那儿的大脖子病或甲状腺肿非常普遍，以至该村的人以为没有这种病的人反倒是畸形人或丑八怪。一天，一群英国人经过那儿，村庄里的许多人都嘲笑他们，并狂呼乱叫："看，看这些人，他们没有大脖子！"

大学问家法拉第曾和他的朋友廷德尔教授在信中交流自己的心得体会，下面便是他令人钦佩的建议，这些建议充满了智慧，也是他丰富人生经验的总结。法拉第说："请允许我这位老人，这时，我应该说从人生经历中获益匪浅，谈谈我的心灵感悟。年轻时，我发现我经常误会了别人的意思，很多时候，人们所表达的意思并非我想当然的那种意思。而且更重要的是，通常对那种话中带刺的话装聋作哑要比寻根究底好，相反，对那种亲切友好的话语仔细品味要比权当耳边风要好。真相终归会大白于天下。那些反对派，如果他们本身错误的话，用克制答复他们远比以势压人更容易使他们信服。我想要说的是，对党派偏见视而不见更好，对好心好意则应该目光敏锐。一个人如果努力与人和睦相处，那他一生中就会获得更多的幸福。你肯定不能想象出，我遭人反对时，我私下也经常恼怒不已，因为我不能正确地思考，因为我总是目空一切。但是我总是努力地

第二章　宏大的气度为你拓展身价的空间

去做，我也希望能成功地克制自己与别人针尖对麦的地针锋相对；我也知道我从未为此受到过什么损失。"

画家巴里在罗马时，他有争论的嗜好，他和罗马的艺术家以及艺术爱好者就油画和绘画作品的经营问题展开了激烈的争论。他的朋友和同乡埃德蒙·伯克是一位宽宏大量的人，为此热情洋溢地给他写了一封信，并劝他说："请相信我，亲爱的巴里，诚然用武器可以反对世界的邪恶，但是能使我们和解的品质却是节制、温和、宽容他人以及多多地反省我们自己。这些品质并非是那种卑怯性质的品质，其实这些品质是一种伟大的崇高的品质。这种品质能使我们沉着镇静，也能给我们带来好运。没有任何其他东西能比一颗温和平静的心灵更能使我们从容地面对一个充满流言飞语、充满尔虞我诈、充满暴力冲突的世界。我们应该与我们的同类和睦相处，如果我们不是为了他们，至少我们也应该为了我们自己的利益而与他们和睦相处。"

伯克这充满哲理的劝慰话语，足可作为我们做人与处事的金玉良言。

日本战国时代，上衫谦信和武田信玄是死对头，他们在川岛会战之后，又打了好几次激烈的仗。有一天，一向供应食盐给信玄的今川氏和北条氏两个部落都和信玄起了冲突，因此中止了食盐的供应。而信玄的属地申州和信州又都是离海很远的内陆，不生产食盐，因此这两州的人民都陷入了无盐的困境。

上衫谦信听到这个消息后，马上写信给信玄说："现在今川氏和北条氏都中止了食盐的供应，使你陷入困境，我不愿趁火打劫，因为那是武将最卑鄙的做法。我还是希望在战场上和你分个胜败。所以食盐的问题，我来帮你解决。"上衫谦信果然遵守诺言，请人运送大批的食盐到申州和信州，替信玄解决了问题。所以信玄以及两州的人民都很感激千信。

上衫谦信是当时最剽悍善战的武将，每次作战都可以说是惊天动地，并且他又非常讲义气。从这个故事中我们可以知道，上衫谦信实在是一位具有深厚同情心的人。也正因他的武功高强，为人光明磊落，重义气而富同情心，所以很受后人的敬仰。

常人的心理都会为敌人的陷入困境而幸灾乐祸；同时也会觉得，可利用这种难得的机会打败敌人。可是上杉谦信并不这么想，虽然他和信玄是死对头，又不断交战，但目的只是在争个高低，而不是要陷百姓于困境。所以上杉谦信认为，虽然两国正在战争，但面对敌人因为没有食盐而陷入困境时，理应先设法拯救，至于争夺胜负，那是战场上的事。上杉谦信有这种气度，正是他伟大的地方。

在这世界上，竞争是免不了的，对立有时也是必要的。但是身为领导者，应该学习上杉谦信那种不分彼此，甚至具有爱护竞争对手的同情心，才算是真正的英雄豪杰。

佛经里有这样一个故事：从前有两个人，一个叫提耆罗，一个叫那赖。这两个人神通广大，本领高超，无论是婆罗门、佛家弟子，还是仙人、圣人、龙王及一切鬼神，无不钦佩，都来向他们顶礼膜拜。

一天夜里，提耆罗因长时间诵经感到十分疲倦，先睡了；那赖当时还没有睡，一不小心踩了提耆罗的头，使他疼痛难忍。提耆罗一时心中大怒，说："谁踩了我的头？明天早上太阳升起一竿子高的时候，他的头就会破成七块！"那赖一听，也十分生气，叫道："是我误踩了你，你干什么发那么重的咒？器物放在一起，还有相碰的时候，何况人和人相处，哪能永远没有个闪失呢？你说明天日出时，我的头就要裂成七块，那好，我就偏不让太阳出来，你看着好了！"

由于那赖施了法术，第二天，太阳果然没有升起来。五天过去了，太阳仍没有出现，世界处在一片漆黑中。

可见，宽容是何等的重要，倘若一不谨慎，就会使自己和大家陷入"黑暗之中"，眼前的黑暗、心理的黑暗都使你烦恼。

宽以待人，历来被我国历史上的贤才仁士所推崇。"唯宽可以容人，唯厚可以载物。"有些人却是完全"严于待人，宽以律己"。如果别人稍微做错一丁点儿事情就借题发挥，破口大骂，完全不顾他人感受，似乎别人会一错再错，要把别人的尊严踩在脚下。如果自己做错了事情，则可以把黑的说成白的，或者干脆推卸责任。这种人惹人烦恼。相反，有些人宽以待人，严于律己，这种人则会招人喜欢。

清代学者张潮有一句话："律己宜带秋风，处事宜带春风。"让我们多一些长远的眼光，少一些狭隘的想法；多一些磅礴大气，少一些小肚鸡肠；多一些理解、宽容，少一些埋怨，这才是现代有为之人应当具备的气质和胸怀。

要拿得起，更要放得下

人生旅程中的确有很多东西是来之不易的，所以我们不愿意放弃。比如，一个身居高位的人放下自己的身份，忘记自己过去所取得的成就，回到平淡、朴实的生活中去，肯定不是一件容易的事情。但是有时候，你必须放下已经取得的一切，否则你所拥有的反而会成为你生命的桎梏。

范蠡是越王勾践的谋臣，他曾与以"卧薪尝胆"出名的越王勾践同甘共苦，最终打败吴王，他也因此官拜大将军。然而就在这位极人臣的时候，他却留下了"官大有险，树大招风"的话而销声匿迹了。

据《史记》记载，他后来到了齐国，与儿子共耕农园，积聚田产数十万。齐王看中他的才华，欲请他出任宰相，他却答道："在野有千金之财，在位有宰相之名，对平常人来说，这是至高无上的荣耀了，然而过度的荣华却容易形成祸根。"说完，便将财产分赠邻人，搬到陶地去住，改名陶朱公而经商。

与范蠡形成鲜明对照的是同一时间、同一空间的另一个历史人物文种。

文种也是勾践的重臣，为打败吴国立下了汗马功劳。他功成名就之后，仍然继续仕于越王。其间，范蠡曾写给他一封信："飞鸟尽，良弓藏，狡兔死，走狗烹。越王的长相，颈项细长如鹤，嘴唇尖突如鸦，这种人只可以与他共患难，却不能同享乐。你现在不离去，要待何时？"

后来文种也称病返乡，但做得不如范蠡彻底，他留在越国，其名仍威震朝廷。于是有佞臣陷害他，诬称文种欲起兵谋反。越王也有除他之意，故而以谋反罪将文种处死。

人人都希望过幸福富裕的生活，又有几人能与范蠡相比呢？
只知进，不知退，遭"文种之祸"者，又何止一人？
心理学家分析，一个人若是能在适当的时间选择"隐退"，不论是自愿的还是被迫的，都是一个很好的转机，因为它能让你留出时间观察和思考，使你在独处的时候找到自己内在的真正的世界。尽管掌声能给人带来满足感，但是大多数人在舞台上的时候没有办法做到放松,因为他们正处于高度的紧张状态,反而是离开自己当主角的舞台后,才能真正享受到轻松自在。虽然失去掌声令人惋惜,但"隐退"是为了进行更深层次的学习,一方面挖掘自己的潜力,一方面重新上发条,平衡日后的生活。

事实上,在职场上全身而退是一种智慧和境界。为什么非要得到一切呢?活着就是老天最大的恩赐,健康就是财富,你对人生要求越少,你的人生就会越快乐。对于我们这些平凡的人来说,能怀一颗平常善良之心,淡泊名利,对他人宽容,对生活不挑剔、不苛求、不怨恨,富不行无义,贫不起贪心,这就是一种人生的练达。

有一个富翁背着许多金银财宝到远处去寻找快乐。他走过了千山万水,也未能找到快乐,于是沮丧地坐在山道旁。一农夫背着一大捆柴草从山上走下来。富翁说:"我是个令人羡慕的富翁,请问为何没有快乐呢?"

农夫放下沉甸甸的柴草,舒心地擦着汗水,说道:"快乐也很简单,放下就是快乐呀!"

富翁顿时醒悟,自己背负那么重的珠宝,老怕别人抢,总怕别人暗害,整日忧心忡忡。快乐从何而来?于是富翁将珠宝、钱财接济穷人,专做善事,慈悲为怀。这样滋润了他的心灵,他也尝到了快乐的味道。

试想,人们成天名缰利锁缠身,何有快乐?成天陷入你争我夺的境地,快乐从何而言?成天心事重重,阴霾不开,快乐又在哪里?成天小肚鸡肠,心胸如豆,无法豁达,快乐又何处去寻?

在南美独立战争期间的一个冬天,在某兵营的工地上,一位班长正指挥几个士兵安装一根大梁:"加油,孩子们,大梁已经移动了,再使把劲,加油!"一个衣着朴素的军官路过这里,见状,问班长为何不动手干。

"先生,我是班长!"班长骄傲地回答说。

"噢,您是班长。"这位军官重复了一遍,随后下马和士兵们一起干了起来。

大梁装好后。这位军官对班长说:"班长先生,如果您还有什么同样的任务,并且还需要更多的人手,您就尽管吩咐总司令好了,

身价，这样提高……
SHENJIA ZHEYANG TIGAO

他会再来帮助您的士兵的。"班长愣住了。原来这位军官就是南美大陆的"解放者"、独立战争的著名领袖和统帅西蒙·玻利瓦尔。

西蒙·玻璃瓦尔正是因为能够放下自己的身份和成就所以取得辉煌的人生。《金刚经》里有一段记载，说当佛祖的影响已经遍及恒河流域的许多国家和地区的时候，他依然过着平民一样的生活。每天，他都像普通的印度人一样光着脚走在街上。该吃饭时，也要像他的门徒一样，挨门挨户去化缘，然后把饭端回居处吃。吃完饭，收拾好衣服和钵具，他就去打水洗脚，因为光脚走路沾有不少泥巴。洗完脚，他还要整理一下自己打坐的地方。做这一切工作的都是他自己。

他真是很平淡，很具体，很普通。然而，就是在这种最平凡的现实里，他却拥有着最不平凡的境界。由此可见，世界上最高明的人，往往是最平凡、最普通的人。

生活中的很多人经常会有一种强烈的"身份荣耀感"，他们或以出生于一个良好家庭为荣，或以进入一所名牌大学读书为荣，或以有机会在跨国大公司工作为荣……不能说这种种荣耀感是不正当的，但如果过分迷恋这些仅仅是因为身份带给人的荣耀，而不愿放低姿态，那么这种人是不会有太高的人生境界，也不会大有作为的。

有一个博士分到一家研究所，成为该所学历最高的一个人。有一天，他到单位后面的小池塘去钓鱼，正好正副所长在他的一左一右，也在钓鱼。他只是微微地点了点头，心想：这两个本科生，有啥好聊的呢？

不一会儿，正所长放下钓竿，伸伸懒腰，"噌噌噌"从水面上疾走如飞地走到对面上厕所。博士眼珠子瞪得都快掉下来了。"水上漂？不会吧？这可是一个池塘啊！"正所长上完厕所回来的时候，同样也是"噌噌噌"地从水上漂回来了。"怎么回事？"博士生不好去问，心想自己是博士生啊！

过一阵，副所长也站起来，走几步，"噌噌噌"地漂过水面上厕所。这下子博士更是差点儿昏倒："不会吧，到了一个江湖高手集中的地方？"

博士生也内急了。这个池塘两边有围墙，要走到对面厕所非得绕10分钟的路不可，而回单位上又太远。怎么办？博士生不愿意去问两位所长，憋了半天后，也起身往水里跨，心想：我就不信，本

70

科生能过的水面，我博士生不能过？只听"咚"的一声，博士生栽到了水里。

两位所长将他拉了出来，问他为什么要下水。他问："为什么你们可以走过去呢？"

两所长相视一笑："这池塘里有两排木桩子，由于这两天下雨涨水，正好在水面下。我们都知道这木桩的位置，所以可以踩着木桩子过去。你怎么不问一声呢？"

现实生活中，这种例子太多了。尤其是有的名牌大学高学历的毕业生，他们来到工作单位后，总觉得自己比别人高一等，简单的工作不愿做，觉得自己大材小用了；复杂一点儿的任务吧，又总是眼高手低，缺乏经验。他们就算是遇到了问题也不愿向人请教，觉得太掉面子了；出错了吧，还批评不得。其实，名牌大学生也没什么了不起的，现在学历高的、学校硬的太多了。俗话说："山外有山，人外有人。"所以，一个人初入社会，还是得放下架子，虚心求教！

2002年，美国耶鲁大学300周年校庆时，全球第二大软件公司甲骨文的行政总裁、世界第四富豪艾里森应邀参加典礼。艾里森当着耶鲁大学校长、教师、校友、毕业生的面，说出一番惊世骇俗的言论。

他说："所有哈佛大学、耶鲁大学等名校的师生都自以为是成功者，其实你们全都是失败者，因为你们以在有过比尔·盖茨等优秀学生的大学念书为荣，但比尔·盖茨却并不以在哈佛读过书为荣。"

这番话令全场听众目瞪口呆，至今为止，像哈佛、耶鲁这样的名校从来都是令几乎所有人敬畏和神往的，艾里森也太狂了点儿吧，居然敢把那些骄傲的名校师生称为失败者。

但是还没完，艾里森接着说："众多最优秀的人才非但不以哈佛、耶鲁为荣，而且常常坚决地舍弃那种荣耀。世界第一富比尔·盖茨，中途从哈佛退学；世界第二富保尔·艾伦，根本就没上过大学；世界第四富，就是我艾里森，被耶鲁大学开除；世界第八富戴尔，只读过一年大学；微软总裁斯蒂夫·鲍尔默在财富榜上大概排在10名开外，他与比尔·盖茨是同学，为什么成就差一些呢？因为他是读了一年研究生后才恋恋不舍地退学的……"

艾里森接着"安慰"那些自尊心受到伤害的耶鲁毕业生，他说：

第二章 宏大的气度为你拓展身价的空间

"不过在座的各位也不要太难过,你们还是很有希望的。你们的希望就是,经过这么多年的努力学习,终于赢得了为我们这些退学者、未读大学者、被开除者打工的机会。"

艾里森的话虽然有些偏激,但是也从某种程度上说明:身份和荣耀并不与成功成正比。

有一个禅宗故事风趣地说明了放下的重要性。

两个和尚赶路,遇到一个美女被河水所阻,其中一个和尚就抱她过了河,他们又继续赶路。

走了好久,另一个和尚指责他的同伴:"出家人不近女色,你怎么能抱她呢?"

那个曾经抱美女过河的和尚叹息:"我早把她放下了,你怎么还抱着她?"

放下是一种觉悟,更是一种自由;放下是一种美丽,也是一种智慧。人生路上,它滋润着你美丽的心灵。只要你懂得追求,学会放弃,明了得与失的关系,特别是在人生的节骨眼上举重若轻,拿得起,放得下,那么你就会拥有美丽、幸福的人生。

人生就是一连串的取舍

人的一生所要经历的种种丧失,有些是自然发生的,而你只能被动地去面对、去接受、去战胜,如疾病、衰老;而有些则是需要你主动选择的,如长远利益和眼前利益冲突时,你应该明智地选择放弃后者……这些放弃在成长中是极其必要的。就像是处在人生的十字路口一样,面对形形色色的诱惑与扑朔迷离的前方,你是否能够作出正确的选择,就决定了你是否能够拥有幸福、快乐的人生。

人生如戏,每个人都是自己生命的唯一的导演,只有学会选择和正确取舍的人才能彻悟人生,笑看人生,拥有海阔天空的人生境界。人生不过是一连串选择的过程,从你早上起来考虑穿哪一套衣服出门开始,你就在选择。虽说每一个选择有大有小,但每日、每月所有选择的累积,就会影响你人生的结果。成功者能够成功，是因为他们在关键的时刻总能作出正确的取舍。他们清楚地了解什么是自己该做的，什么又是不该做的；什么是该坚持的，什么又是应该舍弃的。

美国钢铁大王安德鲁·卡耐基在年轻时曾做过铁路公司的电报员，一次假日里轮到他值班，突然来了一封紧急电报，内容令卡耐基差点儿从椅子上跳了起来。紧急电报通知：在附近铁路上，有一列火车车头出轨，要求上级照会各班列车改换轨道，以免发生追撞的意外惨剧。

由于是假日，卡耐基怎么也寻找不到可以下达命令的上司，眼看时间一分一秒地过去，而一班载满乘客的列车正急速驶向出事地点。卡耐基不得已，只好敲下发报键，冒充上司的名义下达命令给列车司机，调度他立即改换轨道，从而避开了一场可能造成多人伤亡的惨剧。

按当时铁路公司的规定，电报员擅自冒用上级名义发报，唯一的处分就是立即撤职。卡耐基十分清楚这项规定，于是第二天上班时，就把写好的辞呈放到了上司的桌上。让卡耐基意想不到的是，上司当着卡耐基的面，将他递过来的辞呈撕碎，还拍拍卡耐基的肩头说："你做得很好，我要你留下来继续工作。记住，这世界上有两种人永远原地踏步：一种是不肯听命行事的人；另一种则是只听命行事的人。幸好你不是这两种人的其中一种。"

在危急关头，卡耐基权衡了两种选择将造成的损失之后，毅然选择了违背固定的制度，冒着失去工作的危险来保全更多人的生命。这件事情不仅表现了卡耐基舍己为人的无私精神，还体现出卡耐基对待规则的灵活与作选择时的睿智和果断，正是这两点促成他作出了正确的选择。由此我们也可以明白卡耐基从一个穷孩子成长为钢铁大王的一点点奥秘。

1846年10月，多纳尔家族一行87人在前往加利福尼亚州的路上被大雪阻隔，他们被困在关口里。40天后，有一半的人陆续死于饥饿和疾病。

最后，终于有两个人决定出去求援。他们徒步走出去，很快就到达了一个村庄，并带回一个救援队，使其他幸存者得以获救。

你是否觉得好奇，在面临饥饿和死亡的状态下，这些人为什么等待了40天，才决定放弃那个地方？为什么没有人愿意冒险出去求援？原因很简单——他们不愿意放弃身边的财产。他们曾试图把马车和财物拖走，结果搞得筋疲力尽却徒劳无功，只好作罢。他们就这样任由大雪围困在关口，直到耗尽所有的食物和供给。

想想看，我们是否也经常陷入"多纳尔关口"呢？由于害怕失去既有的社会地位、丰厚的收入、手中的权力这些已有的一切，多少人不愿意冒险，恐惧突破，不敢离开那种一成不变的生活，以至平凡无趣地走完一生。当你的生命越是往前走，你就聚积越多的包袱和负担——财产、名誉、地位、习惯、人际关系、应该做的、必须做的……不断地增加，于是你更加依恋这熟悉的一切，舍不得放下。

这也就是为什么有那么多人宁可留在熟悉的地狱，也不愿走进陌生的天堂；为何有那么多人把自己困在无形的牢笼内，而无法走出生命中的"多纳尔关口"的原因。

有一只城里老鼠和一只乡下老鼠是好朋友。有一天，乡下老鼠请城里老鼠来家里吃东西。城里老鼠心里想：乡下食物的口味是什么样的呢？于是立刻动身去乡下了。乡下老鼠看到城里老鼠真的来了，特别高兴，它把城里老鼠引到谷仓去，那里堆满稻谷、地瓜，还有花生。

乡下老鼠对城里老鼠说："城里朋友，不要客气，尽情地吃，东西多着呢！"可是城里老鼠见到这些食物一点儿胃口都没有。

乡下老鼠还以为城里老鼠客气，于是抓了一把花生给城里老鼠，说："朋友，这些花生味道特别好，唉，你不要这样客气嘛！"

城里老鼠觉得这些东西一点儿都不好吃，勉强吃了一些，最后只好对乡下老鼠说："我实在吃不下去，你们这里的东西太粗糙了。这样吧，改天你也到城里去，我让你尝尝美味可口的食物。"

乡下老鼠也想开开眼界，也特别向往城里的食物口味，于是没过几天就来到城里老鼠的住处。城里老鼠见到乡下朋友果真来了，可高兴了，它把乡下老鼠引到厨房去。哇，这里东西可丰富了，有蛋糕、汽水、苹果、香肠、蜂蜜，还有鸡、鸭、肉、鱼，等等，看得乡下老鼠口水直流。它们正要享用时，一个人走进厨房，它们连忙吓得躲进洞里，不一会儿，那个人走出厨房。哪知它们刚刚钻出来，"喵……喵……"，一只猫突然出现，吓得它们再度躲起来。

乡下老鼠胆战心惊，既怕又饿，它长叹一声："哎！朋友，吃东西这样担惊受怕，实在划不来，我们乡下东西虽然粗糙点儿，倒是悠闲自在。我现在就回去了,朋友,若不嫌弃,欢迎还到乡下玩!"

和老鼠一样,人们守着自己的东西,却总觉得别人拥有的比自己好,于是羡慕、嫉妒、抱怨……各种各样的情绪都产生了,终有一天,你幸运地享受到了以前让你魂牵梦萦的"美好",才发现别人的鞋穿在自己脚上并不一定合适呢!回头看看自己的,其实也并非那么的不堪入目。

在生活中,我们在选择专业方向、工作单位、生活伴侣等的时候,都会面对这样一个问题:适合自己的才是最好的。

不要总以为美景必定在远方,其实我们身边的东西一样可以使我们富足、快乐。远方有什么?只不过神秘一些罢了。

生活中的很多事物都是选择的结果,而每一个选择必然有一个反面,即放弃。这个道理并不难明白。就拿报纸出版来说吧,从头版新闻到影视评论,每一个版面的组成都是编辑选择的结果:选择刊登这条消息,也就是在放弃另一些内容,这样做只是为了在被广告日益挤压的狭小空间里,争取把最有价值的东西摆在读者的面前。再比如,大学毕业后,每一个学生肯定都会考虑是去工作,还是出国,或者去考研,或者去西部做志愿者,选择其中的一个,你就得放弃另外的几条路。甚至可以这样说,只有你能够放弃其他的方式,你才能安心地选择剩余的一种。

人生就是这样,在选择坚持什么的同时,你也选择了放弃另一些东西。人往往就是因为舍不得放弃,选择才变得异常痛苦。也正因为舍不得放弃,人生才变得异常沉重,甚至因为不堪重负而过早地衰亡。要知道,翅膀上系着黄金的鸟儿是飞不起来的。

据说,近年来欧洲流行一种水上运动,如果一个人有很好的平衡感,在一支桨的帮助下,两脚各踩在一艘3.3米长的特制木船里,他就可以享受和八仙过海一样行走在湖面的奇特体验,甚至可以"走进"湍急的河流。然而这种运动并不是谁都能玩的。初学者除了要有良好的平衡感之外,还需要一位好的教练和一件救生衣,因为他很容易失去平衡摔落水中,此时他必须迅速地让双脚与船分离,否则后果不堪设想,而要站起来也要有非凡的能力。

这很容易让人想起这样的一句古话:"脚踩两只船。"词典中对此的解释是:两边都占着,以观测风向,投机取巧,也指摇摆不定。大概有这种说法的时候,人们就已经认定"脚踩两只船"是不太可能的,更是不可取的。然而,古往今来,"脚踩两只船"的人仍然不绝如缕,最典型的就是男女恋爱时,假如碰到两个条件相仿的对象,一时割舍不下,就今天同这个见面,明天同那个约会,到最后剪不断、理还乱,一旦穿帮,其结果往往是鸡飞蛋打两头空。清代李清园所著的小说《歧路灯》中就有这样一句话:"若再有人说媒,你休

> 第二章 宏大的气度为你拓展身价的空间

身价，这样提高……
SHENJIA ZHEYANG TIGAO

要脚踏两家船。这可不是耍的事。"

法国人从莫斯科撤走以后，一个农夫和一个商人在街上寻找财物。他们发现了一大堆烧焦的羊毛，两个人就各分了一半捆在自己的背上。

归途中，他们又发现了一些布匹。农夫将身上沉重的羊毛扔掉，选了些自己扛得动的较好的布匹。贪婪的商人将农夫所丢下的羊毛和剩余的布匹统统捡起来扛在肩上，重负使他气喘吁吁，步履迟缓。

走了不远，他们又发现了一些银质的餐具。农夫将布匹扔掉，捡了些较好的银器背上，而商人却因沉重的羊毛和布匹压得他无法弯腰，难以捡到农夫拾剩的银餐具。

天降大雨，商人的羊毛和布匹被雨水淋湿了。他在饥寒交迫中踉跄着，最后摔倒在泥泞中。农夫却一身轻松地迎着凉爽的雨回家了。他变卖了银餐具，生活颇为富足。

是啊，生活中有太多的机会，太多的诱惑，也有太多的欲望，可我们毕竟分身乏术，也许你脚踩两只船还可以应付，那么三只、四只呢？许多时候，得到就是失去，而失去也就是得到。舍得舍得，就像那个农夫一样，有舍才有得啊！

《辞海》里"放弃"一词的意思是丢掉或不坚持原有的权利、原则、主张、目标等，是与坚持相对的一种态度。坚持是一种品质，成功是一种坚持，当成功与失败的比例是三七开时，坚持的时间越长，成功的机会就越大。这样看来，坚持是一种赢的姿态。那是不是放弃就意味着输掉或者失败呢？并不是这样的，其实放弃也是一种品质，对于曾经追求不到的东西，该放弃时，就要勇敢地放弃。否则，自己只能在坚持中苦苦地挣扎，最终的结果也是一无所获。既然不可能什么都得到，为何不在生活中学会放弃呢？放弃不一定是懦夫的行为，它也是一种明智的选择。

放弃并不是妥协和气馁，也不是懦弱和失败，识时务地放弃是为了更少地失去，更好地获得。

华裔科学家、诺贝尔奖获得者杨振宁的成功，就是他勇于放弃的结果。

"物理学的本质是一门实验科学，没有科学实验，就没有科学理论。"杨振宁深受这种观念的影响，于1943年赴美留学，他立志写一篇成功的实验物理论文。于是，费米教授安排他和"美国氢弹之父"

泰勒博士一起做理论研究。在实验室工作的近一年半中,实验室里的成员戏称杨振宁是爆破专家:"哪里有爆炸(出事故),哪里就一定有杨振宁!"杨振宁的确感觉到自己的动手能力比较差。

在泰勒博士的关照下,经过再三思考,经过选择与放弃的徘徊后,杨振宁终于放弃了写实验论文,把主攻方向转到理论物理研究上。就是从放弃物理实验那时起,他踏上了物理理论之路,成了杰出的理论大师。

人在短暂的一生中,精力是有限的,不可能面面俱到,面对纷杂的事物,你只要能得到你想得到的,放弃一些对你而言不重要的东西。这时放弃是一种大智慧。

富兰克林的侄子波特是一个聪明的年轻人,他一直想成为一个大学问家。

很多年过去了,他在其他方面都不错,唯有学业没长进。他很郁闷,不知道如何是好,无意间向叔叔透露了这一烦恼。富兰克林没多说什么,只是约他哪天一起去爬山。

这天,叔侄二人去爬山,在爬山的路上有很多晶莹可爱的小石头。这些都是波特喜欢的石头,每当碰到,富兰克林就让波特装进袋子里背着。

没多久,波特就吃不消了。他说:"叔叔,再背的话,我恐怕爬不到山顶了。"

"是啊,那你说怎么办?"富兰克林笑着说。

"放下。"波特随即说。

"那就放下吧,背着石头怎么能登山呢?"富兰克林仍旧笑着说。

波特看着叔叔的神情,顿时明白了叔叔约他爬山的用意。

从此,波特再也不沉迷于游戏了,他把心思全部转到做学问上来,终于成就了自己的事业。

有所得必有所失,只有学会放弃,才可能登上事业的高峰。

有一个小女孩,她把手伸到一只装满糖果的瓶里,她尽量多地抓了一大把糖果,当她想把手收回来时,却被瓶口卡住了。她不知道该如何是好,就急得哭了起来。

小女孩还不懂得什么是放弃的道理,她不愿放弃糖果,于是手就拿不出来。其实只要她放下一些糖果,手就能抽出来了。

大多数人也像小女孩一样,只想抓住自己想要的东西,抓不到还舍不得放弃,这样只会给自己带来压力、痛苦和不安。而这样做的结果往往是什么都没有得到。

所以,放弃是一种睿智的选择。人生有限的精力,有限的时间,只容许你在一定时间内完成一定的事情,在众多的事物中,你只能有所选择,有所放弃,才能靠近你的目标。

在利益面前不要"吃独食"

《围炉夜话》里曾讲起过桃子与核桃的区别。桃子和核桃虽然都被称为"桃",但"秉性"却完全不同。桃子把自己最鲜美的果肉长在外面,让人与其他动物分享。核桃却比较"吝啬",外面长着一层又苦又涩的果皮,而"能吃的果肉"长在坚硬的壳里,"捂"着"掩"着,不让人和其他动物享受。

桃子与核桃不同的"秉性"造成两种完全不一样的结果。桃子的果肉虽然被吃掉了,但桃核儿被随手丢进了泥土里,来年发芽开花,结出更多的桃子,延续更久的生存。

而核桃呢,人们不但刨去它的皮,还用大大小小的锤子砸碎它的壳,吃掉它的核仁。核桃"香消玉殒",随即化为泥土,再也不能长成大树。

为什么不会"自保"的鲜桃能够繁衍昌盛,而周身坚硬的核桃反成了垃圾呢?

其实原因很简单,只有两个字——分享。"愿意"分享的桃子既填饱了别人的肚子,又播散了自己的种子,从而得到更广范围的繁衍。而"不愿"与人分享的核桃反而被"消灭"掉,连发芽的种子都被人吃掉了,它的生存还得靠别人"嘴下留情"。

这就解释了为什么有些人一辈子虽然都在紧捂自己的口袋,到头来却发现自己所剩的越来越少。一个不懂得与他人分享的人,注定将来的道路会越走越窄。

这是什么原因呢?这里面的道理其实每个人都明白,因为许多人都想"付出最少,但是收获要最多"。这样的"人生理论"还被许多人推崇为"聪明"人的做法,实际上这种做法是愚蠢的。

说白了,这样的想法或者做法就是"吃独食"。而一心只想把自己的"食物"攥紧,不愿与他人分享的人,可以定义为"独食主义者"。

在生活上，爱吃独食的人是小气鬼，是一毛不拔的铁公鸡，注定不会得到朋友的支持；在职场上，爱吃独食的人是一双脚走遍天下的"独行侠"，注定不会受到同事的爱戴；在事业上，爱吃独食的人是孤家寡人，注定不会得到生意伙伴的鼎力相助。

许多职场中人明明自己工作业绩不错，可一旦同事要他介绍点儿经验，他马上就三缄其口，要么就是轻描淡写地应付一番，弄得问他的同事云里雾里。其实，透露一点儿经验并不会饿死你这个师傅的，反而会使你在同事中树立更高的威望。

独食者的表现一般有如下几种，这都是职场人士应当避免的。

"独食"程度最轻者，表现为不愿把自己的知识、经验和智慧与别人分享。这种"独"到不愿为任何人贡献智慧的人，所造成的结果就是他们的胸中无人，别人心中自然也没有他们。

"独食"程度更深的，则表现为霸占别人的资源，抱着"我不能得到好处，你也休想得到"的恶劣思想。这样的人得到的下场就是他们身边的人以最快的速度将他们抛弃。

"独食"程度最深者，甚至能达到因"独占利益"而编造虚假情报、散布流言飞语的地步，使事情闹到最后无法收场，他们所在的团队和企业深受其害，这样的人任何一个组织都会将其扫地出门。

所以，无论是什么类型的独食主义者，注定在社会中是没有立足之地的。

在一家软件公司工作的小吴，技术不错，带了两个研发团队，他就是因为太"独"而被公司炒了鱿鱼。

他的薪水本来就比普通员工高出好多，可他还要在自己团队的绩效分红里独占大头。其实，当领导的稍微拿得多一点儿也能说得过去，可是在他捞上一把之后连"虾米"都不剩了。他把所有的功劳都记在自己身上，完全不顾他的团队成员的辛苦，下属对他都有意见。他不但不收敛，还总在下属面前摆出一副高高在上的样子："我技术最好，功劳最大，我不拿大头谁拿大头？"

后来，他的下属把他霸占团队分红的问题反映到总裁那里，上司放下风来让他好自为之。他不但不悔改，还到处宣传："我走了，公司马上就不行了，一刻也离不开我……"结果他就被劝离岗位了。

"独"步江湖为何难立足？因为这样做的人太"自我"了，他们完全不顾别人的正当利益。这种人只愿付出水的代价而想收获酒，结果当然只能喝到水。

独食主义者要的小聪明在于"占别人的便宜,留自己好处"。当别人有贡献的时候,他去坐享他人的成果;当自己有好处的时候,自己独享其成。这是多么自私的做法!独食主义者在给别人带来危害的同时,也铸就了自己失意的事业和失败的人生。

在职场上,任何一个人都不欢迎独食主义者。因此,独食主义者的结局可想而知。有些人自己犯了独食的错误,还心存侥幸,心里想着天下大着呢!此处"独"完了,还可以到其他地方再"独"一把呢!

然而,独食者在一个地方一般都待不长,一旦他的"独"性为圈内人士所了解,其处境就十分危险了。如果想重新找新的工作,可是招聘方一看他那频繁跳槽的职业轨迹,自然会有所疑虑。这时他会非常失望地慨叹:"咋就到处不留我呢?"

随着独食者年龄的增长,家庭生活的担子越压越重,已没有太多的机会作更多的选择,只能是忙于奔波,"委曲求全"地做他们最不愿意做的工作。此时,独食者会感觉到人生的失意,自怨自艾代替了年轻时的积极进取。

有的独食者年过半百都还不明白:最初一起参加工作的人,为什么人家能飞黄腾达,而自己还在原地踏步?为什么那些原本不如自己"聪明"的人会超过自己?其实,早知今日凄苦,何必当初太"独"呢!

从得到中失去就能从失去中获得

唐代伟大的文学家柳宗元在《蝜蝂传》中说,有一种善于背东西的小虫蝜蝂,行走时遇见东西就拾起来放在自己的背上,高昂着头往前走。它的背发涩,堆放上的东西掉不下来。背上的东西越来越多,越来越重,不停止的贪婪行为,终于使它累倒在地。

有这样一位旅客,他去三峡旅游,站在船尾观赏两岸景色时,不小心将手提包掉落在江中,包中有不少钞票。他当即不假思索地跃身投水捞包,虽然包抓到手中,可人再也没有出来。这位旅客如果学会习惯失去,就不至于连生命也赔进去。

人赤条条地来到这个世界,又手握空拳地离去。人的一生不可能永久地拥有什么,一个人获得生命后,先是童年,接着是青年、壮年、老年。然而这一切又都在不断地失去。在你得到什么的同时,你其实也在失去。所以说,人生获得的本身就是一种失去。人生在世,有得有失,有盈有亏。有人说得好:你得到了名人的声誉或高贵的权力,同时就失去了做普通人的自由;你得到了巨额财产，同时就失去了淡泊清贫的欢愉；你得到了事业成功的满足，同时就失去了眼前奋斗的目标。我们每一个人如果认真地思考一下自己的得与失，就会发现，在得到的过程中也确实不同程度地经历了失去。整个人生就是一个不断地得而复失的过程。一个不懂得什么时候该失去什么的人，其实就是愚蠢可悲的人。谁违背这个过程，谁也会像贪婪的蛤蟆，累倒在地，爬不起来。

俄国伟大诗人普希金在一首诗中写道："一切都是暂时，一切都会消逝；让失去的变为可爱。"居里夫人的一次"幸运失去"就是最好的说明。

1883年，天真烂漫的玛丽亚（居里夫人）中学毕业后，因家境贫寒无钱去巴黎上大学，只好到一个乡绅家里去当家庭教师。她与乡绅的大儿子卡西密尔相爱，在他俩计划结婚时，却遭到卡西密尔父母的反对。这两位老人深知玛丽亚生性聪明，品德端正。但是，贫穷的女教师怎么能与自己家庭的钱财和身份相配？父亲大发雷霆，母亲几乎晕了过去，卡西密尔屈从了父母的意志。

失恋的痛苦折磨着玛丽亚，她曾有过"向尘世告别"的念头。玛丽亚毕竟不是平凡的女人，她除了个人的爱恋，还爱科学和自己的亲人。于是，她放下情缘，刻苦自学，并帮助当地贫苦农民的孩子学习。几年后，她又与卡西密尔进行了最后一次谈话，卡西密尔还是那样优柔寡断。她终于砍断了这根爱恋的绳索，去巴黎求学。这一次"幸运的失恋"就是一次失去。如果没有这次失去，她的历史将会是另一种写法，世界上就会缺少一位伟大的科学家。

学会习惯于失去，往往能从失去中获得。得其精髓者，人生则少有挫折，多有收获，就会从幼稚走向成熟，从贪婪走向博大。

以德报怨才能感化他人

忘却恩怨真君子，相逢一笑泯恩仇。人们在交往当中难免发生矛盾，如果问题解决不当就有可能造成双方互相怨恨。人与人相处，关键不在于发生了什么矛盾，而在于如何解决矛盾。睚眦必报、斤斤计较是一种方式，宽和待人、不计前嫌也是一种方式。选择方式不同，结果也大相径庭。

《圣经》里说："爱你们的仇人，善待恨你们的人；诅咒你的，要为他祝福，

凌辱你的,要为他祷告。"与其把时间用来憎恨和仇视,不如用来干事业,这样,自然会收到世间的美好馈赠。

身价,这样提高……

SHENJIA ZHEYANG TIGAO

劳伦斯·琼斯1900年毕业于爱荷华大学,他性格单纯,博学多才,还具有出众的音乐才华,所有的老师和学生都非常喜欢他。

大学毕业之后,琼斯拒绝了一个旅馆留给他的职位,还拒绝了一个有钱人资助他继续深造音乐的计划,因为他决心献身于教育事业,去他的族人当中教育那些因为贫穷而没有受过教育的人。所以,他回到了南方最贫困的地方,也就是密西西比州灰克镇以南25公里的一个小地方。他当了自己的手表,换来1.65美元,然后就在树林中用树桩做桌子,办起了他的露天学校。

不幸的是,善良的琼斯卷入了一场谣言引起的灾难。谣言说,德国人正在唆使黑人起来造反,而琼斯正是煽动族人造反的罪魁祸首。一些听信了谣言的年轻人趁夜冲出去,纠集了一大群暴徒,拿了一条绳子捆住琼斯,将他拖到空地上,让他站在一大堆干柴上面,并点燃了柴堆,准备把他吊起来烧死。

琼斯站在柴堆上,脖子上套着绳索,为他的生命和理想发表了一篇演说。他对那些愤怒的、正想要烧死他的人讲述了他所做过的各种奋斗。他的态度非常诚恳,他丝毫不为自己乞求怜悯。

一些立场居于中间的人了解了他的理想,于是,这些暴民开始软下来。有一个曾参加过美国南北战争的老兵说:"我相信这孩子是在说真话。我认识那些由他提拔上来的白人,他是在做好事。我们错了,我们应该帮助他,而不是吊死他。"然后,那位老兵取下他的帽子,在人群中传动,从那些原准备烧死这位教育家的人群里募集到了55.4美元,并交给了琼斯。

之后,有人问劳伦斯·琼斯:"你恨不恨那些拖你出去准备吊死和烧死你的人?"琼斯回答说:"我正忙于实现我的理想,根本没有时间去恨别人。我没有时间和别人吵架,我没有时间去后悔,也没有任何人能强迫我将自己降低到恨他们的地步。一些恩怨我从不放在心上,这样才能做我自己的事情。"

后来,琼斯终于实现了自己的梦想,为当地的居民创建了一所像样的学校,现在那所学校已是全国闻名。

劳伦斯·琼斯不计较众人对他的不公平,凭自己一颗以德报怨的诚心感化了众人，也作出了他自己的一番事业。人都是有良知的，当我们处处为别人着想时，也会唤起别人良心发现，没有什么是不可以改变的，这要靠我们的宽容和行动。

爱德华是美国著名的玻璃制造商。事业起步时，他拥有一家规模不大的英格兰波利公司。爱德华与其他小业主一样，渴望自己的公司能够不断地壮大，并最终成为美国工业企业中的巨人。当时，在爱德华的英格兰波利公司里有一名工人，他叫迈克尔·欧文斯，这个人在当地很有声望，领导着那里的工会。在一次罢工运动中，欧文斯鼓动工厂的工人们反对爱德华，要求加薪、减少工作时间，并改善工作条件。这次罢工迫使爱德华将制造工厂迁往了另外一个城市。有人对爱德华说，欧文斯这家伙害得你在辛苦创业的地方无法立足，你应该把他开除。但是爱德华笑了笑，反而把欧文斯和其他几个工人一起带到了新工厂，并且重用欧文斯。

原来，在罢工期间，爱德华曾与身为工人代表的欧文斯进行过唇枪舌剑的谈判。欧文斯除了要求改善工人待遇外，还猛烈地抨击了爱德华在生产管理、技术改进等方面存在的问题。爱德华发现欧文斯是个不可多得的人才，他不仅有魄力、思路敏捷，在技术改进方面还有创新能力。因此他没为欧文斯带领工人闹事而生气，反而起了爱才之心。新工厂迁走了，他还要带上欧文斯。不仅如此，爱华德还对欧文斯委以重任，让他最大限度地发挥才智。爱德华的胸怀深深地感动了欧文斯，两个人开始了真诚的合作。

一次，欧文斯向爱德华提出了一系列改进建议，爱德华经过思量后全部采纳，改进后公司大受裨益。爱德华从此更加欣赏欧文斯，让他担任了玻璃制造部门主管。两年后，爱德华又提拔他做自己的副手。欧文斯没有辜负爱德华的期望，他带着一个设计小组，一次又一次地进行技术革新，英格兰波利公司在生产技术上始终处于行业内领先地位，最终使爱德华的公司闻名于世界。

爱德华以一颗包容的心原谅了欧文斯，并且重用他，自己也从中受益，成了举世瞩目的企业家。不计前嫌，是对别人的理解与支持。爱德华以德报怨地重用了欧文斯，欧文斯怎能不对爱德华将功赎过呢？冤冤相报何时了！如果爱德华将欧文斯开除处分，怎能有后来的好结果呢？

第二章　宏大的气度为你拓展身价的空间

身价，这样提高……
SHENJIA ZHEYANG TIGAO

吴丽刚进入一家公司工作不久，在后勤部门工作，她发现公司管后勤的王小姐跟自己年纪相仿，只大几岁，却牙尖嘴利，很难相处。王小姐负责派车，每当各部门人员要外出工作，就得向她赔着笑脸。有些新来的同事年轻气盛，不吃她那一套，想硬碰硬，结果纷纷落马，狼狈败北。

一次，吴丽开会迟到了一分钟，被王小姐在大庭广众之下狠狠地训斥了一番，吴丽简直颜面扫地到了极点，许多同事都为吴丽不平。吴丽却不这样想，她把这一切看在眼里，却并不记在心里，她可不像其他人那样自讨没趣。每次向王小姐汇报订车的事情后，吴丽并不像其他人那样，立刻放下电话，而是在电话里和她闲聊几句。"王姐，这后勤工作琐碎又辛苦，您可真不容易。""王姐，我初来乍到，有什么没注意到的地方，您还得多提醒我。"吴丽的嘴巴比蜜还甜。

王小姐开始觉得新来的吴丽怕自己，后来渐渐觉得吴丽不计较小恩怨，很有人情味，是单位唯一一位与自己合得来的员工，于是就与吴丽越走越近了，工作上两人更是"心有戚戚焉"……慢慢地，吴丽和王小姐熟了，她再也没有为订车这些琐碎的事情烦恼过。非但如此，王小姐比吴丽在公司待的时间长，她经常就吴丽遇到的一些问题发表看法，讨论对方的处理方式是否妥当，让初出茅庐的吴丽感到受益匪浅。

很多公司都有像王小姐这样的老员工或小领导，她们通常是女性，在节奏紧张的工作中养成了精明严厉的作风。她们风格干练，说话办事泼辣大胆，但并不是故意为难同事，很多时候是对事不对人。跟她们打交道千万不能"以其人之道还治其人之身"，而是用吴丽的方法，用自己的宽和大度逐渐地感化对方。

在职场上相处，我们要学习别人的长处，只要我们多为对方着想，蔑视恩怨与小过节，任何时候都能迎来相逢一笑泯"恩仇"。

把仇恨轻轻地写在沙滩上

仇恨是人类最极端、最强烈的一种感情，若是驾驭不好，很容易伤人伤己。尤其是对于那些怀有仇恨心理的人来说，不仅自己内心痛苦和备受折磨，也可能因为被仇恨冲昏了头脑而做出伤害别人的事。

那么，到底应该怎样对待仇恨呢？一位智者曾经这样说："原谅曾经伤害过你的人，也要做一个不轻易被伤害的人。"是的，很多时候，我们需要懂得善待别人，不要抓住对方的错误不放，要学会用自己的方式走出这不会有结果的伤害，不在人际是非中彼此摩擦。有些伤害看起来很小，但稍有不慎，便会重重地压到心上。

有这样一个故事，或许你能从中领悟到忘记仇恨的真谛。

有一次，阿拉伯名著作家阿里和吉伯、马沙两位朋友一起旅行。三人行经一处山谷，马沙失足滑落，幸而吉伯拼命拉他，才将他救起。马沙于是在附近大石头上刻下："某年某月某日，吉伯救了马沙一命。"三人继续走了几天，来到一处河边，吉伯和马沙为了一件小事吵起来，吉伯一气之下打了马沙一耳光。马沙跑到沙滩上写下："某年某月某日，吉伯打了马沙一耳光。"

当他们旅游回来后，阿里很好奇地问马沙，为什么要把吉伯救他的事刻在石头上，将吉伯打他的事写在沙滩上？马沙回答："我永远都感激吉伯救我，至于他打我的事，我会随着沙滩上字迹的消失而忘得一干二净。"

马沙的行为和宽广的胸怀深深地感动着每个读过这个故事的人。人生的路途是漫长的，在我们的记忆中往往盛着太多的往事，这往事有喜、有忧、有欢、有悲，而面对仇恨，我们能做的最好就是忘记、原谅、宽容、淡忘。是的，记住别人对我们的恩惠，洗去我们对别人的怨恨，在人生的旅程中才能自由翱翔。我们拿花送给别人时，首先闻到花香的是我们自己；当我们抓起泥巴想抛向别人时，首先弄脏的也是我们自己的手。让我们将不值得记住的事情统统交给沙滩，让海水卷走那些不快吧！

古代有位老禅师，有一日晚上在禅院里散步，突然看见墙角边有一把椅子，他一看便知有人违反寺规越墙出去溜达了。老禅师没有声张，他走到墙边，移开椅子，就地而蹲。

不一会儿，果真有一个小沙弥翻墙，黑暗中踩着老禅师的背脊跳进了院子。当他双脚着地时，才发觉刚才踏的不是椅子，而是自己的师傅。小沙弥顿时惊慌失措，张口结舌。但出乎小沙弥意料的是，师傅并没有厉声责备他，只是以平静的语调说："夜深天凉，快去多穿一件衣服。"

第二章 宏大的气度为你拓展身价的空间

老禅师宽容了他的弟子。他知道，自己的存在和行为已经给予了小沙弥警醒，他没必要再用言语来责骂他，他相信宽容是一种无声的教育，这种教育会让小沙弥记得更深刻清晰。

宽容是一种非凡的气度，能包容生活中的喜怒哀乐，可化解人世间的恩恩怨怨，是一种高贵的品质，是精神的成熟和心灵的丰盈。宽容是一种积极向上的心态，是一种比淡忘更加崇高的品格。它需要我们有博大的胸怀去感悟，去体会。宽容可使一个人表现良好有素养，同时也能引发别人的响应，就像小沙弥无声中领会了老禅师的用意一样。

心理学家柏格森说："脑子的作用不仅仅是帮助我们记忆，而且帮助我们淡忘。"也就是说，我们要时刻注意整理自己的大脑，把那些美好的东西留下，把仇恨和消极的情绪淡忘。淡忘那不该记忆的往事，淡忘过去朋友对你的伤害，淡忘恋人对你的背弃，淡忘生活和工作中的不如意，当你一旦淡忘了它们，你的人生观、价值观才会减少偏差，你生命中真正的精彩才会显现出来。

人要学着大气一点儿，豁达一点儿，包容一点儿。一位著名的心理学家说："无论是快乐的往事，还是悲伤与憎恨，它们都会使你与现实生活脱节，以致严重地威胁你的心理健康和心智的发展。"在现实生活中的人们，要淡忘不愉快的往事并非一两天就可以做到的，只有真正从心里去宽容，去谅解，才能够化解心中的疙瘩，才能抚平内心的褶皱。

仇恨与烦恼相伴，如果心中充满了仇恨，那么快乐和幸福就将离你远去，烦就会永远追随着你。把所有的不如意记在沙滩上，让海水卷走所有的不快，让新生活和快乐幸福伴随新一轮朝阳诞生，让我们每一个人的心灵在阳光的照耀下温暖愉悦，从而轻松地走向快乐和成功！

第三章 德行有多厚，身价就有多高

诚实是一笔无形的财富

乔治·华盛顿小时候住在弗吉尼亚的一个农场上。他的父亲教他骑马，经常带着年轻的乔治到农场上干活，以便儿子长大后能学会种田、放牛养马。

华盛顿先生有一个美丽的果园，里面种着苹果树、桃树、梨树、李子树与樱桃树。有一次，华盛顿先生从大洋对岸买了一棵品种上佳的樱桃树。他非常喜爱这棵樱桃树，把树种在果园边上，并告诉农场上的所有人要对它严加看护，不能让任何人碰它。

这棵樱桃树长势很好。春天来了，树上开满了白花，散发出阵阵芬芳，许多蜜蜂都围着它辛勤地忙碌着。想到用不了多长时间就可以吃到樱桃树结的果子，华盛顿先生心里非常高兴。

就在此时，有人送给乔治一把明亮的斧子。乔治非常喜欢这把斧子，他拿着它砍树枝、砍篱笆，可以说是见什么砍什么。一天，他一边想着自己的斧子有多么锋利，一边来到果园边儿，举起斧子砍向那棵樱桃树。由于树皮很软，乔治没费多大力气就把树砍倒了，接着他又去别的地方玩了。

那天傍晚，华盛顿先生忙完农事，把马牵回马棚，然后来果园看他的樱桃树。没想到，自己心爱的树被砍倒在地，他站在那里惊呆了，几乎不敢相信自己的眼睛。"是谁胆敢这样做？"他问了所有人，但谁都说不知道。

就在这时，乔治恰巧从旁边经过。"乔治，"父亲用生气的口吻高声喊道，"你知道是谁把我的樱桃树砍死了吗？"

这个问题可把乔治给难住了，看到父亲如此愤怒，他意识到自己的一时冲动闯下了祸。他哼哼唧唧了一会儿，但很快恢复了理智。"我不能说谎，爸爸，"他说，"是我用斧子砍的。"华盛顿先生看了

身价，这样提高……
SHENJIA ZHEYANG TIGAO

看乔治。孩子脸色煞白，直视着父亲的眼睛。

"回家去，儿子。"华盛顿先生严厉地说道。

乔治走进书房，等父亲。他心里很难过，同时也感到非常惭愧。他知道自己实在是太轻率了，干了件傻事，也难怪父亲不高兴。

一会儿之后，华盛顿先生走进书房。"到这里来，孩子。"他说道。

乔治听话地走到父亲身边。华盛顿先生静静地看了他很长时间："告诉我，儿子，你为什么要砍那棵树？"

"当时我正在玩，没想到……"乔治结结巴巴地说道。

"现在树就要死了，我们永远也不会吃到樱桃了。但比这更糟的是，我嘱咐你要看护好这棵树，你却没有做到。"华盛顿先生说。

乔治羞愧难当，脸一红，低下头，眼泪就快要落下了，哽咽着说："对不起，爸爸。"

华盛顿先生把手放在孩子肩头。"看着我，"他说道，"失去了一棵树，我当然很难过，但我同时也很高兴，因为你鼓足勇气向我说了实话。我宁愿要一个勇敢诚实的孩子，也不愿拥有一个种满枝叶繁茂樱桃树的果园。一定要记住这一点，儿子！"

乔治·华盛顿从未忘记这一点。他一直像小时候那样勇敢，受人尊敬，直至生命结束。

诚实是一种美德，是人类社会历来崇尚的价值观。诚实，是指为人处世不说谎、不虚伪，是一种道德自律；是在文化传统、风俗习惯、社会教化和价值取向等非正式制度环境中形成的。知错就改是很难得的，如果你能够犯了错及时承认并改正的话，说明你具备了最为宝贵的品质——诚实。

诚实不仅仅是一个人的美德与修养，也是一笔无形的财富。我们无论在什么情况下，身处在哪里，只要做一个诚实的人，兴许你的命运就会出现转机。

诚信是一种可贵的品德

"世事洞明皆学问，人情练达即文章。"为人处世虽然复杂，需要察言观色，见机行事，灵活多变，但万变不离其宗，做人最根本的一条便是讲诚信。

诚信，就是要说真话，道实情，守信用，说话算话。

诚信是一种可贵的品质。"言必信，信必行，行必果"。这种一诺千金、一言九鼎的精神流传至今，深深地渗透到我们炎黄子孙的骨髓之中。在中华民族博大精深的文化底蕴中,"诚信"两字的分量可谓沉甸甸的。因为讲诚信,刘备实践了自己的真言:"我得军师,犹鱼之得水也。"他充分信任、重用诸葛亮,最终成就了一番事业;同样因为讲诚信,诸葛亮知恩图报,辅助后主,力保蜀汉政权,鞠躬尽瘁,死而后已。还是因为讲诚信,关羽铭记"桃园结义"的誓言,"身在曹营心在汉","千里走单骑",历尽千辛万苦也要回到刘备身边。人们崇拜诸葛亮,敬仰关羽,就是崇拜、敬仰他们这种讲诚信的可贵品质。

诚信是一种情感的表达。无论是夫妻、朋友,还是同事甚至是陌生人,良好的沟通与交流讲究的都是真情流露,这是建立在真诚表达、无欲无求的基础之上的。现在,社会越来越开放,人际交往越来越频繁,要获得别人的情感认同,不断取得信任,就应该"己所不欲,勿施于人","己欲立而立人",从小事做起,友善待人。要知道,不管时代怎么变,为人处世的基本准则不会变,也不能变。"人敬我一尺,我敬人一丈","人心换人心,八两换半斤",你待人友善,别人也会友善待你。否则,"针尖对芒刺",只会两败俱伤。流露出每一个人的真情,展现出每一个人的诚信,生活怎能不美好?

诚信是一种巨大的力量。信任的基础是信用。信用是处理市场关系的基本原则,也是处理人际关系的基本准则。一个不讲信用和承诺的人,在工作或生活中肯定得不到领导、同事、朋友乃至亲人的信任,最终将成为孤家寡人,一事无成。同样,一个不讲信用和承诺的领导班子,肯定得不到广大群众的信任,最终这个企业将失去应有的生机和活力。相反,如果人们彼此讲求诚信,它所激发出来的力量是巨大的。诚信就像一辆直通车,选择的是沟通心灵距离的最佳路径,唤起的是一种大家发自肺腑的参与感、认同感和荣誉感。诚信还是最佳的黏合剂,它聚合的是人们对共同目标的不懈追求,构筑的是幸福生活的归宿。这是一种神奇的力量。《孙子兵法》说:"上下同欲者胜",讲的就是这种神奇力量产生的结果。

诚信是一种高贵的姿态。常言道,勿以善小而不为,勿以恶小而为之。在一所大学的新生迎接会上,老师故意把一个空的矿泉水瓶放在地上,大多数同学视而不见,顶多说一声"怎么没人捡啊",只有一个胖胖矮矮的男生默默地走到教室中间,从容地拾起瓶子扔到垃圾箱。他的真诚感动了在座的所有人,博得了同学们的信任,同时也使其他人觉得自愧不如。半年后,这个男生成了学校的学生会主席。能为小善者必是真诚守信之人,必将是为大善者。虽然人不能以简单的善恶为标准来衡量,但没有人喜欢和不善者在一起共事,在道德伦理面前,文明总是比邪恶高出一头。

在这个时代,人格信誉是自身最宝贵的无形资产,是每一个人的立身之本。一个人如果时时、处处、事事讲信用,那么他的事业将会走向成功,人生将会

亮丽多姿。反之，如果一个人处处不讲信用，那么他的人生将暗淡无光。香港商界人物李嘉诚关于成功的经验说过："人一生中最重要的是守信。我现在就算有多十倍的资金，也不足以应付那么多的生意，而且很多是别人主动找我的，这些都是为人守信的结果。"一个人如果经常食言，久而久之，他定会失去周围人的支持和信任，最终会抑郁、不得志。诚信是做人的起点，也是做人的归宿。离开诚信两个字，就没资格谈情感、气节、教养。如果你是一个诚信的人，你将一生因此受益无穷。

曾子是个非常诚实守信的人。有一次，曾子的妻子要去赶集，孩子哭闹着也要去。妻子哄孩子说："你不要去了，我回来杀猪给你吃。"孩子答应了。她赶集回来后，看见曾子真要杀猪，连忙上前阻止说，对小孩子不必如此当真。曾子说："你欺骗了孩子，孩子就会不信任你。"说着，他就把猪杀了。

曾子不欺骗孩子，也培养了孩子讲信用的品德。对自己的孩子尚且如此，对待他人更要说话算话。"言必信，行必果"、"一言既出，驷马难追"这些流传了千百年的古话，凝结着古人的睿智与仁德，即使是在今天，它仍然是现代人应该孜孜追求的优秀品质。

婚姻本是一种相互承诺的契约，其中的双方都准备与对方一起走完自己的人生旅程、白头偕老。但家庭生活并非总是一帆风顺的，家人之间不时地出现冲突、矛盾、争吵、怨恨等，这也是很正常的。有人可能暂时地失去了爱的感受，可能一时懈怠了自己的责任，这往往就是责任感受到考验的时候。一种富于责任感的关系可以释放出能量来，克服生活中的挫折或失望感；有承诺感的家庭成员可以等待时间来医治创伤或澄清误解；责任感可以产生耐性和决心，以保持融洽的关系，度过困难的时期。如果一个家庭的成员缺乏宽容、涵养和耐心，那么家庭关系是很容易破裂的。

中国人向往的友情是君子之交淡如水，遵循的是君子协定。因此朋友间的承诺应该是最为没有保障却最能体现承诺是金的精髓。"为朋友两肋插刀"虽是勇夫之举，但它体现的是对"友情"两字的承诺。拥有真挚的友谊有时会比幸福的爱情更加难能可贵。琐事的磨砺往往会使得家庭生活平淡无奇，甚至结下解不开的心结，朋友间的信任此时更显得重要。找个知己促膝相谈，不管是红颜还是蓝颜，因为你们之间的信任和君子承诺，可以无话不谈，说到伤心处可以潸然泪下甚至号啕大哭，讲到兴奋处可以得意忘形、毫无形象可言，聊到无言再聊时可以相视无语，来个此时无声胜有声。说过了，笑过了，哭过了，叹过了，你的喜怒哀乐全都锁在朋友的心中，过后的只有朋友的实际行动：呵护、安慰、拔刀相助……

当然，人非圣贤，也许有些时候说过的话确实无法做到。这只会存在于以下三种情况之中。

其一，人本善良，却不懂得拒绝。

有的人"善于"答应别人的请求，总觉得别人求到自己是对自己的信任，不好意思拒绝，就大事小事全都揽在一起，结果事情办起来叫苦不迭，后果自可想象。因此，无论你有多善良，心肠有多软，请你在面对他人的苛求时坚定地说一声"不"。也许别人的请求并不是无理的，他不是让你腐败也不是让你难堪，但你的内心就是有些微的不爽。棘手、为难、后悔，当这些词语隐隐地出现在头脑中时，不要犹豫了，这事你办不好，就不如委婉地拒绝，否则事倍功半，你的善良换来的只能是怀疑、失望与不信任。

其二，说到去做，却失信于人。

答应别人的请求是容易的，如果有能力信守承诺，那么说到做到也不是难事，关键是是否能真的把别人的事当成自己的事情办，能不能真诚地奉献，把能力发挥得淋漓尽致。"舍己毋处疑，施人毋贵报"，说的就是放弃自己的利益去帮助别人，不应该产生疑虑，如果产生了疑虑，那就有愧于自己本来舍己为人的志向了；施舍恩惠给别人，不应该指望别人报答，如果指望得到别人的回报，那么自己最初施恩给人的动机也就不真诚了。既然作了承诺，就要毫无保留、尽力去做；一旦居心不正，即使是承诺实现，别人也不见得会领情，以后也不会再主动找你帮忙、相信你的承诺。这就叫费力不讨好。

其三，情况有变，及早告之。

此种情况出现实属无奈，一旦事情发生变化而造成守信的障碍，就该及早地通知他人，说情况有变，我做不到了，这样既帮你解脱了烦恼的纠缠，又使你不会失信于人，反而增加了别人对你的信赖。

以上种种，只有第三种可以原谅，其余两种应该极力避免出现。否则，不仅会招来他人的不屑，更会让自己鄙视自己。

承诺不可轻许，许诺就要兑现

信守承诺，一诺千金，是一个人立身处世的一种高尚的品质和情操。不论在生活上还是在工作上，一个人的信用越好，就越能轻而易举地打开局面，同时也能更好地赢得人心。好人缘总是会眷顾那些一诺千金的人。

身价，这样提高……

SHENJIA ZHEYANG TIGAO

曾经有一个发生在一位挪威音乐家和一个乡村小女孩之间的故事。一次，这个音乐家来到乡间采风，正好遇见了一个手提篮子的小女孩正在采集鲜花。他们很快就成为了好朋友。当这个音乐家要回去的时候，他身上没有带礼物，于是他便对小女孩说，将来一定会送给她一份珍贵的礼物。但是这份礼物要等到10年以后才会送给她。小女孩十分开心。

就这样，小女孩在等待中度过了10年，此时的她已经长成了亭亭玉立的少女了。她离开了家乡，来到了首都奥斯陆。一天她去参加一个露天音乐会，突然间，她听到了一阵美妙的旋律，这旋律似乎又把她带进了那个如梦如幻的大森林。正在她沉浸其中时，主持人向观众说："刚才大家听到的曲子，是我们伟大的音乐家送给一个小女孩的曲子。现在这个小女孩已经年满了18岁了。"

小女孩激动得流下眼泪，她回忆起了那个在10年前曾经向她承诺过的人，他的礼物就是这首悠扬的曲子。这位音乐大师没有失信于小女孩，在给了小女孩快乐的同时，他也在小女孩的心中树立起了一个伟大的形象。

日本的松下电器在20世纪20年代发展十分迅猛。松下电器的创始人松下幸之助为了扩大规模，决定新建一个营业所和一个大工厂。这是一个十分庞大的规模计划，需要一笔很大的经费。以松下幸之助当时的实力来说，他根本无法承担如此巨大的开支。无奈之下，他决定向银行贷款。

于是，他找到了住友银行的经理，向他表明了来意。总经理想了一会儿便对松下幸之助说："我想知道您需要多少钱？"松下幸之助就把早已经准备好的费用开支账单拿了出来。总经理看了一下，便继续问道："您能否确保您的周转金呢？"松下终于明白了总经理的顾虑。他解释道："我公司的效益非常好，而且市场在逐渐扩大和稳定，所以我们一定会在规定期限内偿还这笔钱。"

总经理看到松下幸之助的态度非常诚恳，于是就答应了他的请求。由于数额巨大，所以银行要求贷款人进行抵押。于是总经理对他说："我们同意把钱借给你，但是由于数额巨大，所以我们要求您要进行抵押。按规定，您的抵押数额要在20万元以上，由于我们考虑到您目前还没有合适的抵押品，所以我们建议您将您这次要买的土地和建筑物作为抵押。我们希望您能在两年之内还清。"松下幸之助听了这话之后就对总经理说:"您给我两天时间考虑,两天之后我再给您答复。"说完就告辞了。

回到家里,松下有些犯难了。原因是这样做可能会对公司的声誉造成负面影响。厂房还没有建成,就要拿不动产作为抵押,这在任何人看来都是很难接受的,如果别人都知道松下欠了一大笔债务,肯定会对公司的信誉产生怀疑,这对于公司来说是十分不利的。于是,他又找到了银行的总经理,对他说:"我十分感谢银行对我的照顾,然而对于我的公司来说用不动产去做抵押,一定会对我的公司造成不良影响。请问先生,能不能用无条件贷款的方式办理呢?两年内还清银行的所有欠款对于我的公司来说是不成问题的。为此,我可以将土地产权书和建筑物产权书放在银行保管。"听了松下的一番话,总经理说:"我会向银行高层转达您的想法,请您听我的消息。"

两天之后,总经理通知松下,银行同意了他的请求,并且立即将这笔款项划拨到他的账户上。

得到了这笔款项的松下欣喜若狂,他立即开始兴建厂房。由于经营有道,松下电器开始呈现出一片欣欣向荣的景象。销售额不断攀升,短时间内就在业界引起了强烈的反响。此时的松下开始变得更加野心勃勃起来。

然而就在松下准备大干一场的时候,一场席卷全世界的经济危机爆发了。面对这场经济危机的冲击,各行各业都受到了沉重的打击,而此时作为业界最为关注的松下电器也难逃噩运。随着经济危机的越演越烈,松下电器的销售额开始出现下滑。在短短几个月的时间里,松下电器的仓库里已经堆满了滞销的产品。松下开始意识到,如果这种情况得不到扭转,那么总有一天,松下将会面临倒闭的危险。

在这种情况下,唯一可以挽救公司的办法就是进行裁员。此时,松下电器公司的两个重要负责人对松下幸之助提出了这个建议。松下一听,就立即回绝了他们的建议。他说:"我的宗旨就是我公司的员工一个都不能少,不论遇到什么困难,我都不会这样做。这是我曾经对我的员工的承诺。这样吧,我们可以缩小生产额,工作时间由一天改为半天,但薪水要全额发放。不过要让员工们全力销售库存。这样一来,我们不但可以获得周转金,还可以免于倒闭了。"

松下幸之助的决定使所有的员工感动不已。他们表示:为了挽救公司,一定会竭尽全力去销售商品,在这危急关头与松下电器共存亡。经过公司所有人共同的努力,松下电器终于迎来了转机。所

有的库存不仅都被销售空了,而且还创下了公司历年来最高的销售额,从而帮助公司渡过了难关。

在这场经济危机中,松下电器之所以能够幸存下来,原因就在于松下幸之助的信守承诺。他的一诺千金使他赢得了人心,得到了他们的信任,从而使他能够挽救公司于危难之际。

诚信是人生的命脉,是人的价值的根基。为人处世只有讲究诚信才能打开局面,赢得人心,从而一步步地走向成功。

做人要凭良心,做事要守规矩

英国著名作家哈代曾经说过:"比起一分纯洁的良心来,金钱算得了什么呢?"罗伯特·米尔是一位经历过第二次世界大战的德国人。曾经在他身上发生了这样一件事情。

米尔有一个好朋友,名叫约索夫,是一个犹太人。在1940年的一天,约索夫被纳粹士兵抓了起来,关进了集中营。就在他被抓走的前一天晚上,约索夫来到了米尔家里,将自己仅有的5万马克交给了米尔保管,并且对米尔说:"请你帮我照顾好我的妻子和孩子,至于这些钱的事,我的妻子和孩子都不知道,因为如果他们知道了,他们可能会将你供出来,这样对你来说是很不利的。"事情果不出约索夫所料,就在他被带走的第二天,他的妻子和孩子也被抓了起来。

从此他们便失去了联络,而那5万马克的现金,就这样一直由米尔收藏着。为了不走漏风声,米尔以个人的名义,把钱分开存在了四家银行里,然后,他就把存折藏了起来。这件事他也从没告诉过自己的妻子。

米尔陷入了漫长的等待。转眼间5年的时间过去了,约索夫还是没有回来。米尔有些失望了,在他看来这笔钱可能永远也无法交给约索夫了。不过,米尔依旧没有动用它们。

直到1965年,米尔家里发生了一场大的变故,他与儿子经营的机械厂倒闭了,这使得米尔陷入了困境。为了尽快走出低谷,摆脱困境,米尔突然想到了约索夫托付给他的5万马克,此时的他感觉像是抓住了救命稻草一样。

可是，就在他准备取出这笔钱的时候，他在报上看到了一篇纪念反法西斯战争胜利20周年的文章，作者是安迪·约索夫。根据文章所描述的内容，米尔断定这篇文章的作者就是约索夫的小儿子。米尔陷入了空前的矛盾之中。

在接受采访时，他说："我在一生中共有三个晚上没有睡好觉，全发生在看到那篇文章之后。到底如何处置这笔钱呢？是据为己有，还是如数奉还，那时的我异常矛盾。"

40年后，当记者问他，对这件事作何感想时，他感慨道："令我骄傲的是，我选择了后者。"

这个故事对我们的启示就是：在我们的内心深处，心灵的安宁是最重要的财富，只有心灵安宁了，我们才能够真正体会幸福快乐的真谛。

可以这样说，人们称之为良心的东西是存在的。一个人如果撒了谎，或者说隐瞒了事实，即使没有任何人知道，但他的良心会因为一清二楚而不安，这种不安会蚕食那个被人们称为"生命"的东西。

所以做人要讲良心，这样我们才能够对得起别人，更对得起自己，我们才能真正体会到幸福的滋味。

做人要学会感恩

生活在世界上的每一个人都要学会感恩。感恩并不仅仅是一种美德，也是一种个人品格的体现。当我们得到别人帮助后，一定要把别人给予我们的帮助牢记在心，一定要怀着一颗感恩的心去感谢那些曾经帮助过我们的人，只有这样我们才会得到别人的尊重，才会永远生活在快乐当中。

能够真正取得成功的人内心一定是善良的，一个善良的人永远都会怀有一颗感恩的心。当我们得到了别人的帮助，一定要学会报答。知恩图报是每一个人都应该做到的一件事，那些忘恩负义的人永远都不会得到好的结果。我们要珍惜眼前的一切，包括亲情、爱情和友情，等等，这些都是上天赐给我们的，即使我们有一天会失去它，可我们一样要感谢它曾经给我们带来的一切。

有一个小女孩，从小就没有说话的能力。小女孩从小就和母亲相依为命，为了让自己的女儿生活得好一点儿，妈妈每天都要拼命

工作。每天晚上女孩都会到回家的路口去接妈妈，妈妈每天也都会给女儿带回一块年糕。虽然只是一小块年糕，可在这个贫困的家庭里却是世界上最好的美味。

　　一天，外面下着大雨，妈妈回来的时间已经过了，可却还见不到她的身影。小女孩撑着一把破旧的雨伞站在路口等着妈妈，她希望妈妈能早点儿回来。雨越下越大，天色已经很晚了，女孩始终没有等到妈妈。她有些急了，就沿着妈妈下班回家的路去找妈妈。她顶着大雨一步步地往前走，终于看到了已经跌倒在路边的妈妈。她赶忙跑了过去扶起妈妈，不管她怎么用力摇动妈妈的身体，妈妈都没有回答。小女孩以为妈妈太累了，她一定是睡着了，她抱着妈妈的头放在自己的腿上，希望她能睡得舒服些。可就在这个时候，她发现妈妈的眼睛并没有闭上！小女孩突然大哭起来，她知道妈妈已经永远地离开她了。小女还不敢接受这个事实，她一边哭一边摇动着妈妈，希望可以把妈妈叫醒。

　　雨一直都没有停，这个女孩不知哭了多久。她心里非常清楚妈妈不会再醒过来了，世上唯一的亲人也离开了她，现在只剩下她自己一个人了。妈妈的眼睛始终没有闭上，她一定是不放心自己的女儿。小女孩停止了哭泣，她坚强地用手语一遍遍地告诉妈妈：她一定会好好地活下去，她感谢妈妈这些年来为她所做的一切，让妈妈放心地离开这个世界……

这个小女孩很可怜，妈妈也很可怜。她们都很伟大，妈妈用自己的一生呵护着女儿，而女儿是那么的坚强，在忍受妈妈离开痛苦的同时，也没有忘记感谢妈妈为她付出的一切。这个小女孩的心灵是善良的，她拥有着一颗感恩的心。这个故事时刻都在提醒我们，做人一定要有一颗感恩的心。
还有一个故事发生在两个孩子的身上。

　　在一次火灾当中，两个孩子都失去了自己的父母。他们两家一直都是友好的邻居，当失去父母以后，两个孩子相依为命，靠给别人做杂活儿换一些吃的来维持着生活。女孩的年龄要大一些，她处处都让着比自己小两岁的弟弟。每次有吃的,她都会多分给弟弟一些。乡亲们都很照顾这两个孩子，可是当时正在遭受旱灾，谁家都没有多余的粮食，只能偶尔给他们一些吃的。

　　也许是因为没有了父母的照顾，两个孩子都特别坚强、懂事，弟弟即使是几天都没有吃饱肚子，他也不会埋怨姐姐一声。每当姐姐给他带回食物的时候，他都会对姐姐说："等我长大了，一定要当一名将军，好好地保护姐姐，保护乡亲们，再也不让土匪欺负你们。"姐姐每次听到弟弟对自己说这句话心里都是无比高兴。由于受灾，很多人都去做土匪，他们经常跑到村子里抢百姓的粮食。所以小男孩想做一名将军，保护姐姐，保护乡亲们。

小男孩聪明过人，他喜欢读书，可当时连吃饭都成问题，根本就没有钱供他读书。小男孩只能跑到学堂的窗下偷偷地学习。让人感到吃惊的是，就是在这样的情况下，他学东西的速度竟然比那些坐在学堂里面的小孩还要快。乡亲们都称他为神童，大家决定每家凑些粮食换些钱给小男孩拿去做读书的学费。当乡亲们把用粮食换来的钱交给小男孩的时候，他向所有人发誓，一定要好好地读书，长大后成为一名将军，保护大家的安全，报答大家的恩德。

小男孩没有让大家失望，他虽然没有成为一名将军，可他却考取了功名，成为了一名县官。他没有忘记乡亲们的恩情，上任以后处处为百姓着想。他为当地的百姓修了水渠，村庄的田地再也不干旱，每年都有个好的收成。以前那个聪明的小男孩，已经变成了一位人人都称赞的好县官。大家都说他是个好人，说他知恩图报，没有辜负乡亲们对他的期望。

一次，他因为百姓的利益得罪了上面的大官，被诬陷抓了起来，被定下了死罪。就在拉他去砍头的那天，乡亲们全部跪倒在通往刑场的路口上，阻止了刑车的前进。清廉的县官这才逃过了这一劫。县官是个懂得感恩的人，他时刻都没有忘记乡亲们曾经给予他的帮助，他知道，如果没有乡亲们的帮助，自己是没有今天的。也正是他的这种感恩打动了乡亲们，他们不顾及自己生命安危跪倒在刑车前面，阻止了刑车的前进，使清廉的县官保住了性命。

做人一定要学会感恩，如果那位县官是一个忘恩负义的人，在他遇到困难的时候，不会有人不顾自身的安危去解救他，等待他的只有死亡。好人有好报，善良的人永远都会得到大家的支持，不管他遇到了多大的困难，心存爱心的人都会向他伸出援助之手。

第二章 德行有多厚，身价就有多高

自制是一切美德的基石

自由向来是人们所追求的,甚至可以为之抛弃生命。然而,人类还需要自制。自制是一种美德,它甚至被认为是品格的精髓。莎士比亚正是基于人类品质中的这一美德而将人类界定为"瞻前顾后"的动物。自制是人类与纯粹动物的根本区别之一。事实上,不能进行自我控制,就不会有真正的人,也不会有成功的人。

自制是一切美德的根本。如果一个人任由冲动和激情支配,那么,从那一刻起,他也就完全放弃了自己的道德,就会随波逐流,成为追逐强烈欲望的奴隶。

在20世纪60年代初期的美国,有一位很有才华、曾经做过大学校长的人,出马竞选美国中西部某州的议会议员。此人资历很深,又精明能干、博学多识,看起来很有希望赢得选举的胜利。然而在选举的中期,一个很小的谣言散布开来:三四年前,在该州首府举行的一次教育大会中,他跟一位年轻女教师有那么一点儿暧昧的行为。这实在是一个弥天大谎,这位候选人对此感到非常愤怒,并竭力想要为自己辩解。由于按捺不住对这一恶毒谣言的怒火,在以后的每一次集会中,他都要站起来极力澄清事实,证明自己的清白。

其实大部分选民根本没有听到过这件事,然而在竞选者的一次次辩白之后,人们却愈来愈相信有这么一回事。公众们振振有词地反问:"如果你真是无辜的,为什么要为自己百般狡辩呢?"如此火上加油,这位候选人的情绪变得更坏,也更加声嘶力竭地在各种场合下为自己洗刷,谴责谣言的传播。这样做的结果更使人们对谣言信以为真。最悲哀的是,连他的太太也开始转而相信谣言,夫妻之间的亲密关系被破坏殆尽。

最后,这位竞选人落选了,从此一蹶不振。

人们在生活中有时会遇到恶意的攻击、陷害,更经常会遇到种种不如意。有的人因此大动肝火,结果把事情搞得越来越糟;有的人则能很好地控制住自己的情绪,泰然自若地面对各种刁难和不如意,在生活中立于不败之地。

1980年,美国总统大选期间,里根在一次关键的电视辩论中,面对竞选对手卡特对他在当演员时期的生活作风问题发起的蓄意攻击，丝毫没有愤怒的表示，只是微微地一笑，诙谐地调侃说："你又来这一套了。"这一句话引得听众哈哈大笑，反而把卡特推入尴尬的境地，从而为自己赢得了更多选民的信赖和支持，并最终获得了大选的胜利。

生活在社会中，为了更好地适应社会，取得成功，我们有必要控制自己的情感欲念，理智地处理遇到的问题。控制并不等于压抑，积极的情感与渴望可以激励我们进取上进，加强我们与他人之间的交流与合作。如果我们把许多能量消耗在抑制自己的情感上，这样不仅身体容易患病，而且也将没有足够的能量对外界作出强有力的反应。因此一个高情商的人应该是一个能成熟地调控自己情感欲念的人。

一个人忽略了自制，不仅会伤害到别人，也肯定会伤害到自己。在拿破仑·希尔事业生涯的初期，他就认识到缺乏自制会对自己的生活造成极为可怕的破坏。而这个发现是在一次十分普通的事件中发生的，它使他获得了一生当中最重要的一次教训。事情的经过是这样的。

> 有一天，我和办公室大楼的管理员发生了一场误会。这场误会导致我们两人之间彼此憎恨，甚至演变成一种激烈的敌对。这位管理员为了表示他对我的不悦，当他知道整栋大楼里只有我一个人在办公室工作时，便把大楼的电灯全部关掉。这种情形一连发生了几次，最后我决定进行"反击"。
>
> 某个星期天，我到书房准备一篇预备在第二天晚上发表的演讲稿。我刚刚在书桌前坐好，电灯熄灭了。我立刻跳了起来，奔向大楼地下室。我到达那儿时，管理员正一面干活儿，一面吹着口哨，仿佛什么事都没有发生似的。
>
> 我立刻对他破口大骂，一连5分钟之久。最后，我实在想不出什么骂人的词句，只好放慢了速度。这时候，他站直了身体，转过头来，脸上露出开朗的微笑，并以一种充满镇静及自制的柔和声调说道："呀，你今天早上有点儿激动吧！不是吗？"
>
> 他的这话就像一把锐利的短剑，一下子刺进了我的身体。他虽然没有多少文化，却在这场战斗中打败了我，更何况这场战斗的场合以及武器都是我自己所挑选的。

第二章　德行有多厚，身价就有多高

拿破仑·希尔的故事告诉我们,千万不要把自己的精力浪费在"反击"那些冒犯我们的人身上。

我们研究世界伟大人物的生平事迹就会发现,他们全都拥有自制的美德。例如,美国总统林肯,他在最危急的时刻往往表现出耐心、镇静与自制。正是这些美德使他成为美国历届总统中最伟大的一个。林肯发现自己内阁中的某些阁员并不忠诚,但因为这不忠诚是针对他个人而来,而这些人拥有的才能可以为国家作出贡献,所以林肯对他们不予追究。林肯的这种美德,不仅为他赢得了声誉,也赢得了成就。

从林肯的事例中我们可以看到,自制的美德具有功利的价值,这对今天那些更多注重实惠而轻视美誉的人们来说,应该是一种提示。下面这个发生在现代商场的典型例子可以说明这一点。

百货公司受理顾客投诉的柜台前,许多女士排起了长龙,争着向柜台后的那位年轻女郎讲理,有的顾客甚至讲出了很难听的话。柜台后的这位年轻小姐一一接待这些愤怒和不满的顾客,没有表现出丝毫的嫌恶。她脸上带着微笑,指点这些妇女们前往相应的部门。她的态度优雅而镇静,其自制的修养令人大感惊讶。

站在她背后的是另一个年轻女郎,她在一些纸条上写下一些字,然后把纸条交给站在前面的那位女郎。这些纸条很简要地记下了队列中妇女们抱怨的内容,但省略了这些妇女的"尖酸"话语及怒气。

柜台后面那位年轻女郎脸上亲切的微笑,对这些愤怒的妇女们产生了良好的影响。她们来到她面前时,个个像是咆哮怒吼的野狼,但当她们离开时,个个像是温顺柔和的绵羊。事实上,她们中的某些人离开时,脸上甚至露出了"羞怯"的神情,因为这位年轻女郎的"自制"已使她们对自己的作为感到惭愧。

毫无疑问,拒绝或忽视运用自制力的人,实际上是在把好机会一个又一个地丢掉。最糟的是,他们本身并不知道错过了这些机会。相信作为希望走向成功的我们来说,谁都不会这样做。

道歉是值得尊敬的

罗斯福总统相当善于处理同新闻记者的关系，曾获得"入主白宫最好的报人"的美誉。《纽约时报》记者贝莱尔被派驻白宫，按照惯例，白宫新闻秘书引他来谒见总统。"总统先生，你是否认识《纽约时报》的费利克斯·贝莱尔？"一个浑厚有力、充满自信的嗓音传了过来。"不认识，我想我还没得到那份快乐。不过，我读过他的东西。"这句话不是说得太棒了吗？连措辞都是行话，都是记者间谈论工作的用语。"我读过他的东西"，完全是其中的一员，又与其身份相称。初次见面就创造了良好的气氛。

罗斯福有些时候显得不近人情。一次，罗斯福在记者招待会上做长篇演讲，措辞激烈，而贝莱尔在下面却睡意蒙眬。

罗斯福突然大声喊道："贝莱尔，我不在乎你代表的那家报纸！是我容忍你待在这儿的。既然在这儿，你就得做笔记！"对贝莱尔来说，美国总统对他大喊大叫，使他难受得简直想找个地洞钻下去，或冲上讲台把罗斯福揪下来……

冲突归冲突，罗斯福下来仍同记者一起谈笑，简短交换意见，相互之间毫无拘束地交谈，气氛也极为融洽。他甚至给记者取绰号。贝莱尔的绰号叫"鲁汉"，因为罗斯福认为《纽约时报》那样严肃的报纸应该有一个叫"鲁汉"的人……双方在关心的玩笑中又重新肯定了。

还有一次，罗斯福在记者招待会上斥责一名记者，可他立刻明白，他的斥责过重过严。事后，这位记者向他表示歉意，说他前晚玩牌到4点，以致今天会上精神不佳。而罗斯福却说，扑克牌真是个好玩意儿，他好长时间没和他们一起玩几局了。他转身要自己的秘书去搞一顿自助晚餐，晚上他们要一起玩牌。晚上他们果然玩牌。上次的失礼可以用道歉来补救，不然要那维护关系的礼仪干什么呢？更好笑的是，他们玩牌还赌钱，而罗斯福在那个晚上成了个大赢家。

大多数人一辈子难得与记者打几次交道，但类似的交道罗斯福总统却不会少，这就得让我们好好地考虑一下了。

罗斯福能教训人，也能反省自己做得是否过分，过分了就真诚地道歉。在生活中该道歉的何不低头认错呢？一个国家的总统都能做到这一点，我们普通人在社会交往中更应这么做。

当然，当我们道歉时，也会出现对方不原谅，碰了钉子下不了台的情况，那么我们应该用什么态度去对待呢？首要的一点是，既然是自己错了，别人生气也是合理的，这颗苦果还是自己吞下为好，相信对方最终会谅解自己的。其次，我们还是应该多从主观上找原因，也许是因为自己的道歉的方式、场合等不太恰当，而导致了这种情况。

其实，道歉是值得尊敬的。

道歉并非耻辱，而是真挚、诚恳、有教养的表现。既然是道歉，就说明真有后悔之意，认错一定要出于真心，否则没有好的效果。

既然道歉是值得尊敬的事，所以不必奴颜婢膝。以道歉去纠正错误是堂堂正正的事，何羞之有？

如果道歉的话说不出口，也写不了信，可以用别的方式代替。比如，送一盆花、一件小礼物等都能表达歉意。

如果应该向别人道歉，自己也决定道歉，那就马上去做。时间的长短同道歉的效果成反比。万一在你未道歉时，对方已出远门，或者因为别的什么原因而拖延了道歉的时间，甚至再也没有了道歉的机会，你将悔恨一生。

如果自己没有错，那就不必为了息事宁人而认错。这种没有骨气、没有原则的做法，对双方均没什么好处。道歉认错和遗憾二者的概念是不同的，只是感到遗憾而并无什么主观错误的事不用去道歉。

如用信件道歉，要诚心诚意写上"对不起"三个字，并可附送一本好书、一盒糖果等。这种表示，说明自己愿承担一部分或全部责任，请求对方谅解。假如别人应向你道歉而没有道歉，你也不必闷闷不乐，也别生气。如果你实在憋不住，可写一封信，说明你不快的原因，或由别人传话，说你想消除这烦恼。如果对方感觉难堪，此信息一来，他就会有所表示的，也许他正不知该怎么办才好呢。

总之，在人际关系往来中，发现自己犯了错误，一定要真心实意地认错、道歉，不要推托，不要寻找客观原因做过多的辩解。即使的确有非解释不可的原因，也必须在诚恳道歉之后再解释一下，不应该一开始就为自己申辩。否则，这种道歉不会弥合裂痕，反而会加深人与人之间的隔阂。

人与人之间，尤其是朋友与朋友之间，相交贵在知心，彼此袒露心扉，犹如打开一本书一样，不掩饰，不虚伪，相互谅解，坦诚相处，有矛盾及时交换意见，有问题及时谈心，那么人际交往中就不会出现绊脚石。

让自己德才兼修

道德和才华都是成功者必须具有的要素,也是做人需要的品质和能力。"做一个德才兼备的人"应该成为我们在成功路上奋斗的座右铭。

成龙初入梨园时,是被父亲送到了戏班并同戏班签了生死状的,也就是说,在约定期限内,他的生杀大权都掌握在师傅手中。戏班里的管教异常严厉,本该在父母膝下承欢的他,却在师傅的鞭子与辱骂下练功,吃尽了苦头。时间不长,他就偷偷地跑回了家。父亲勃然大怒,坚决叫他回去,否则,就等于自己不讲信用。成龙只好重新回到戏班,刻苦练功,这一练就是十几年。

终于学有所成,却正好赶上戏曲行业一落千丈,他空有一身本事,却毫无用武之地。后来几经周折,经人介绍,他进了香港邵氏片场,做了一个臭武行——跑龙套。在那里,他又苦又累,更要命的是,他没有尊严,时常遭人刁难。在那样的环境里,他没有怨天尤人,依然刻苦勤奋。由于学得一身好功夫,为人厚道,几年下来,他逐渐担当主角,小有名气,每月能拿到3000元薪水。

有一天,行业内的何先生因为看重他的才华和人品,约他出去,请他出演一个新剧本的男主角。"除了应得的报酬,由此产生的10万元违约金,我们也替你支付。"何先生说完,强行塞给他一张支票,匆匆离去。

成龙仔细一看,支票上竟然签着100万元,好大一笔巨款!他从小受尽苦难,尝遍艰辛,不就是盼望能有今天吗?可转念一想,如果自己毁约,手头正拍到一半的电影就要流产,公司必将遭受重大损失,于情于理,他都不忍弃之而去。

一宿难眠。次日清晨,他找到何先生,送还了支票。何先生很是意外,他则淡淡地说:"我也非常爱钱,但是不能因为100万元就失信于人,大丈夫当一诺千金。"

何先生非常欣赏这位年轻人,他的事情也很快传开了。公司得知非常感动,主动买下了何先生的新剧本,交给成龙自导自演。就这样,成龙凭借电影《笑拳怪招》,创造了当年票房纪录,大获成功。那年他才22岁,全香港的人都认识了他。

成龙从影的30多年以来,他并没有因为自己的身价日涨而自以

为是。他一直都很拼命，由于不愿意找替身，他曾重伤29次，却从未趴下。他拍了80多部电影，在全世界拥有29亿铁杆影迷，还是唯一把手印、鼻印留在好莱坞星光大道上的中国演员。

对于成龙而言，他已经是一个很有成就的人，但他仍然能保持谦虚谨慎，这样的人应该可以称得上是德才兼备了。对于今天的我们而言，我们也许还没有那么大的成就，这就更需要我们注意自己的言行，努力使自己成为一个德才兼备的人。任何人走向成功都绝非易事。假如你不具备高尚的品格，你的人生之路就会失去支撑；假如你没有过人的才华，你就很容易被动地跟从他人，也就很难取得成就。

从成龙的身上，我们可以看到一个人应该具备怎样的德行才可以成功。其实，那些有成就的人都是因为德才兼备才获得了真正的成功。一旦他们放弃了这些，他们就很容易同时失掉自己的成功的事业。所以，我们一定要在修炼自己的才华的同时修炼自己的品德，这样才能走向成功。

创出自己的品牌

"品牌"这个词是这些年随着市场经济的发展而流行起来的，主要是针对商品而言的。一样的商品，挂上不同的品牌，身价就会不同。一旦建立了"品牌"，商品的价值就随着水涨船高，如果品牌不好，做再大的宣传也帮助不大。这就是为什么一些企业不惜代价创立品牌、发展品牌的道理。

其实人也有"品牌"！例如，一谈到某位有名之人，我们就会联想到一系列与之相关的东西。在日常生活中，相信你也听过某某人"很好"，某某人"很坏"的评语，这就是人的"品牌"！众人的评语好，说明你给人的印象好，表示你的"品牌"好，反之则品牌不好。

这里我们暂且不谈公众人物，就谈一般的人吧。

有的人有刻板印象和个人好恶。比如，认为"矮人多心计"，这就是一种对人的刻板印象，事实上多心计的人中大块头也不少。喜欢留长发的女孩，讨厌活泼开朗的女孩，这就是个人的好恶。刻板印象和个人好恶会影响一个人对他人的评价，这是无可奈何的事，但我们仍应在这两个因素的影响下努力创造自己的"品牌"，尤其是你希望为自己树立的"品牌"。

那么，应该如何创造自己的"品牌"呢？下面有两个做法。

第一个做法是不要使你的"品牌"变坏。简单地说，就是不要使人对你作出不好的评价，例如说你懒惰、喜欢投机、邪门、不忠、寡情、好斗、阴险……一旦他人对你作出一项或多项这样的评价，那么他人对你的信赖程度必定降低，虽然你事实上并不是那样的人，但是在关键时刻，这些评价也有可能对你造成伤害。一个人要改变自己的品牌形象不太容易，就像我们买东西上了当，以后就不信任那个品牌一样。这些形象也常在无意间造成，人们也常常以"第一次印象"来评论你这个人，因此做人做事必须特别小心，一旦有瑕疵，便一辈子也洗刷不清！商品可以换品牌，重新包装，人可不太容易！由于刻板印象和个人好恶，可能有一些人不欣赏你，并且尽挑你的缺点，有一两个这样的人不足挂心，但如果很多人都对你这样，问题恐怕就不小了。

第二个做法是积极强化你的"品牌"。也就是通过各种方法，去塑造你在别人心目中的形象，就像商品做广告那样。人的"品牌"广告有很多种做法，特意制造一些事件使自己成为新闻或同行的谈话资料是一种方法，但这不太容易，要做也得花不少心思，如果"操作"得不好更会弄巧成拙，因此不鼓励你这么做。倒是有一个做法可以达到同样的效果，那就是发挥自己的长处，避免拿出短处。长处有目共睹，别人就不太在乎你无伤大雅的短处。例如，你工作能力很强，但就是有些自私，有些人也许就欣赏你的工作能力，而不在乎你的自私，就好比家电耐用、品质好，于是不在乎耗电多。如果"工作能力强"成为你的"品牌"，这个"品牌"也是"吃喝不尽"的啊！

其实，人的"品牌"就和商品的品牌一样。商品只要不偷工减料、价格实在，就能争取一定的消费者，就可以建立较好的品牌形象。做人也是同理。

第三章 德行有多厚，身价就有多高

第四章 以博学提高你的身价

知识决定身价

2010年,有媒体报道,据中国某地人才市场的调查结果显示,高级人才应聘的年薪心理价位和招聘单位的岗位薪资走势趋于明朗,而且相互之间的价位很接近,高级人才对应聘岗位的年平均期望薪资依次为:副总经理11.6万元、计算机工程师11.5万元、地区销售经理10.1万元、投资经理8.7万元、财务经理8.2万元、生产经理7.1万元、物流主管6.6万元、项目经理6.2万元、行政管理6.1万元。招聘单位的岗位平均年薪走势为:副总经理11.5万元、软件工程师11万元、销售经理7.5万元、财务经理7万元、项目经理6.6万元、市场经理6.6万元、客户经理6万元、质控经理5.4万元、人事经理4.8万元、企划专员3.8万元。

一边是大量的工人下岗找不到工作,一边却是高级人才的薪资越来越高。显然,知识与才能已开始把握人们的命运,决定人们的财富。现代社会的人际竞争,很大程度上已归结为知识的竞争。有知识者有财富,将成为普遍的社会规律。

据《北京青年报》报道,联想集团实行股份制改革以来,随着其认股权证的分配实施,使一些员工一跃成为百万富翁。此外,在以往联想内部的效益水平及激励机制基础上,已经产生了一批百万富翁。两者相加,联想这架高科技财富机器制造出来的百万富翁数量已有数百人之多。这些百万富翁普遍比较年轻,平均年龄不超过30岁。其实企业应该成为中国社会财富的创造和承载主体,随着市场经济机制的完善和社会资源配置的公平、合理,有知识才能的年轻人将会成为富翁的主流。

清华同方也不甘落后,其总裁陆致成放出豪言:最短三年,最长五年,这家清华大学的高科技企业要造就一百名千万富翁、一千名百万富翁。这使得那些心存鸿鹄之志、怀揣科研成果的中国科学家有了以前做梦都不敢想的致富机会。

孙家广就是一位受益者。这位中国工程院的院士、清华大学的教授，曾因发明计算机辅助设计系统——中国迄今唯一具有全部自主知识产权的软件工程技术而闻名，如今他走出象牙塔，出任新成立的清华同方软件股份有限公司董事长。按照国家政策，该企业允许个人科技成果以无形资产形式折价入股，参与分配，包括孙家广在内的骨干人员因此占有该公司 5000 万股份中的 8%，即 400 万股。虽然孙家广只说这 400 万股是由四个代表人认购，上市后再分配给企业员工，对他个人占多少股份不愿意置评，但作为该软件公司核心技术的发明人，哪怕只拥有 1% 的股份，上市后孙家广也会轻而易举地成为千万富翁。

其实，像孙家广这样以技术入股，通过上市身价过亿的中国科学家已有先例。如水稻杂交专家袁隆平，他持有袁隆平农业高科技股份有限公司 250 万股，占总股本的 2.38%，排在第四股东的位置上。按目前的价位计算，股票市值超过 8000 万元。

也许有人说那些年龄偏大又没有一技之长的人就只有给人家打工的份儿。其实不然。我们在这里所指的知识，并不都是要在大学里专门学习的公式、定律、规则之类，而是包含着非常广泛的内容，按照托夫勒的定义包括信息、数据、图像、想象、态度、价值观，以及其他社会象征性产物。实际上，对于致富起至关重要作用的专门知识，相当一部分是要在社会大学里才能学到的。没有读过大学的人并不等于没有知识。况且，在中国这样一个大国，市场巨大，对于那些在意识和经验上有准备的人，机会也一样存在。知识经济时代，只要认真地学习掌握知识，有效地利用知识，就能走上成功之路。

你能得到多少，往往取决于你已知道多少

记得某电影中的一个场景，独裁者问雇佣军的少校："说出你最喜欢的武器，我都能给你弄来。"

少校回答："才智！"

的确，"才智"是所有武器中最厉害的武器，但"才智"是买不到的，要获得"才智"，唯有通过学习。

这个世界上没有天才，别人比你更有能力、更成功，只是因为别人比你更爱学习，更会学习。

由于应试教育，许多人对学校的教育有了反感。有的人大学一毕业，就高兴得把那些书都扔了。

现在很多人离开学校后，学习就画上了一个句号，表明自己学习结束了，就再也不学习了。其实离开学校时，人还只是一个问号，因为学校的学习只是掌握一些基础的知识和学会学习的方法，真正的学习是从学校毕业后才开始的。

一个人停止了学习，也就意味着停止了成长，停止了进步。其实成功者都是喜欢学习的，不喜欢学习的人肯定不会成功。

李嘉诚就是一个喜欢学习的典范。他少年时因战乱没有完成学业，这成了他最大的遗憾。他决定做生意赚够100万元后，就重新回学校念书。但当他赚到100万元后，由于已经拥有了一个企业，要对员工负责，便没办法回学校念书了，他就只好利用业余时间自修，这养成了他每天晚上都要看书的习惯。他为了避免晚上看书入迷忘了时间，影响第二天的工作，每次看书时，他都要设定闹钟。

正是这种热爱学习的态度，使李嘉诚成为了别人眼中的超人。他在经营塑料工厂时，订阅了很多世界著名的塑料工业杂志，从中了解世界市场和新产品技术。一次，他在杂志中发现美国人研制出一种新的制造塑料产品的机器，价钱要2万美元，他买不起，就决定自行研制。

他勤奋地学习有关知识，36个小时不眠不休，最后成功地制作出了同样性能的机器，成本却只有美国机器的1/10。这部机器制造出来的塑料产品为工厂赚了不少钱。从此，李嘉诚工厂的资产以每年至少10倍的速度增加。这就是热爱学习为李嘉诚带来的好处。

比尔·盖茨也是一个热爱学习的榜样。大学期间，别人热衷于谈恋爱，他却热衷于电脑软件和看关于财经的书籍。他认为看书比谈恋爱更好玩。

比尔·盖茨喜欢学习，学习使他拥有了丰富的知识，使他不仅在软件方面作出了独特的贡献，而且在企业管理上也创出了一套适合现代企业的方法，这就是期权制，让主要员工获得公司股票的期权。微软公司创造了上百个亿万富翁。现在很多大型企业都采用了微软公司的管理方式，比尔·盖茨在管理方式上的贡献比他在软件方面的贡献更重要。

任何一个成功者，都是通过学习才开始走向成功的。终生学习，才会终生进步。社会在不断地发展变化，学习就像逆水行舟，不进则退，不可能原地踏步。人的知识不更新、不增加，就会后退。知识就像机器也会折旧，特别是像计算机方面的知识，只要一停步，就会被淘汰。一个人要成长得更快，就一定要喜欢学习，善于学习。

毛泽东同志更是一个读书迷了。他在临去世前的几个小时还在学习，由于眼睛已经看不见了，还要秘书为他念他所喜欢的书。

犹太人说：没有知识就不能成为真正的商人。毛泽东同志说："没有文化的军队是愚蠢的军队。"

你能得到多少，往往取决于你已经知道了多少。知识能改变命运。

在学习中与时俱进

"吾生也有涯，而知也无涯。""路漫漫其修远兮，吾将上下而求索"。古人所说的话，可以用来概括终身学习的理念。我们只有把学习和生活融为一体，使学习成为自身发展的必然需要，在学习中不断进步，才能从一个台阶迈上另一个台阶，才能从平凡走向卓越。

人生是一个成长的过程，也是一个不断学习的过程。人犹如一件艺术品，需要经过精心雕刻，才能有身价，才能永远保值。

有一次，著名演讲家丹尼·考克斯在美国南卡罗莱纳州的一家公司的总部做客。当他和公司的副总裁一起参观公司时，看见写在墙上的一句格言。那位副总裁告诉他，几年前公司的经营十分保守，现在公司已经从衰落走向复苏了，这句话就是成功经验的总结。

是什么话对于这家公司具有这么大的作用呢？这就是我们经常说的"学无止境"四个字。

皮尔博士在86岁高龄时还在不断学习，他经常说的一句话就是："当我躺下面对死亡的时候，才是我停止学习的时候！"

每一个人在一生中都会经历无数次改变，既有生活的改变，也有工作的改变。只有那些不断提升自己、塑造自己的人才能适应种种变化，才不会被生活抛弃，才会迅速地成长。

人类社会发展到今天，正在由工业经济时代向知识经济时代过渡。这种

身价,这样提高……
SHENJIA ZHEYANG TIGAO

变化将给人们的生活方式、思维方式、工作方式带来剧烈而深刻的变革。

知识经济既是一种新的经济形态,又是一个新的世纪。

当知识经济形态出现和发展的时候,它将会使整个经济乃至整个社会具有新的特征,把世界带入一个新的时代。说知识经济时代,是就全球范围而言。16世纪,当英国等少数欧洲国家开始产业革命的时候,世界其他地方还停留在封建农业经济时代,这些国家工业革命成功,即标志着世界进入了工业经济时代。今天,也将是这样一个局面,少数先进国家的知识经济形态率先成为其经济主导,这就标志着世界进入了知识经济时代。预计全世界将在21世纪的下半叶全面进入知识经济时代。

在知识经济时代,最大的挑战莫过于对人的能力的挑战,而人的能力又主要取决于人的知识及知识转化为能力的程度。要想成为知识经济时代的弄潮儿或者领跑者,必须有相关的知识做后盾。

由于"知识"概念的扩展,使得学习的环境、目的、方式、内容等都比传统概念大大扩展了。

例如,在知识经济时代,不懂外语的人就很难适应时代的要求,很难走向卓越。一些富有战略眼光的企业家已率先在这方面向自己的员工提出了明确要求。比如,日本大企业伊藤忠商社从1978年开始,要求其全体员工都要在4年之内通过一定级别的外语考试,并逐步达到能用外语会话交流、撰写文章。松下电器和丰田汽车公司分别从1993年、1995年开始,公司不再设翻译,要求全体职工无一例外地具有独立地与外国人打交道的能力。

在这种新形势下,一个人不学习就有被淘汰的危险。如今,人们学习的目的已不再仅仅是短期的功利或长期的悟道,而是边干边学,就是我们经常说的"活到老,学到老"。下面就是一个很好的例子。

> 黄宗汉做过宣传工作,担任过北京东风电视机厂厂长等职。离休后,他致力于中华民族先进文化的研究与开发,搞起了大观园,先后策划了两部大型电视剧,而且受到了广泛好评。
>
> 黄宗汉老骥伏枥,壮心不已,64岁开始攻读硕士学位,他写的硕士论文《孙中山第二次到北京》,引起海外学者的高度重视,并应邀到美国讲学。2003年,已经73岁高龄的他开始攻读博士学位,成为目前为止中国年龄最大的博士生。
>
> 黄宗汉说:"学海无涯,我要活到老,学到老,奋斗到老!"

作为年轻人,你应该在迎接知识经济时代的挑战的同时抓住这个机遇,发展自己，重新塑造自己，使自己跟上时代的节拍。从现在起横下一条心，确定一个远大的目标，通过不断学习，塑造一个完善的新的自我。

《伊索寓言》中有这样一个故事：

狐狸和豹相互比美，豹一味地夸耀自己的皮毛五彩斑斓。

狐狸回答说："我可比你美多了！我不仅着意修饰外表，而且注重美化心灵。"

这则寓言的寓意就是与其修饰形体，不如注重精神，而精神修养在于学习。

现在这个社会，许多人有这样一种感觉：那就是形式大于内容，是一个包装的时代。商品注重包装了，人也开始包装自己，很多人都像寓言中的豹一样，只注重外在包装，却不善于去美化自己的内心和精神。

事实上，随着时代的进步，人类的文明程度越来越高，市场经济的发展，知识经济时代的要求，要求人们不仅要包装自己的外形，更要充实自己的内在。只有如此，才能被社会所认可，也才有走向成功的可能。

树根理论告诉我们，如果将一个人比作一棵大树，物质食粮和精神食粮就是大树的根，也就是人的生命之根。生命之树常青，全在于根系的发达。而根系的发达就要靠我们提供的养料，以供给枝干和繁茂的枝叶生长。而现代社会，人们的物质食粮基本上是充足的，缺乏的是精神食粮。

如今，如果你不能与时俱进，不能不断地通过勤奋学习充实自己，提高自己的能力，那你很可能从一个"人才"变成企业乃至社会的包袱。人才其实是一个动态的概念，它不是一成不变的，不是永恒的。它需要不断地学习，不断地发展，只有学习能力不断地加强，不断地提高，才能保证人才的真实能力和水平，这样的人才才是适应时代需求的人才，才是真正意义上的人才。

在这个充满竞争的社会中，谁的学习能力强，谁就能在同等条件下赶在竞争对手前面，成为真正的赢家。

在市场经济的洪流中，在知识经济的呼唤中，人们必须通过学习重塑自己，增长知识，增强能力，才能充实自己，使自己具有更高的身价，迎接各种挑战。要多读书，一边读书，一边思考，让自己的大脑活跃起来。这里读的书包括很多，不是简单的专业知识、技术技能的书籍，而是多方面的书籍，其中包括一些文学作品，因为文学作品是一种让人变得高雅、变得充实、变得聪明、变得有情趣的精神食粮。也可以通过学习前人的经验来充实自己，先学习前人，而后发展前人。

要主动学习、学以致用。毛泽东同志说过："读书是学习，使用也是学习，而且是更重要的学习。"

同时，读书学习可以使人在思想上保持高尚的境界。人总是要有点儿精神的，精神境界不是天生的，而是在学习和实践中培养和塑造的。一个人通

过不断地学习，知识多了，本领就会增大，精神境界就会提高，就可以达到全方位提升自己的目的，成功的机会就越大。

把学习作为人生的第一需要

有些人走出学校投身社会后，往往不再重视学习，似乎头脑里面装下的知识已经够多了，再学会胀破脑袋。殊不知，学校里学到的只是一些基础知识，知识数量也十分有限，离实际需要还差得很远。

我们生活在21世纪，新世纪是知识经济世纪，知识不仅成为财富和资本，更是人们谋求生存和发展的最佳手段。在知识经济世纪，知识的老化、更新迅猛异常，如果不继续学习，我们就无法取得生活和工作的主动权，无法使自己适应急速变化的时代，不能搞好本职工作，就有被淘汰的危险。所以我们要时刻不忘学习，把学习作为人生的第一需要。

在科学技术飞速发展的21世纪，人们必须适应时代的变化，市场的要求，通过不断的学习提高自己的综合素质和工作技能。

据美国国家研究委员会调查，如今半数的劳工技能在1至5年内就会变得一无所用，而以前这种技能的淘汰期为7至14年。特别是在工程界，毕业10年后原先所学知识还能派上用场的不足1/4。

因此，学习已变成随时随地，已成为人生的第一需要。美国人认为：年轻时究竟懂得多少并不重要，只要懂得学习，就会获得足够的知识。

于是，企业里的上班族已成为学习市场上成长最快的人群。早在1992年，全美企业员工中仅接受企业正式拨款学习的人数就增加了400万，平均每人每年可以享有31.5小时学习课程，全美企业员工的总学习时间增加了1.26亿小时，相当于25万名全日制大学生的学习时间。换句话说，大约要建好几十所和哈佛大学规模相当的新大学，才能满足企业员工的学习需要。

目前，美国已有数十家知名企业成立了自己的大学。员工通过学习产生的效益也日趋明显。在摩托罗拉公司，企业每花1美元投资在学习上，就可以连续3年提高30美元的生产力。

"用学习创造利润"——这已被管理学界和企业界公认为当今和未来"赢"的策略。

一个人在学校里受到的教育仅仅是一个开端，其价值主要在于训练思维，并使其适应以后的学习和应用。一般来说，别人传授给我们的知识远不如通过自己的勤奋和坚韧所得的知识那么深刻、久远。靠自学得来的知识将成为一笔完全属于自己的财富，它更为活泼生动，持久不衰，永驻心田，这是仅靠被动接受别人的教诲所无法企及的。这种自学方式不仅需要个人的才能，更能培养个人的才能。能够更好地将知识转化成为才能。

学无止境，心理上千万不可有自满的想法，努力学习才是成功者的必由之路。

求知是积累优势走向成功的第一步。有成就的人往往更爱学习，因为这可以助长他们的优势。

> 相信这个世界上，再没有人比亨利·布莱顿更忙碌的了。
>
> 亨利·布莱顿这个大忙人虽然现在年仅30出头，但却已经是美国SERVO公司的总经理，为当今美国顶尖的弹道导弹专家之一。
>
> 虽然已身居要职，布莱顿依然勤学不辍，一天辛勤工作完后，晚上他还上夜校继续进修。
>
> 他选择的科目是素描。
>
> 为什么他要去学素描呢？针对这点，亨利的回答非常令人感动："因为素描可有效地将我的创意说明白，让我底下的技术人员知道。"
>
> 虽然他现在已功成名就，但他认为这并非人生努力的终点，地球一直在转，时代不断地进步，若想跟上时代，就应该不断努力学习。
>
> 因此，他利用晚上的空闲时间学习打字、雷达技术、西班牙语、管理学、演讲术等，凡是对他的经营有帮助的他都学。
>
> 事实上，他也真的能学以致用，并且收到了很好的效果。

一个真正成功的人，即使每天工作再多再累，他也绝不埋怨，并且还能腾出时间继续进修。

为何亨利·布莱顿如此热衷于自我深造呢？其实，像他这类顶尖的人才多半都了解这个事实——人生是短暂的，每天能让自己思考的时间非常有限。因此，凡是能供自己思考的时间，他们是一分一秒都不愿浪费，并且设法最有效地利用，因为他们都希望能在自己的工作上或专业范围内取得最大的成功。

的确，唯有努力才能使人成功，一次成功并非终点，必须为获得下一次成功而再接再厉。

从古至今，凡是有大成就者都不肯满足于现状，都是把学习作为人生的第一需要，不断为更美好的明天做准备。

你不妨利用业余时间去学一些对工作及提高工作效率有益的知识。

有效地利用目前可供自己自由思考的时间，可促使你将来的成功。这是投资，也是保险。

第四章 以博学提高你的身价

不论你从事何种职业，工作时间全部加起来最多也只占一个星期里的一半的时间（一般企业、机关每天工作时间为8小时，一个星期上40小时的班，为一周总共时数的1/3还不到），请问剩下的时间你都在做些什么？

这些时间包括一天工作结束后的闲暇时间及至少一到两天休假的时间，这些时间都是属于自己的自由时间。

现在，闲暇时间是有了，但问题是，你该如何有效地利用这些时间。

你不妨扪心自问是否珍惜这宝贵的时间？譬如，特地挪出一些享乐的时间或利用每天上下班坐公交车的时间阅读一些与专业知识有关的书籍，或将这些时间用来思考如何度过一个有意义的周末。

这并非在限制你该怎么想，最主要的是想让你明白：不能将宝贵的时间浪费在玩乐上。

你应该审慎地去思考一些有意义的事，比如如何利用时间创造将来。

亨利·布莱斯顿曾说："人类拥有头脑。如此神奇的东西，如果用来浪费在一些无聊事上，岂不太可惜了！"

如果你想创造美好的明天，就应将自己能自由使用的时间投注在增加自己的工作效率等有实际价值的事上。

你可利用闲暇时间学习一些新知识，然后用来引发深藏在心灵深处仅属于自己的原始创意。将来有机会的话，这些创意都将成为你的优势，成为你走向成功的有利的工具。所以，知识永远不嫌多，你储备的知识越多，你便离成功越近。

用读书调整好心理

心理空虚，是指一个人的精神世界处于空白，没有信仰、没有寄托、百无聊赖，如同行尸走肉。精神空虚是一种社会病，它的存在极为普遍。当社会失去精神支柱时，或者社会价值多元化导致某些人无所适从时，或者个人价值被抹杀时，都极易出现这种病态心理。精神空虚者往往委靡不振，缺乏社会责任感，妨碍社会发展，更有害于自身的发展。

产生心理空虚的社会原因有以下几个方面。

一是精神支柱的消失。精神支柱是一种信仰，是一种积极的心理暗示，能激发人不断进取。然而社会常常并不按照人们心目中想象的轨迹发展，理想的社会模式常常为一些捉摸不定的、难以想象的现实所取代。多元化的价值观往往取代了单一的、固定的价值体系。在这种情形下，原来的精神支柱可能会消失，取而代之的可能是一种无所适从的茫然感。

二是个人价值的抹杀。社会的存在与发展，有赖于群体意识和社会价值，但是群体意识和社会价值又是构建在个人价值的基础之上的。没有个人的自尊、自爱、自信，就不会有社会责任感和对社会作贡献的能力。如果社会不考虑个人价值的存在，或者过多地抹杀个人存在的价值，那么个人就会觉得活着没有什么意思。青少年若受到过于严厉的管教，成年人的成就长期得不到社会的承认，老人得不到子女的赡养，都会导致心理空虚。

三是社会交往的畸变。现实生活中，人们都需要交流沟通与友谊，但交往应是平等的。地位相等、志趣相投者才会有真正的友谊。有些人的经济地位一跃而起，地位的变化使得一些故友之间出现了鸿沟，原先无话不谈的局面已不复存在，新的社交圈正在形成。这时候也容易导致心理空虚。

"有钱的人常常是孤独的。"经济地位高的人，商品意识往往特别强，并极易将这种意识渗透到与别人的交往中去，因而难以与他人建立和维持种种非功利性的比较平等真诚的友谊。他们常常怀疑别人与他们交往的动机不纯，是为了钱而来交朋友。此外，有些人在外界常常是一副强者的形象，他们不愿让外人看到自己也有难处，羞于向人诉苦，只能把烦恼埋在心里，这就会加重所固有的孤独、空虚的心理。

从个人角度来讲，心理空虚的起因有如下几点。

一是自我贬低、缺乏自信。社会上的流浪者、闲杂人员多半属此类。这些人由于在社会上失去地位，得不到社会的承认，便感到精神空虚。

二是错误的认知。有的人将个人价值与社会价值对立起来，只讲个人利益，不尽社会义务，一旦个人要求不能得到满足，就"万念俱灰"。这种情形在青少年与一些涉世不深的人中间较为普遍。

三是无法满足精神的需求。在现代社会中，人们都在努力创造与积攒财富，然而财富与带来的快乐并非成正比。当财富积聚到一定程度后，一些人对金钱则没有了以前的那种新鲜感、快乐感和满足感，甚至会对之产生麻木乃至厌倦。

心理空虚的表现，首先就是失去志向，即缺乏作出决定或根据自己作出的决定去行动的能力。这种病态行为的根源在于精神空虚、情绪紧张、意志薄弱，不能把握事物发展的规律，易受暗示及环境的摆布，并容易染上酗酒、嗜烟、聚赌等不良习气。

其次是否定一切。儿童向青年期转化，便带来了青年人对过去对外界关心的逐渐减弱，而将注意力逐渐转向自己的内部世界。这种向内部世界的转移是由青年内在的性本能萌动所致。青年在这个时期一下子落入了暴力性的不安之中，因而有所谓青年的反抗、蛮横、怠慢、见异思迁、冷漠等心理表现。

他们不但否定外部世界，也否定自己，被称为"孤独的、骚动的青春一族"，行为上自然是"虚无主义"。

再次是富贵病。多见于社会上所谓的"款爷"和"富豪"。由于他们的身份与地位较为显赫，往往会带来一些意想不到的烦恼。为解决这些烦恼，他们就在享乐中寻找刺激，在刺激中寻找欢乐，而这种行为本质上就是一种心理空虚的表现。

还有就是"混日子"。这是很常见的病态行为。所谓"混"就是随大溜，得过且过，不求有功，但求无过。实际上就是无远大理想，对社会不负责任，而自己则坐享其成。这种不思进取的心理自然也是空虚的。

空虚心理的自我调节，主要在于个人意识到生命的价值和意义，树立正确的人生观。而这就需要通过读书学习才能实现。

通过读书学习，能够掌握知识，了解社会发展的规律，正视社会存在。社会的跨地域性、跨时空性，决定了它存在着许多亚文化。主体文化与亚文化构成了社会形态的多元化、复杂化。这就要看主流、看社会发展的方向，绝不能以偏赅全，只看到社会的消极面，而不求上进、委靡不振。应该通过学习，提高思想觉悟，接受并正视现实社会，以克服、消除心理空虚。

通过读书学习，可以了解大量的成功人士的成功事迹，在自己的心中树立榜样，激发起自己面对社会生活的勇气和信心。多读名人传记，以自勉自强；磨炼意志，提高战胜挫折的心理承受能力和把握自己命运的能力。

我们可以积极参与社会实践，学习琴棋书画，陶冶自己的情操，运用音乐来调节自身的情绪和行为。对较严重的精神空虚症可以采用音乐式的自我心理疗法。

老来发愤无须叹晚

晋平公有一天对臣子师旷说："我的年纪大了，已经70岁了，虽然很想求些学问，读些书，但是总觉得太晚了。"

师旷说："'太晚'吗？为什么不把蜡烛点起来呢？"

晋平公说："我和你说正经话。怎么你竟和我开起玩笑来了？"

师旷说："我做臣子，哪里敢和您开玩笑！说实在的，一个人在少年的时候好学，他的时光就像早晨的太阳，辉煌而灿烂；壮年时候好学，就像正午的太阳，还有半天的好时光；到了老年时学习，就像点燃蜡烛的烛光而已。蜡烛的烛光虽然不见得怎样明亮，但是有了它，总比在黑暗中摸索要好些吧！"

作为2000多年前的师旷就认识了老年人学习的重要性，在科学技术高度发达的现在，老年人学习就更重要了。随着人类平均寿命的增长和实施人口控制，在人口结构中，老年人的比例将会越来越高。例如，在美国，20世纪初，人的平均寿命只有50岁，到了20世纪70年代后期，人的平均寿命增到70岁以上。日本人的年龄也从战后平均寿命的60岁增到70多岁。据国外未来学家预测，未来将会是一个老年化的社会。将来人的寿命还可能延长至100多岁。所以国际上兴起了老年人才设计。所谓老年人才设计，就是从老年人的生理特点出发，结合他们的经验与专长，根据社会的需要来重新加以训练或培养，以有利于社会。例如在美国，55岁以上仍在受高等教育的老年人数仍以百万计，其中有一位72岁老年妇女获得学位，当上了一位律师助理，还有一位93岁的老年人正在学习法语，准备进入巴黎大学文理学院。在日本兵库县加古川市，于1969年设立了一个名叫"印南野学园"的日本第一家老人大学。这家大学规定的入学年龄是60岁以上，平均年龄是74岁，最年长者是84岁。

人生的事业开始得有早有晚。事业开始得早，青少年时代就起步，早早地学业有成，这固然可喜；在中老年时才开始起步，也同样是珍贵的。

学习语言，在37岁的年龄可能是比较晚了，尤其是外国人士学习艰难的古汉语。然而英国科学家李约瑟却证明，这并不算晚。李约瑟是英国皇家学会会员，在生物化学领域取得了重要成就。在他37岁那年，3个中国研究生跟他学习生物化学，告诉他中国古代有巨大的科学成就，舍此则一切科学史都将是不完整的。李约瑟沉思良久，开始了人生新的长征。学写汉字，学说汉语，一字一字地啃古汉语。终于，他成为一个中国通。他在54岁那年出版了《中国科技史》第一卷，到他90岁时已出了15卷。如果没有37岁的那个不早的开始，他就不可能在这个领域独领风骚。老年失偶的李约瑟于1989年与在共同研究中国科技史中结下了深厚情谊的鲁桂珍在教堂里结婚，这一年他90岁。他说："两个80开外的老人站在一起，或许看上去有点儿滑稽。但是我的座右铭是'就是迟了，也比不做强'。"

身患绝症，来日无多，似乎一切都已经晚了。延续生命、与疾病抗争，已经是比较积极的心态了。但是，日本哲学家中江兆民一

生中最重要的事业却是在得悉身患癌症之后开始的。1900年，在他53岁的那年，医生发现他患了喉头癌，只能活1年半。时间不多了，没有时间担忧，他开始动笔写一生中最重要的著作《一年有半》，完成后又紧接着写另一部著作《续一年有半》。这两部著作成为日本明治维新年代最有影响的著作之一。书成之日，他长吁了一口气，对朋友们说："1年半，诸君说是短促，我则说极为悠长。若须说短，10年亦短，50年亦短，百年亦短。"如果没有1年半前的勇敢开始，就不会有这种光辉的结束。

然而不少人总是对自己说，现在晚了，这辈子只能算了。他们总是不肯开始行动。许多本来能够实现的理想，都是在"算了算了"的自我叹息中烟消云散。

西方有一句谚语说："人的生活在40岁才开始。"是否学有成就，年龄不是决定因素，而是要取决于事业心和志气。活到老，学到老，不断进取，才能书写辉煌的人生。如果你真的开始行动了，即使晚了，再晚的开始也比"算了"强。迟开的花也能结果，而且常常结出更加珍贵的果实。

善于开辟学习的途径

学习知识要善于开辟学习的途径。每一门知识，都可以通过不同的途径去掌握它。一切知识渊博的人，都非常重视利用各种途径来丰富自己的知识。

大千世界无比广阔，学习途径千条万条，知识的大门永远是为善学者敞开的。

学习的途径主要有以下几条。

（1）参加学习班听课

参加学习班（包括入校学习）是学习的主要途径之一。在当今时代，绝大部分成功者都是经历了这条途径攀上知识高峰的。参加学习班的长处是，学习者可以全面地、系统地掌握某门学科的知识，这是因为讲课的老师一般受过正规训练，他们比较熟悉本学科的基本原理和基本知识，熟悉本学科当前的发展动态，因而能够在较短的时间内帮助学习者掌握该学科的基本轮廓、基本原理和重点、难点，使艰深的内容一目了然，并在一些重要问题上起"画龙点睛"的作用。这比学习者自己去摸索知识要少走许多弯路。所以，参加学习班能保证学习的系统性和科学性。

听课时要注意针对性。老师讲课是根据课本和全体学生普遍存在的问题讲解的。每一个学习者由于知识和智力水平的差异,对老师讲课的理解程度就会不同,因此应根据自己的具体情况因人而异地听课。这样,我们可以主动地把"老师讲、学生听"的满堂灌的局面,变为老师根据学生普遍存在的重点、难点讲课;学生根据自己的特殊重点和难点听课,使听课更有针对性。这种针对性包括解决自己在预习中提出的问题,看看自己的思路和老师的思路的区别在哪里,自己的思维方法和老师的思维方法区别在哪里,取老师之长,补自己之短。

(2) 广泛阅读途径

阅读途径是学习知识的又一重要途径。一般来说,听课途径主要用在人生的某一阶段,即求学阶段。而伴随人一辈子的学习途径则是以阅读途径为主。学习者在阅读途径上探索知识的时间,比听课途径更长久、更艰难。在当今"知识爆炸"时代,从听课途径学来的知识,即求学阶段学来的知识,仅仅是为专业入门打下一个基础。出学校门后,这些知识很快就会老化,尤其有些是理工科知识,不出几年就老化得不再能用。大量的新知识,必须依靠阅读途径去获得。如果我们在听课途径中培养了基本的思维能力、分析能力和解决问题的能力,那么阅读途径则更能培养人的学习能力和发明创造能力。事业上取得重大成就的人,大多是孜孜不倦地学习的人,阅读是他们获取知识最多的途径。

> 在一次英语讲座中,一位听者问讲演者:"现在,《疯狂英语》杂志在各高校相当流行,你能谈谈对《疯狂英语》的看法吗?"讲演者笑着答道:"《疯狂英语》我也看过,我并不想具体地评论这本书的优缺点,但是我想问问大家,你们买回了《疯狂英语》自己本身就疯狂起来了吗?不,还是靠你们自己先疯狂起来,疯狂地去学它;这样你们才能有一定的收效。如果你们在学习英语时能投入一股疯狂的劲,用什么书你们都一样能学好。所以说来说去,归根结底还是得靠你们自己。"
>
> 听完这段话以后,观众报以热烈的掌声。其实,这是一个很简单的道理,可人们似乎老是想不通,至此才恍然大悟——一本书本身的作用是次要的,更重要的是人们自己。

对于一本书的理解,古人早有明见:仁者见仁,智者见智。如何使用书中

的知识更是全在自己,因此,一本书真正能否起到它的作用,关键还在于人们自己。

(3) 求师途径

古人说:"古之学者必有师。""名师出高徒。"求师途径是最适合自学者加速学习步伐的途径。

著名科学家麦克斯韦在15岁时,读书无系统,求学不懂循序渐进。杰出的数学家霍普金斯发现了他的弱点,语重心长地说:"如果没有秩序,你永远成不了优秀的数学家。"经霍普金斯教授的指点,麦克斯韦很快就改进了学习方法,不到3年,他就成了青年数学家。

求师途径是听课途径和阅读途径所不能代替的。天下学者各有学术高见,各有一套严谨的治学方法,这都是书本上读不到的,是在集体授课制的课堂上听不到的,只有拜他们为师,和他们具体接触才能亲身感受到、学到。

(4) 交谈途径

"三人行,必有我师。"要利用好交谈途径来学习,就要敢于"不耻下问"、"乐于旁问"。

后汉的荀淑是一个有名的学者。一次,他在旅途中遇到了黄宪,当时的黄宪只有14岁,既无名望又无地位,但荀淑从他的谈吐中感到他很有学问,于是就毕恭毕敬地向他请教,谈了整整一天还舍不得离开。荀淑恳切地对黄宪说:"你是我的老师。"

(5) 电教途径

使用记录、储存、传输和调节教育信息的电气声光教育技术媒体进行的教育,就叫电化教育。尤其在网络化的今天,电化教育是提高学习效率的一条重要途径。电教手段对于丰富教学内容,扩大求学者眼界,引起求学者对学习科学、探索自然奥秘的兴趣,增进思考力、想象力和创造力,都是很有好处的。

掌握良好的自学方法

自学能力是人们获取知识并取得成功的最基本、最重要的一种能力。任何人要想成功，都离不开自学，这是已经成功者的经验。

从成功者的经历来看，他们的自学方式主要有两种。

一是结合本职工作自学。它能使人产生一种责任感和使命感，还能使人产生一种紧迫感和危机感。责任感和使命感是自学的内部动力，而紧迫感和危机感则是自学的外部动力。结合本职工作自学容易收到效果，容易增强信心，也容易成为一种学习的特殊动力。

二是结合兴趣爱好自学。在新的社会环境中，新知识、新技术层出不穷，如果一个人的自学目标能和个人爱好兴趣有机地结合起来，就可以充分发挥个人的主观能动性，从而比较容易走上成功的道路。兴趣与注意力是一对孪生兄弟，而且深厚的兴趣极易转化为高度持久的注意力，并逐步成为一种取之不尽、用之不竭的学习动力。

武振海是一个善于自学的成功青年。

武振海酷爱读书，在紧张的商业活动之余，他抓紧一切时间自学，学习了《西方经济学》《市场营销学》《企业经营管理学》等工商管理类教材，大大开阔了自己的视野。

在经过了几年的企业经营与商务活动后，他感觉到自己还缺乏做一个最好的企业家或经商者所需要的丰富的知识，需要通过博览群书来丰富自己的头脑，扩大知识面，提高自己的文化层次与应变能力。

在广泛的阅读中，他扩展了知识面，帮助他在以后经商与办实业时，从各种社会与经济文化的角度去思考与处理问题。他有了丰富的知识，在对外交往和业务谈判中，能根据不同的对象选择双方都能谈得来的话题。他可以与谈判对手随意地聊体育方面的问题，也能与对手谈论著名的旅游点与旅游新动态，可以如数家珍地向对手介绍名胜古迹的种种掌故，就是一些电器、钢材等商品，他也能很轻易地把它们的型号、品种、性能、用途等说出来，像一个地道的专家。通过自学，武振海已经具备了一个大企业家所应具备的素质，为他事业的成功打下了坚实的基础。

在人的一生中,在学校学习的时间毕竟是短暂的,而绝大部分时间要靠坚持不懈地刻苦自学,不断地积累和更新知识。

知识是人类世世代代文明的结晶,是人走向成功阶梯。谁想增长才能,谁想认识社会,谁想了解为人之道,谁想在社会中建立起自己的优势,谁就应当和书本交朋友。读书还有助于掌握信息,开阔视野,扩展心胸。现代社会飞跃发展,知识成为人们谋求财富、谋求生存的最重要的工具。谁甘心不读书、不学习而被时代抛下呢?那么,如何提高自己的知识修养,用什么方法进行自学,充实自己的知识仓库呢?

(1) 养成爱读书、善读书的好习惯

书是不说话的家庭教师,它会时时处处陪伴人们,使人们一辈子过丰富而充实的精神生活。

英国哲学家培根说:"读书足以怡情,足以博采,足以长才……读史使人明智,读诗使人灵秀,数学使人周密,科学使人深刻,伦理学使人庄重,逻辑修辞学使人善辩。凡有所学,皆成性格。"读书的好处怎样形容也不过分。

读书要讲究实效,不要搞形式主义。读书时应适当地做些笔记,既可加深记忆,又备日后经常翻阅,以便"温故而知新",不断巩固学过的知识。

(2) 结合本职工作,根据个人特长进行学习

学习好比行舟,没有目标,小船在大海中随波逐流,很难顺利地到达理想的彼岸。

每个人都应结合自己的本职工作选择学习的内容,以便"学以致用"。有些人强调自己的兴趣、爱好,当厨师的不肯钻研烹饪技术,却想写小说。这显然是不务正业。

其实,兴趣不是天生的、固定不变的,它是经过长期的社会影响、教育或训练的结果。这就是心理学家所说的"可塑性"。正因为有这种可塑性,所以兴趣既可以培养,又可以改变。尽管对自己的本职工作原来兴趣不大,但只要你热爱本职工作,富有钻研精神,就完全可以在工作、学习的实践中逐步培养出对本职工作的兴趣,并且自学成才,增强自己的优势,收获成功的人生。

第五章　靠人气提高你的身价

成功源于好的人际关系

美国励志大师戴尔·卡耐基说："我们应该重视友情，让友谊之花在自己的生命中绽放。"他认为，人际关系是成功的最重要的因素。一个人事业的成功，只有15%是由于他的专业技术，另外的85%要靠人际关系、处世技巧。

广泛地与人交往是机遇的源泉。交往越广泛，遇到机遇的概率就越高。许多的机遇是在与朋友的交往中出现的，有时甚至是在漫不经心的时候，朋友的一句话、朋友的捎带手、朋友的关心都可能化作难得的机遇。在很多情况下，就是靠朋友的推荐、朋友提供的信息和其他多方面的帮助，人们才获得了难得的机遇。

每一个成功者的背后都有另外的成功者。没有人是自己一个人达到事业的顶峰的，假如你决心成为出类拔萃的人，千万不能忽视人际关系。

身边连一个知心的朋友都没有的人，他的事业也很难取得成功。卡耐基对友谊的感受是非常深刻的，同时他对朋友投入了自己的真诚。卡耐基事业的成功当然首先得归功于他自己艰苦不懈的努力，但也不能否认他的朋友给予的支持与帮助。

在卡耐基的生活中，有三位极其重要的真挚的朋友，他们是赫蒙·克洛依、法兰克·贝格尔、罗威尔·汤姆斯。

赫蒙·克洛依是来自卡耐基故乡的作家，曾做过记者、编辑。自从他们在一次外出度假时偶然相识后，便结成了终身的挚友。他们经常一起出去游泳，或是去一家酒吧里喝酒聊天。克洛依对许多问题都有独到的见解，和他在一起，总能激起卡耐基的写作欲。在卡耐基的畅销书创作生涯中，克洛依的帮助和支持功不可没。

当卡耐基的第一本著作《影响力的本质》出版时，他在书的扉页上写下了这样一段话赠给克洛依："以我最高的名誉，献给我最尊敬的，我的重要的、诚实的朋友。"

与卡耐基结成挚友的人当中，有些人早已有所成就，而有些人则是他曾教过的学生。法兰克·贝格尔就是其中的一位。

法兰克·贝格尔曾当过棒球队的垒手，后又当了一位保险推销员。在工作遇到困难的时候，他报名参加了卡耐基的课程。从卡耐基的课程结业后，他的事业开始蒸蒸日上、行销利润连连上升，很快就成为保险业的一名巨子。就这样，法兰克·贝格尔成了一个成功的典型，也成了卡耐基家里的一个常客。

后来，这对绝佳的搭档还展开了一次洲际旅行演说，并获得了空前的成功。人们从法兰克·贝格尔身上看到了从一无所有到拥有财富的希望，同时对卡耐基的课程也更加寄予厚望。法兰克·贝格尔在其所写的畅销书《我如何在行销中反败为胜》中，将自己的成功归功于卡耐基的课程，这无疑是对卡耐基最好的帮助。

卡耐基和他的第三位挚友罗威尔·汤姆斯的友谊出现在两人事业的困难时期，可谓是一对患难之交。他们积极参与对方的事业，互相帮助，共同发展。当罗威尔·汤姆斯主持由著名杂志《读者文摘》赞助的星期电台节目时，他邀请卡耐基为他准备讲稿。卡耐基的畅销书《影响力的本质》第一版的绪论就是由汤姆斯撰写的，汤姆斯的签名还经常出现在卡耐基的广告上。

当然，卡耐基的朋友绝不止这里提到的三位，但我们可以从中看出他们对待友谊的真诚和执著。许多人都有过这样的感受，当面对人生的某个关口，需作出选择和决断时，朋友的一句话往往就能使人坚定信心，起到重要的作用。所以，每一个想获得成功的朋友，千万别忽略友谊的力量。

通晓人情世故，万事成功皆有路

由于各自的人生经历和生活阅历存在诸多的差异，人们对人情概念的理解也各有不同。《现代汉语词典》把"人情"解释为人的感情、情面、恩惠、情谊、礼节应酬等习俗、礼物等。

由此可见，所谓"人情"，大体包括两方面含义：一是"七情六欲"之情，即人的心理感情；二是"应酬人情"之情，具体说，便是人与人之间的恩惠、好处、人情世故。在实际生活当中，这两者常有交叉、重叠，很难作出条分缕析、泾渭分明的剥离和区别。

我们还可以从中国古代典籍中追溯一下"人情"概念的由来。综合检索历朝文献,"人情"由古至今经历三种变化,分别以上古、中古、近代为界,前后各不相同。

在魏晋之前,人情是指人的感情。譬如,《礼记·礼运》:"何为人情?喜、怒、哀、惧、爱、恶、欲,七者弗学而能。"宋代小说《太平广记·彭祖》:"然此等虽有不死之寿,去人情,远荣乐,有若雀化为蛤,雉化为蜃,失其本真,更守异气。"此处所谓"人情"乃人之常情。

到了唐宋,人情主要是指民心、局势、世情。比如,明代洪武元年所编《元史·张起岩》:"起岩奋谓同列曰:'方今嗣君未立,人情危疑,不亟诛此人,以杜奸谋,虑妨大计。'"此处"人情"则是民情、局势,与上述人之常"情"又不同。民国初年,柯劭忞主编《清史稿》,在《志八十三·文科武科》中依然有"王道本乎人情"的说法,依然指民心、常情。可以肯定,这是"人情"的传统书面语含义,也就是中古史以前的含义。

至清朝,小说资料反映"人情"进入日常生活的主流。譬如,清初小说《儒林外史》大量出现"人情"说法,全书有五回说到人情。最典型者莫如第二十七回说到"份子钱":"归姑爷也来行人情,出份子",基本是今日凑份子习俗的雏形。凑份子习俗,当时就已成型。清朝中叶以后,人情就开始从市井渗透上层社会。譬如,曹雪芹著《红楼梦》第五十五回"辱亲女愚妾争闲气 欺幼主刁奴蓄险心":"探春早已拭去泪痕,忙说道:'……你主子真个倒巧,叫我开了例,他做好人,拿着太太不心疼的钱,乐的做人情。'"又譬如,第四回"薄命女偏逢薄命郎 葫芦僧乱判葫芦案":"老爷何不顺水行舟,作个整人情,将此案了结,日后也好去见贾府王府。"很显然,类似今日的人情概念以及背后的惯例制度已进入上流社会,而不再局限于市井百姓。

这种人情在民间社会主流话语中被注入了新含义——一种囊括了情义、社会地位和利益交易的载体。这个现象标志着一种特殊的交易制度逐渐形成,它在人类历史上有特殊意义。

有人的地方就有人情,有交往就有人情在。人情表现在各个方面,其表现形式也是各种各样。救助、赞助、提携、帮忙、支援、通融、关照、特许等,都是人群体相处所表现的人之常情。

现代社会中人情最常见的表现形式是礼物。做人情大多要送礼。钱或物,皆可入"礼"。"礼",最低限度上必须是有意义物品,其意义可务虚,也可务实。务虚诉求精神价值,譬如纪念品或个人嗜好,务实涉及钱财,其中暗含邀约,欲托人办事。至于称"礼"而不称其他,从"礼"字可推测其来源于西周古礼制度。在上古年代,"礼"是宏大涵盖一切的制度平台,超过现在宪法,是法律、伦理、宗教三者的总和。关系网将托人办事称作"送礼",暗示一定规范,

而非彻头彻尾的商品交易。

由此看来,"人情"是一个内容丰富、外延宽泛的大概念。无论哪一种含义,人之常情也好,情面、恩惠也好,礼物也好,都可以概括为:人情决定事情。试想,你办事如果有悖人之常情,人家都喜欢的东西你偏偏厌恶,那你的厌恶有用吗?众人又怎么能不把你当异类对待?如果你对别人不讲究情面、恩惠,别人又如何对你讲究情面、恩惠?有道是"爱出者爱返";如果别人为你办事,你不讲情谊,不用钱物表达谢意,只用空话打发人家,人家心理如何平衡,下次又如何求人家办事?如果你所做的事不符合社会局势,你又怎么会有成功的环境?

人情决定事情。人情的深度和厚度决定了办事的力度和程度。

明白了人情的含义,你就懂得了人情世故,你就会因此而成为一个具有人情味的人;明白了人情的含义,你就懂得人情是大道理,你就会高度重视人情,认真打理人情,悉心维护人情,全面盘点人情,并依靠人情这个武器打通社会的各个关节,成为八面玲珑、纵横捭阖的办事高手。正所谓,通晓人情,万事可成。

培育好的人际关系

每一个人都生活在一定的社会群体之中,而人际关系就成了个人与社会交往的一种纽带。可是人际关系并不是一日之间可以建立起来的,它需要人们去长期经营。之所以会如此,是因为好的人际关系需要时间来了解,再从了解到信赖,而这个过程短则一年半载,长则七八年,甚至一二十年!三两天就"一拍即合"的人际关系往往是利益上的关系,基础很脆弱,这并不是好的人际关系,这种人际关系带给人的有时甚至是毁灭性的打击。

所以,你要的应该是一种经得起考验的人际关系,而不是速成的人际关系。要有一种好的、经得起考验的人际关系,就要精心地"播种"与培育,就像农夫在田里播种一样。之所以这样说,是出于以下几种原因。

要长成一棵果树,必须先有种子,"播种"是"长出一棵果树"的必要条件。虽然有些种子播下后会腐烂,不发芽,但不播种,就绝不会有果树长出来。人际关系也是如此,你的用心是人际关系的必要条件,虽然不一定会有好的回应,但没有用心,就不能建立人际关系。虽然也有人主动和你建立关系,但也要你作出回应,这样关系才会持续不去。你若冷淡以对,他还会来找你吗?

有些种子会在节气到时就发芽,但有些却不,像有些干燥的地方,种子可以在土里深埋十数年,等雨水一来就迅速发芽。人际关系也是如此,你的用心有时很快就会从对方得到回馈，但有时却不一定如此。至于什么时候才能得到别人的"回馈"，你不必花心思去期待，反正你已种下了一粒种子，"机缘"一到，它自然会发出芽来。而这发芽的时间，有可能是在你40岁时、50岁时，甚至一辈子都没发出芽来，但总是有希望的。

种子发芽后，你得小心勤快地灌溉、除草、施肥，它才会长成大树，开花结果。人际关系也是如此，你也必须以热心、善心来经营它，尤其不可"揠苗助长"，急于收获果实，这样只会破坏你的人际关系。而最糟糕的是，这种"揠苗助长"的作风会在同行间散播出去，成为你的负债。

播的种子越多，发的芽也越多，经过一段时间后，必定大片成林，那时收获的果实将令你感到欣慰。人际关系也是如此，年轻时用的心多，交的朋友当然多，纵然有一些"不发芽"的，但长时间累积下来，你的朋友还是很多，那时这种人际关系就是你的果树林，而你必然能享受这些甜美的果实。

想想你现在，到底多大年纪了？人际关系又如何？不必急，只要你精心"播种"，而且越早播种越好，那剩下的事就是等着收获了。

重视团结协作

卡耐基指出，成功者的道路虽然有千条万条，但总有一些共同之处：团结协作是许多成功人士的共同特性。

合作是一件快乐的事情，有些事情人们只有互相合作才能做成，不合作他不能得到，你也不能得到。美国加利福尼亚大学副教授查尔斯·卡费尔德对美国1500名取得了杰出成就的人物进行了调查和研究，发现这些有杰出成就者有一些共同的特点，其中之一就是与自己而不是与他人竞争。他们更注意的是如何提高自己的能力，而不是考虑怎样击败竞争者。事实上，对竞争者的能力（可能是优势）的担心，往往导致自己击败自己。多数成就优秀者是，按照他们自己的标准去尽力工作。如果他们的眼睛只盯着竞争者，那就不一定取得好成绩。

你在个人生活和职业生活中的成功，取决于你与他人合作得如何。这里的"合作"一词是指在群体环境中普遍发生的社会关系。群体，一般被定义为一起工作以实现共同目标的一群人。群体的成员互相作用，彼此沟通，在群体中扮演不同的角色，并建立群体的同一性。

社会学家指出，群体的成功涉及一系列复杂的思考能力和语言能力，而这些能力是许多人所没有系统掌握或没有完全拥有的。那些在社交方面很成

熟的人，他们极容易适应任何的群体环境，能与许多不同的个体进行友好的交谈，与他人和谐地、富有成效地共事，用清楚的和有说服力的观点影响群体的思考，有效地克服群体的紧张和自我主义，鼓励群体成员守信、创造性地工作，并能使每一个人集中精力，朝着共同的目标前进。就像丹尼尔·戈尔曼在其畅销书《情商》中指出的，这些复杂的思考、沟通和社交技能对于生活中取得成果，常常比传统的智商或职业技能更加重要。你可能对你所熟知的人取得成功感到迷惑不解，因为他们似乎也不是最有知识或最聪明的，他们的成就似乎不是"你所认识的人"所能取得的。正是因为他们具有良好的社交和沟通技能，再加上他们的学识和才智，他们取得了人们所想象不到的成功。不过，他们具有的社交和沟通的技能，许多人通过观察、实践和批判的思考也能够（而且需要）培养出来。

与他人合作比单独工作有许多好处。首先，群体成员具有不同的背景和兴趣，这可以产生多样化的观点。实际上，与他人合作可以产生出任何个人只靠自己所无法具有的创造性的思想。此外，群体成员互相提供帮助和鼓励，每一个人都能贡献出各自独特的技能，团体的一致性和认同感激励着团体成员为实现共同的目标而努力奋斗。这是一种"团队精神"，它能使每一个人最大限度地实现自己的目标。俗语说得好："人多力量大"，"众人拾柴火焰高"。一群人一起工作，如果大家全力以赴，组织有序，就能在有限的时间里取得引人注目的成就。

当然，与别人合作不等于没有原则的迁就。我们经常说世界上没有两片完全相同的树叶。每一个人都是独一无二的，每一个人的特殊的遗传基因的组合，决定了人们有不同的生理条件；出身背景不同，所受的教育不同，人生的经历不同等，决定了每一个人都会拥有自己不同的思想情感、性格气质、思维方式。在一个文明的社会里，只要个人的行为不妨碍社会的健康发展，不妨碍他人的生活，它就有存在的权利，任何人都没有权利予以干预，也不能消除这种差异。因此你不能指望自己得到每一个人的首肯，不能与每一个人都成为知心的朋友，你也不可能喜欢所有的人。你可以不欣赏、不喜欢他；但是你不能轻视他。他只是和你不同而已，你要尊重这种不同。在与别人交往中，你不要一味地迁就别人而丢掉自己的个性。

交际本领比专业本领更重要

如果人们不喜欢你，他们对你可能败事有余，成事不足。

第五章 靠人气提高你的身价

有一天，在飞机场，一位旅客看见一个衣冠楚楚的商人大声地呵斥、责骂搬运员处理行李不当。商人骂得越凶，搬运员越显得若无其事。商人走后，这位旅客称赞搬运员有涵养。搬运员却微笑着说："噢，没关系！你知道吗，那个人是到佛罗里达去的，可是他的行李将会运到密西根去。"

和你共事的人，即使是你的下属，只要受了你的气，都会跟你捣蛋。相反，只要你精于处世之道，则犯了严重错误也没事。许多能力平庸的人员，都能安然地度过公司的人事大变动，原因就在于他们在和人交往时通情达理，讨人喜欢，一旦有错，支持他们的人总会帮他们补过。事实上，犯了一次错之后，如果老板觉得他们以认真负责的态度来处理这次错误，说不定他们的事业反而会更上一层楼。

美国普林斯顿大学曾对1万人的人事档案进行分析，结果发现："专业技术"、"知识"和"经验"只占成功因素的25%，其余75%决定于良好的人际关系。哈佛大学就业指导小组对几千名被解雇的男女进行调查，发现人际关系不好的比不称职的人高出2倍。另一研究报告表明，在美国每年离职的人员中，因人际关系不好而导致无法施展自己所长的占90%。可见，人际关系好坏何等重要。而人际关系的好坏，主要取决于交际本领的高低。

心理学家曾作过一项研究，研究对象均为学术智商很高的科学家，他们之中有的人出类拔萃，有的人成绩平平。研究结果表明：形成这一差别的原因，就在于那些获得大成就的人善于交际，拥有自己的广大的交际网，因而可以随时从各个方面获得自己所需要的信息或数据；而那些成绩平平的人则因不善交际，得不到别人的帮助。另一个有说服力的统计数字是，诺贝尔科学奖金自1901年设立到1972年为止，286名获奖者中有2/3的人是因与别人合作进行研究而获奖的。而且，因协作研究获奖占总获奖数的比例逐渐上升，在诺贝尔奖金设立的头25年为41%，第二个20年跃升至65%，之后又上升为79%。可见，人际合作极为重要，与常人交际很重要，与巨人交际更为重要。

德国诺贝尔心理学和医学奖获得者瓦勃格指出："一个年轻的科学家，一生中最重要的就是跟当代的科学巨人进行个人接触。"

卡耐基有一个基本观点:"一个人的成功,15%取决于专业本领,85%取决于人际关系与处世技巧。"这一观点得到了人们的高度重视和广泛推崇。无数事实证明:一个人的专业本领往往只能给他带来一种机会,而交际本领则可以给你带来百种千种机会;专业本领只能利用自身的能量,而交际本领则可使人利用外界的无限能量。

赢得他人的友谊

在这个世界上,没有什么比真正的友谊可以给我们更多的激励、帮助和快乐的了。古罗马政治家、哲学家西塞罗说过:"如果生活中没有友谊,就像地球上失去了太阳一样。因为太阳是万能的上帝赐予我们的最好礼物,而友谊则可以给我们带来最大的成功。"

对于涉世未深的年轻人来说,没有什么比朋友更重要的了。友谊是我们创业的基础,可以增加我们的信誉,并使我们在成长的每一步获得无私的帮助。在生活中,情趣相投的朋友可以给我们带来快乐;在工作中,志同道合的朋友可以为我们带来机会,它比钱财和学识显得更重要。

要是没有友谊的力量,许多人在没有成功之前就会心灰意冷、一蹶不振,正是在那些平凡无私的朋友的激励和帮助下,他们坚持了下来,直至最后成功。那些取得丰功伟绩,在媒体上得到赞美、在世界各地赢得荣誉的人,很大一部分的功劳是属于自己的亲人和亲密的朋友,没有他们的热心鼓励与无私帮助,其成功是不可想象的。

有些人几乎没有意识到朋友在自己事业成功的道路上曾经起了多么大的作用。他们把所有的功劳都独揽怀中,把荣誉的桂冠戴在自己的头上,大肆吹嘘自己独到的眼光、敏锐的判断力和曾经付出的艰辛劳动。然而,这样直接或间接否定他人给予的帮助,无视他人曾给予的激励和建设性意见,撇开他人给予的扶持和引导,人们就会发现他们的成功将会缩水许多。

美国伊利诺伊州的一位年轻律师经常说:"林肯除了一帮朋友外,一无所有。"确实,林肯的钱袋是空的。但是他拥有友谊这个无价之宝,并在朋友们的大力帮助下很快取得了事业的成功。

鲁迅先生曾说:"人生得一知己足矣,斯世当以同怀视之。"鲁迅与瞿秋白的友谊正是这样的。这样伟大的友谊,还有马克思和恩格斯之间的友谊。

马克思和恩格斯是好朋友,也是事业上的同志。在马克思的著作里渗透着恩格斯的智慧和辛劳,在恩格斯的论著中同样包含着马克思的智慧和辛劳。

他们的著作被人们赞誉为友谊的结晶。

法国工人运动领袖、马克思的女婿保尔·拉法格说："当我们回忆恩格斯的时候，就不能不同时想起马克思；同时，当我们回忆马克思的时候，也就不免会想起恩格斯。他们两人的生活联系得如此紧密，简直是不可分的一个人。"

马克思和恩格斯用他们最真诚、最无私的友谊铸造了他们共同的辉煌，共同创建了马克思主义，为人类作出了巨大的贡献。

友谊对一个人的一生影响极大，所以对朋友的选择一定要慎重。有位哲人说过："友谊可以决定一个人的命运。当年轻人忽视他身边的朋友时，其成功机会就会大打折扣。"我们的性格、作为或多或少会受到朋友的影响。在他们的品质中，不管是高尚的还是卑贱的，我们总是会受到影响；他们的行为、习惯，也总是会潜移默化地影响我们。诚如美国教育学家查理·金斯利所说："如果一个人与谎言家在一起，他就会谎话连篇；如果一个人与嘲弄者在一起，他就总是冷嘲热讽；如果经常与贪婪的人在一起，他就会变成一个吝啬鬼；如果与一个仁爱的人在一起，他也会满怀爱心。"

朋友是有很多种类的。孔子曾说："益者三友，损者三友。友直、友谅、友多闻，益矣；友便辟、友善柔、友便佞，损矣。"简单地说，就是与正直坦率、善解人意、知识渊博的人做朋友，是为益友，而与奉承、心意不正的人做朋友，只会带来损害，是为损友。所以我们择友一定要慎重。其中很重要的一点便是要交坦诚正直的朋友。朋友间互相指正批评，坦诚相待，便会共同进步；若是曲意奉承逢迎，于己于友都无益处。

> 晋人王叔处与祖士言，唐代张籍与韩愈，两对朋友间的坦诚相处，千百年来使人们念念不忘，对今天的我们仍有启迪。
>
> 晋代祖士言是个棋迷，酷爱下棋。当时时局混乱，他"有志不得酬"，心情极其苦闷，于是没日没夜地沉浸在棋局中。他有一个好朋友叫王叔处，屡次在他下棋正高兴时严厉地指责他，甚至毁掉他的棋局，苦口婆心地用"禹惜寸阴"的古训来规劝他。祖士言以无事可做来对答，王叔处又为他出谋划策，说他身处京都，游历四方，文笔又好，完全可以记述历史、告之后人，为后代留下宝贵的资料。在好友的劝诫下，祖士言果真开始披阅文史，为后世留下了历史潮流的痕迹，成就立言于世的大功劳。
>
> 唐代大文学家韩愈也有一个畏友——张籍。他们感情很好，"出则连辔驰，寝则对榻卧。披尽古今书，事事相酌量"。韩愈文名远播，官居显职，趋炎附势的人很多，一片赞美之声，他便免不了"飘飘然"起来。可是张籍却给他大泼冷水，每逢有信给他，总能指出韩愈的

第五章 靠人气提高你的身价

缺点,尤其是韩愈的不谦虚和喜欢赌博的毛病。韩愈在好友的劝诫下,意识到自己的不足,表示诚心悔改,在各方面果然大大进步,连他自己也感叹幸亏有张籍,否则自己定会飘飘然下去,一事无成。

王叔处与祖士言、张籍与韩愈可谓诤友,他们对朋友的规劝,不仅无损于友谊,而且使朋友百尺竿头、更进一步,获益匪浅。

友谊不是一相情愿的事,没有相互帮助、互利互惠,就没有真正的友谊。一个人不可能一毛不拔而把一切尽收囊中,也不会倾己所有而一无所获。在谋利的所谓"友谊"中是体验不到快乐和充实的。

要赢得他人的友谊,我们首先应该培养优秀的品质,能让自己被人钦佩,对别人有足够的吸引力。如果是一个卑鄙、吝啬、自私的人,没有人会赞扬他或愿意与他交朋友。我们必须慷慨和大度,宽宏大量,宽容他人。畏畏缩缩、说话转弯抹角的人,必然遭人鄙视。我们必须正直、坦诚,表现出勇气和胆识。一个懦夫是不会有朋友的。我们必须充满自信,否则,别人也无法信任我们。我们必须满怀激情、乐观向上,因为没有人愿意接近一个悲观主义者。

有人问一位女士,为什么她与性情古怪的人也能友好地相处。她回答说:"这很简单,我所做的只是尽力欣赏他们好的一面,无视他那些不受欢迎的缺点。"是啊,没有比这更好的秘诀能让我们赢得朋友并获得珍贵的友谊。

切记,我们做任何事情,千万不能以牺牲友谊为代价。即便是失去一点点社会地位,或影响到自己的事业,也要让友谊之花常开。烂漫的友谊之花必定结出丰硕的成功之果。

尽量结交卓越的人士

卡耐基指出:"朋友是你的另一个生命。在一个朋友眼里,所有的朋友都是善良而睿智的。当你和他们在一起时,一切都会最终变得顺利。其他人希望或认为你有多大价值,你就有多大价值;而只有当他们的心里对你有好感时,才会在嘴上说你的好话。没有什么比帮助一个人更能打动他人,赢得朋友的最好方式就是像一个朋友那样待人处世。我们所拥有的一切中绝大部分及最好的部分都离不开他人。你或者与朋友相处,或者与敌人为伴,此外别无选择。争取每天都赢得一个朋友,如果他不能成为你倾吐衷肠的密友,至少也可以成为你的支持者。认真选择朋友,他们中的有些人将是你终生都可以信赖的人。"

如果你能够与适当的人结伴同行时，那么你通往峰顶的道路一定更为平坦。

哪些是有益的同伴呢？就是那些能够帮助你的人，更重要的是那些能够给你勇气的人。千万不要尝试阿谀巴结某些人，你是不会从他们身上得到任何帮助的，因为他们随即就会察觉你的意图。当然，你也不会愿意在自己的周围有阿谀奉承的人流连不去。

那么，你该跟谁交往呢？跟那些已经功成名就的成功人士或者正朝这个方向前进的人交往。

寻找那些热情的人、乐观的人、工作勤奋的人，也就是那些卷起袖子、努力攀登顶峰的人。

你需要那些自觉行动的同伴，那些具有追求成功动机的人，自信的人，自我管理、自我救助的人，那些愿意将所知传授给别人的人，包括教师、教练、主管、同事、家庭成员中的长者和智者、训练员和管理者。所有这些人通常也都乐意使你攀登顶峰的路途更为平坦。因为他们本身就是成功的人。

卡耐基特别强调结交卓越的人士的重要性，为此，他提出了如下建议。

(1) 尽可能地结交优于自己的人

结交卓越的人士，便能见贤思齐；反之，若结交程度远逊于自己的朋友，自己难免同流合污。

当然，这里所谓的"卓越的人士"，并非是指家世显赫、地位很高的人，而是指有内涵、让世人所称道的人物。

"卓越的人士"大体上可区分为两种类型：一是为立身于社会主导地位的人们，二是指那些有着特殊才华的人们，比如长袖善舞，对社会有着杰出的贡献，才能突出、学识渊博的学者，才华洋溢的艺术家，等等。此种杰出绝非凭一个人的喜好所界定，而需经由社会上的认同方可获得。想要获得成功的人，当然要结识这些人才。

至于怎样与这些人结交，并没有现成的办法，也许是厚着脸皮毛遂自荐，或是经由知名人士的大力引荐，当然也可以加入群英聚会的团体去寻觅。与人交往，仔细地观察拥有不同人格、不同道德观的人们，不仅是一件赏心悦目的乐事，更对你有所助益。

(2) 保持判断力，不可不顾一切地全身心投入

几乎所有的人都渴望能和才华横溢的人物成为知己。有的人总认为自己也小有才气，与卓越人士相处会是如鱼得水，还能满足自己与其共荣的心理。然而，即使是和那些才气纵横、魅力十足的人物交往，也不可不顾一切全身心地投入。不丧失判断力，才是最适当的交往方法。

并非每一个人都能心悦诚服地接受才智这种东西。相反,才智往往会令人产生恐惧的心理。一般说来,在众目睽睽之下,人们每每对锐利的才智感到惧怕。这就像妇女一见着枪炮便会害怕的道理一样,恐惧对方会突然扣动扳机,子弹便"嗖"的一声朝自己飞了过来。其实认识这些人,继而亲近、了解这些人,确实是一件有意义、令人欢欣的事。只是不论这些人多么有魅力,如果自己就此终止和其他人的交往,单和这些人往来,那将会得不偿失。

(3) 别亲近赞扬缺点的人

卡耐基教导他的儿子:"我之所以要求你避免与程度低的人交往,乃是由于我觉得这些全是必须具备的观念。因为我看过太多具有判断力、而且社会地位牢固的大人物,在结识了这种人后,信用扫地,沉沦堕落,最后身败名裂。"

最叫人头痛的问题莫过于虚荣心作祟。由于虚荣心的蒙蔽,有的人往往铤而走险、作奸犯科。因此,无论从何种角度来看,结交程度不如自己的朋友,便是虚荣心作祟的一种表现。人们总希望自己能在群体之中独占鳌头,期盼能获得他人的称许,受人尊敬,领导他人。

为了求取这种名不副实的赞扬,许多人乐于与不如自己的人们结交。如此将导致何种结果呢?如果你是这样做的,那么不久你就将变得与那些人的层次相当,从此再也不愿结交出色的朋友了。人们往往会遭伙伴同化,不管这样做是使自己的层次提高了,或是降低了,其结果必然一样。你应该依交往的对象,仔细地加以判断。

与朋友保持和谐的关系

毋庸置疑,做别人的好朋友或者拥有一位好朋友都能使人的生活充满生机和活力,并能使人终生感到满足和享受。

怎样才能获得挚友呢?卡耐基总结下面几点经验可供我们参考。

(1) 挤时间交朋友

有些人常说:"我当然愿意交好朋友啦,只是时间不允许。"实践证明:我们要是想真心做一件事情,时间是会充裕的。

为朋友挤出时间,可能意味着不能及时收拾房间,或错过你所喜欢的电视系列剧。其实友谊的乐趣能弥补这些微不足道的损失。

（2）重视小事情

朋友遇到困难时助一臂之力，这无疑是至关重要的。然而给朋友打生日电话等表面看起来是一些不足挂齿的小事，却是保持友谊必不可少的行为。

（3）敞开心扉

有些人不愿把自己心灵深处的恐惧、失望以及消极的情绪暴露出来。可是，在建立友谊的过程中，有时必须要敞开心扉。

埃琳在学校与两个女同学非常要好。某个星期天，这两个女同学没叫埃琳就一块儿逛街去了。这件事使埃琳十分伤心。当她俩回校后，埃琳虽然想装出满不在乎的样子，但还是不由自主地说："我真痛苦啊！"她俩知道实情后才突然意识到友谊对埃琳来说意味着什么。她俩十分诚恳地向她表示了歉意。16岁的埃琳从自己的经历悟出了这样的哲理：只有让别人充分了解自己，别人才会感到你和他们在心灵上的沟通。

（4）注重人的差异

每个人由于性格、脾气和修养的不同，为人处世的方式方法也各异。对朋友不必吹毛求疵，更不要把自己的观点强加于人。朋友的某个"缺点"，在某方面来说也许是优点呢！

马萨诸塞大学社会心理学家罗伯特·韦斯说，建立友谊的诀窍之一就是要把共性的东西有机地融为一体，从中了解到许多共性的东西，就能达到相互沟通。

（5）切忌斤斤计较

有的人既要朋友，又不想承担一定的责任和义务，这些人是不可能成功的。

> 纽约市旅游代理人斯特拉·沃尔夫在外国旅游期间，结识了许多的朋友，诀窍何在？因为她实践了法国小说家亚历山大·杜马的交友艺术："忘记所付出的，牢记所得到的。"
>
> 斯特拉无论何时发现朋友遇到了困难，她都会全力以赴去帮助。一位朋友被解雇了，她就在自己的代理处给安排了一份工作；当未婚的朋友抱怨生活孤寂时，她就为其当红娘。她为了朋友放弃了许多自己所喜欢的事情。虽然她得到的只不过一束鲜花或一封感谢信，但她却感到十分快乐和幸福。

(6) 接受帮助

有一次，莱森的汽车出了毛病，可当时他急需到另一城镇去采访。玛丽知道后，主动提出要开车96公里专程去送他。为了不给她添麻烦，莱森婉言谢绝了。

挂上电话后莱森才意识到，她肯定很失望。果然不出所料，他们的关系就随之冷淡了。另一次，莱森给她打电话说，他准备外出度假，发愁不知如何安排他家的小猫。"让我来照料吧！"她很高兴地承担了这件事。这一次，他怀着十分感激的心情接受了她的帮助。事后，他们的友谊又恢复如初了。

有人曾说过："如果你想让别人成为你的朋友，那就请他帮助你。"付出固然比获得重要，但重要的是要让朋友明白你也需要得到他们的帮助。正如你帮助朋友而感到幸福一样，也要为朋友能帮助自己创造机会。这样，你们之间的友谊才会更为牢固。

处理好依赖和独立的关系

健康的人际关系能把依赖和独立调整到最佳的平衡状态；当这个平衡被打破时，即有的人依赖性太强或过分独立时，就会出现这样或那样的问题。在你的生活中，你可能经历过这种失衡的情况。在有的关系中，你可能对对方有很大的依赖性，而对方却较独立；而在另外的关系中，你可能感到对方不能很好地尽责，过分地依赖你。

在你的生活中，你可能对不同的人扮演着各种不同角色，有时候，你并不是故意这样去做，完全是一种自发的行为。例如，你可能在情感上非常依赖你的父母；然而在与朋友的关系中，你则较为独立。在工作中，你可能发现你自己事事要征得老板的同意，过分依赖上司的指导；然而在与恋人的相处过程中，则能做到独立。此外，在相同的关系中，也可能有不同的发展阶段，有时较为独立，有时则表现出较多的依赖性。例如，在你的恋爱关系中，一开始可能较为独立；随着关系的发展，你变得越来越依赖对方，最终无法控制你的情感。或者你与他人的友谊最初可能表现为你过分地依靠这种友谊，以满足自己的许多需要，但是随着时间的推移，你逐渐地成为较独立的角色。

独立和依赖在人际关系的双方之间是可以互相转化的，它反映了双方关系发展的不同阶段。父母和子女之间的关系尤其如此，因为在亲子关系中不同的生活阶段，依赖和独立是常常互换的。

如果你发现某种关系失去了平衡，例如，你或是过分地依赖，或是过分地独立，那么，你该怎样做才能使两者达到平衡呢？健康的人际关系需要一个强大和安全的"自我感"。当你感到在人际关系中过分地依赖他人时，这是你的自我感软弱，你从外界寻求稳定、力量和完整的征兆。既然你不能全身心地爱你自己，那么，你就希望其他人能填补这个空隙，而这是不现实的期望。有的人总爱说"我不知道如果你离开我，我该怎么办"这样的话，这表明他们缺乏独立感。实际上，其他人的爱抚并不能弥补你自己自爱的缺乏，既然你都看不起自己，不认为自己有值得别人爱的地方，那么，你就不会完全地去接受他人的爱。处在依赖的关系中是没有安全感的，处于这种关系的人常常爱问："你真的爱我吗？你能再说一遍吗？你能对我证明这一点吗？"但是，在依赖的关系中，你越渴望和急迫，对方就可能离你的期望越远。克服依赖思想要建立在自爱和自尊的基础上，从培养你强有力的自我感做起。

有趣的是，在人际关系中，过分地独立来自于与过分地依赖一样的人格动力，即软弱的自我感，缺乏足够的自爱和自尊。因为这种内心的脆弱和较低的自尊使你很难与他人建立亲密的关系，而要与他人建立亲密的关系，必须有不怕被排斥和受伤害的勇气。过分地独立常常会逃避亲密，因为他们害怕情感的亲密有朝一日会被冷酷的分离所取代。克服这种由过分独立而引起的疏远的办法，与对待过分依赖的办法完全一样：培养你强大的充满活力的自我感，而这种自我感是建立在自爱和自尊的基础之上的。

树立人际交往的积极心态

卡耐基指出："人们都希望获得成功，都在探索成功的奥秘。其实，这也许比你想象的要简单，因为我发现那些成功的人们——奥林匹克的运动员、商业界总经理、宇航员、政府领导等人和其他人们中间有着一条明显的界线。我称其为成功者的边缘。这个边缘并非特殊环境或具有高智商的结果，也不是优等教育或超人天赋的产物，更不是靠时来运转。成功者的关键，我认为是态度。"

如果此时你正为自己处于情绪的低谷而悲哀，或是你还为自己的胆小卑怯而烦恼，那么你不如将这些让人恼怒的性格丢到一旁，重新培养自己在人际交往方面的积极心态。积极的心态可以通过以下七个步骤培养起来。

1. 重塑心中的偶像，使自己的言行像自己心目中所希望的那样

积极心态的培养与行动密切相关。没有行动，任何想法都是空谈。你心目中的偶像可以是一个人，也可以是一类人。可以是具体的，也可以是抽象的。在你的头脑中树立一个积极乐观的形象，在做任何事情的时候，告诉自己，自己的行动必须与心目中的形象相一致。

2. 把自己看成胜利者

大多数人遇到令人沮丧的事情时，整个身心都沉浸在痛苦之中。如果此时你对自己大声地叫一声"我不是失败者，我是以后的胜利者"，你的精神将为之一振，会立即兴奋起来。

3. 学会用美好的心情去感染别人

每一个人都希望得到灿烂的阳光，一旦你带着快乐的心情去和别人交往，快乐也能传递给别人。这样的连锁反应既能让自己感觉到快乐，也能让别人变得快乐。没有人愿意成天和愁眉苦脸的人待在一块儿。尝试着改变自己的心情吧！当你用微笑告诉别人你的心情时，别人同样会以微笑回报你。

4. 学会给予和奉献

给予和奉献是人类的一种美德，给予和奉献都会激发你一个人自身的热情。给予和奉献能够体现一个人的道德品质，也能体现一个人的社会价值。同时，给予和奉献能带给人愉快的心情。许多人都有过这样的体会：每当自己帮助别人时，自己的心情也会变得愉快。

5. 心怀感激

生活中多一分抱怨就多一分烦恼。当我们以一种感激的心情环视我们周围的人和事时，心也放得很宽。有一位哲人曾说过：在这个世上，没有任何人应该为你做什么事。不要因为别人的过失指责别人，宽恕别人也等于安慰自己。

6. 不要经常说消极词语

经常抱怨的人总喜欢说一些"我真累"、"我真痛苦"、"我好郁闷"之类的话，这种消极词语只会磨损一个人的自信和激情。

7. 学会自我激励

当你感到胆怯的时候,要学会给自己打气,"别害怕,一定会冲过去";当你遭遇失败的时候,请告诉自己,"别灰心,胜利最终属于我";当你犹豫不决时,给自己强行下一个命令,"拿出你的魄力,别再磨磨蹭蹭的"。自我激励是一个持续性的过程,它必须要坚持到心态完全转变。

第六章 塑造独特的个性提高身价

揭开个性世界的面纱

人们常说，世上没有两片完全相同的树叶，也没有两张绝对相同的面孔。同样，人的心理特征也不会完全相同，正像《左传》说的："人心不同，如其面焉。""人心"不同主要指的是个性的不同，因为个性是人格心理特征的核心部分。人的能力和气质都与先天遗传因素有很大关系，而人的个性主要是由环境决定的，后天的塑造是个性形成的主要因素。大千世界，无奇不有，不同的时代、不同的环境创造出各种不同性格的人物：有的人刚强，有的人柔弱，有的人勇敢，有的人怯懦，有的人暴躁，有的人温和……不同的性格决定了不同的个性。一个人能否具有鲜明的个性，主要是由性格所决定。要了解人的个性，首先必须了解人的性格。

1. 性格的表现方面

性格这个词最早是由著名的古希腊学者提奥夫拉斯塔首先提出来的，其意思是人的特征、属性、特性等。现代心理学家对性格的定义各不相同，其中比较一致的看法是：性格是一个人在对人、对事的态度和行为方式上所表现出的心理特点，如开朗、刚强、懦弱、粗暴等。性格是个性的主要组成部分，它主要表现在以下几个方面。

① *性格表现在人对现实的态度和他的行为方式中*

态度是一个人对待社会、对待他人和对待自己所持的一种心理倾向，它包括对不同人和事物的评价、好恶和趋避等。例如，在遇到危险时，有的人勇敢、果断、一往无前；有的人却怯懦、退缩。当国家和集体的财产遭受损失时，有的人奋起保卫，甚至不惜牺牲自己的生命，有的人却趁火打劫，贪婪自私，视个人利益高于一切。这就是人们对待同一事物的不同态度，并表现在不同的行为方式中，它构成了人们的不同性格。

② 性格是从一个人比较稳定的态度和行为方式中体现出来的

一个人的性格不是偶然的、暂时的表现。不能因为一个人偶尔忘记朋友的嘱托就说他性格粗心大意，也不能因为一个人偶尔发火就说他性格暴躁。唯有稳定的心理特征才是性格，只有稳定的、经常的表现，才能在本质上体现一个人的个性。那些具有情境性的偶然性态度和行为方式不构成性格特点。就像一个诚实的人对患了绝症的病人隐瞒真实的病情一样，不是本质的欺骗一样。

③ 性格表现一个人的品德和世界观

性格在人格中处于核心的地位。一个诚实、坚定的人会折射出他崇高的道德品质。一个虚伪、奸诈的人会经常做损人利己的事。一个人具有优秀的品德和科学的世界观，必然会在他的态度和行动中表现出来，从而形成他性格的一部分。

2. 性格的特征

人们的性格是千差万别的，主要是因为构成性格的心理特征不同。例如，说一个人诚实、单纯、勇敢、果断，这些心理特征就代表了一个人的性格。具体地说，性格组成要素包括性格的态度特征、性格的意志特征、性格的情绪特征、性格的理智特征四个方面，各种心理特征的不同组合，使人们的性格千差万别。

① 性格的态度特征

性格的态度特征表现在一个人对社会、集体、他人的态度上。有的人关心社会和集体，待人诚恳、坦率，有同情心，能体贴人，善于交际，有礼貌；有的人却对社会和集体漠不关心、不热情，待人虚伪、狡诈，对人冷淡，为人孤僻、傲慢。性格的态度特征还表现在一个人对自己的态度。如有的人总是很谦虚，充满自信，并能做到严于律己；而有的人则有一点点成绩就骄傲自满，显出趾高气扬的神态，然而遇到一点点挫折或有不如人的地方就感到自卑，轻视自己。

又如，诚实通常被人们称为一种美德，其实它是一种性格特征。德国诗人海涅写道："生命不可能从谎言中开出灿烂的鲜花。"诚实是一个人对待别人也是认清自己的正确态度，它展示了人性的质朴及回归自然的渴求。为人处世应以诚为本。只要诚实地对待别人，就会使人格闪耀出光芒，赢得别人的尊重；只有诚实地对待自己，才能正确地认识自己，战胜自己。

自信是另一种重要的性格特征。自信使人能充分地认识到自己的能力，并能肯定自己，不论做什么事情都有自己的主见。一个连自己都不相信的人，

意味着他已经失去了这个世界上最可依靠的力量，等待他的只有无奈和悲伤。

一个人乘船出海，不幸船触礁沉没了。他被抛到大海里，但是他想：哼，这算什么，就算是太平洋我也能横渡，何况这是在内海！于是他信心百倍地游呀游，终于被船救起。而另外一个人失足掉进大路边的一个小水坑里，他害怕极了：天哪，我没救了！我必死无疑了！在绝望地狂蹬乱扒一阵后，他淹死了。后来人们发现，假如当时他站起来，水坑里的水才淹到他的腰。前者由于自信拯救了自己的生命，后者则由于完全否定自己而失去了宝贵的生命。

② 性格的意志特征

积极乐观地对待生活是一种良好的性格，但它只是一个人成功的必要条件之一，而非充分条件。仅仅有对学习、工作的热情还不够，还需要有为达到预定目标锲而不舍的挑战精神，也就是要有坚强的意志。良好的意志是使我们在能力基础上走向成功的保证。

成功的人都具有良好的性格意志特征。他们既不鲁莽从事，也不盲目附和，不会因为困难和挫折而一蹶不振。他们善于观察事物的发展变化，能根据情况的细致变化和客观的需要，当机立断地去改变或修改已作出的决定。而那些具有消极意志特征的人胆小、懦弱，易盲从，不加批判地接受别人的影响，轻易地改变自己原来的决定；或者即使自己的做法是错误的却固执己见，遇到困难就优柔寡断，退缩不前，或者不计后果鲁莽地行事，这样的人难成大器。

③ 性格的情绪特征

人的情绪活动具有不同的品质。有些人情绪很强烈，他们的活动很容易受情绪支配；有些人情绪比较微弱，他们的活动受情绪影响较大。有些人情绪稳定，而有些人则情绪易起伏波动；有些人的情绪体验比较持久，有些人的情绪很容易减弱或消退。人们的性格特征由于他们的情绪品质的不同而千差万别。

我们应当做到自我克制，表现沉着稳重。性格随和的人一般情绪稳定。人们常说理直气壮，而有的人虽有理却并不张扬，反而能做到"理直气和"。相反，有的人情绪很容易高涨或消沉，喜怒无常，忽冷忽热，一点儿好消息就能使他手舞足蹈、欣喜若狂，一点儿不顺心的事就使他暴跳如雷或悲恸欲绝。主导心境由于一个人的长期保持，会逐渐成为他性格的一部分。

乐观的性格能使幸福常伴左右，乐观源于快乐的心境。若想时时享受快乐，先要心无挂碍，精神舒坦，无论遇到何事都要释怀。有了快乐与别人分享，会拥有更多的快乐。一个人如果总是兴致勃勃，快乐就会在不知不觉中与性格相融合，成为性格的一部分。拥有良好的性格情绪，不仅能使我们学习或工作事半功倍，而且会使我们更多地享受到生活中的阳光。

④ **性格的理智特征**

性格的理智特征主要是指人们在感知、记忆、思维、想象等认识方面所表现出来的行为模式和态度特点。

比如，在观察事物的时候，有的人仔细、精确，能够保持观察判断的独立性，有的人则粗糙、模糊，只看到事物的细枝末节，且易受人暗示的影响。在记忆方面，有的人善于形象记忆，有的人善于抽象记忆；有的人记忆中善于将材料罗列，有的人则长于对材料的整体把握。在思维方面，有的人全面深刻、灵活细致，喜欢独立思考；有的人则片面肤浅、粗枝大叶，喜欢借用别人的答案。在想象方面，有的人主动、现实，能够与实际相联系；有的人则想入非非，脱离现实，是幻想主义者。

3．性格的类型

对于性格有很多种分类方法，其中最典型的是将性格分为四大类型，即活泼型、完美型、力量型和和平型。

① **活泼型**

活泼型性格的人属于乐天派，他们的存在给世界增添了无穷的乐趣。这种类型的人具有的几大优点是乐观向上、热情开朗，情绪容易调动起来，信心十足。活泼型的人大体来说属于外向、明言、乐观的群体，他们的喜怒哀乐通常都写在脸上，从不过于拘束自己的言行，更不刻意掩饰自己的内心情绪。性格使活泼型的人待人格外热情开朗，从不吝惜微笑。这种类型的人通常有一大堆朋友，一起玩闹，一起开心，但不一定都是知心朋友。对这群享乐型的人而言，过去发生的不愉快无须计较，将来面临的不确定都无须考虑，他们关注的是如何享受今天的生活，只要开心就好。天真善变、追求新鲜是活泼型性格的人的天性。也正因为这一点，他们的情绪很容易调动起来，通常是在公共场合最踊跃发言的人，他们不会过分考虑其发言后果，而更多地想要表达自身真实想法，没有过多的瞻前顾后。面对挑战，健康的活泼型的人物在最佳状态下对现实具有足够的信心，对事物发展的前景充满信心，在奋斗的过程中，总以美好的将来鞭策自己，不会因些许困难而对未来悲观失望，也不会选择放弃努力。健康活泼型的人总处于一种充满喜悦、积极面对人生的状态中，因而放射出无穷的活力与感染力。

当然，过于无拘无束的性格也给活泼型人物带来很多问题。比如，通常活泼型性格的人缺乏雷厉风行的行为；有了目标但不愿立即付诸行动。一切跟着感觉走的他们说话也通常把握不好分寸，令人觉得废话连篇。在兴致勃勃高谈阔论的时候，他们很少聆听对方的观点，因为他们常常只关心自己，以

自我为中心。活泼型的人对精彩情节的记忆往往会超出事实，如对重要的人名、地点、时间、数字等记忆超出事实。他们这样做通常会造成做事没条理，给人留下不成熟、不可靠的印象。

② 完美型

完美型性格的人总体来说是属于内向、悲观的一群人。他们待人严肃、得体、礼貌，却会感到很矛盾，怕别人不在意，又怕别人太在意。总而言之，他们总觉得不论自己怎样做都不够完美，不够令人满意。他们严格要求自己，甚至是苛刻要求自己具有很多优点：礼貌得体，生活有规律；深思熟虑，才华横溢。他们讲究衣着，总在追求完美。他们不轻易跟别人结交朋友，可一旦成为朋友，就会成为自己的一生好友。在情感及家庭方面，完美型的女性一般来说非常善于料理家务，懂得勤俭持家，虽然她们属内向群体，但感情细腻，对爱人的照顾更为体贴入微。健康的完美型的人是多才多艺的，对很多事情都很擅长，比如，懂得多种语言，能够演奏多种乐器，在自己的专业领域相当杰出，似乎整个世界就在他们的掌握之中。所以从很大程度上来说，完美型性格的人是所有类型人格中最具才能者。

但是，完美型性格的人通常活得很不开心，总觉得自己做得不够，不能达到预定的目标，尽管他们已经做得很出色了。因而，完美型性格的人容易有抑郁、自惭形秽、拖拖拉拉等毛病。完美型的人对每一言、每一行都很在意，同时认为别人也会同样看重，由于顾虑太多，他们常常就将精神集中在消极方面，从而导致抑郁。他们总想自己应做到最好，所以在社交场合中往往感到不安，容易自惭形秽。正因为想把每件事都做到完美无缺，不留遗憾，所以许多完美型的人总觉得自己有问题，这也就是他们看起来不如别人那么轻松愉快原因。

③ 力量型

力量型性格的人物有很多优点：协调、聚精会神、执著、好动、独立能力强、强调价值。正因为这些优点，力量型性格的人往往更容易成就大事业。由于他们的外表很有特点，眼睛炯炯有神，行动快捷，所以他们给人的感觉是天生的领导型人物。力量型的人最喜欢坚持己见，愿意发布命令，即使错了也不肯承认错误。他们在情感方面也是如此，天生喜好领导别人，性情急躁，强调价值，轻细节、多行动、难放松，一旦生病便是大病。他们感情脆弱，通常草草地考虑别人，给人缺乏同情心、没有人情味的感觉。但他们似乎对这些都不很计较。力量型人物对别人严格要求，对自己的标准却放得很低，他们野心勃勃，总想得到最大的权力，获得最多的利益，并以此来作为他们生活的第一目标。力量型的人大多崇尚实力，不会感情用事，对是非憎恶有比较客观的评价标准，这也就是他们具有领导气质的重要素质。

力量型的人有两大缺点：一是好胜心太强，二是一意孤行。在任何情况下争强都好胜，想尽办法不丢脸，这是这类型性格的人的特点，也是他们不愿检讨自己的错误、改进自我的原因。好胜心促使他们成为工作狂，不懂得如何放松，这对他们长期的发展来说是不利的。力量型的人有时很固执，认为自己永远高高在上，别人都得听从自己指挥，这种优越感会给别人造成伤害。力量型性格的人的。要想更好地发挥自身潜能，成为真正出色的领导者，就必须对自己性格有个正确清晰的认识，只有扬长避短，才能取得最终的成功。

④ 和平型

和平型性格的人普遍内向，乐于做旁观者，属于悲观类型。这种性格的人具有以下优点：与世无争，容易满足，自制自律，有耐心。和平型性格的人过得很平和，一般不喜欢去做一些改变他们现有生活的事，名利地位对他们来说都无多大吸引力，享受平静的生活才是他们的追求，他们相信平平淡淡才是真，很容易满足，没有多大的愿望。在生活中，他们待人接物非常随和友善，做工作也很有耐心，生活得非常和谐，这种心态是非常有利于健康的。和平型性格的人重要的一个优点就是遇事不慌，能够自制自律，往往将工作做得细致完美。尽管如此，这种性格的人在人群中也是不起眼的，他们似乎无大的缺点，也没有大的优点，平静内向，有时会被人遗忘。在很多人看来，和平型性格的人无斗志，不求上进，不利于个人发展。的确，有了良好的心态还必须有人生目标，不能漫无目的地生活，否则生活将失去积极的意义。

和平型性格有两大缺点：得过且过和没有主见。之所以得过且过，许多人是因为未找到能完美地完成工作的合适工具，而和平型的人推迟工作则是则因为他们根本就不愿意去做。他们通常喜欢保持沉默，这使他们避免了许多麻烦，也中断了与他人许多美好的关系。和平型的人最大的缺点就是没有主见，这并不是因为他们没有能力决定，而是因为他们不愿对决定的后果负责，害怕承担责任。这类性格的人得不到大发展，难以成大器，这是和平型性格的人需要认识并加以改进的地方。

个性生存是一种主流

在竞争日益激烈的 21 世纪，个性将成为更好地立足于社会的重要砝码。塑造自己独特的个性，从众人中脱颖而出，显现非凡的气质与魅力，这是通

向成功的重要一步。不论对于择业还是生存，个性都起着重要作用，个性生存正在逐渐成为一种时代主流。

随着新世纪的发展，我们生活的这个世界的现代化气息也越来越浓。在这个充满竞争的社会中，人们需要培养自己的个性，以适应自己的角色，在自己学习、工作和生活的大舞台上演出精彩的一幕。

也许有的人会认为，只要有能力自然就会被赏识，就能很好地工作和生活，个性根本无所谓有、无所谓无。其实不然，在残酷的竞争面前，如何吸引别人的目光是获取竞争优势的关键，没有个性通常也就意味着没有成功的机会。

如果你是领导却没有自己的个性，下属就会认为你是"见风使舵"、没有主见的庸人，就不愿意接受你的领导。如果你是老板却没有自己的个性，员工就会认为你是一个毫无能力的愚人，只会将公司引向破产边缘，就不会在你的公司里认真地工作。如果你是公务员却没有自己的个性，上司就会认为你不能担当大任而不重用你；如果你是公司员工没有自己的个性，老板就会认为你缺乏能力而不给你应有的待遇；如果你是科学家却没有自己的个性，你就不能独立研究得出新成果；如果你是……

其实不用我们多举例你也会明白，个性对生活在 21 世纪的我们来说实在太重要了，它对我们的各种影响都是可以亲身体会到的。我们在自己的生命历程中，千万不要将自己的个性抹杀而成为过于平凡的一员。

个性是我们生存的关键。有了适合自己的个性，你就会清楚地知道对与错之间的差别，你将会成为一个相对成功的人，就会被人信任，你的话就是你的契约，你的人性美将因你的个性而发挥至极限。从某种程度上说，我们的诸多品质组成了个性，这些良好的品质，比如，诚实、勇敢、勤奋等，都是人类组成一个社会，并在地球上赖以生存的精神力量。

当然，沮丧、自卑、堕落也可以构成一个人的负面个性，而这些负面个性将直接导致我们的失败。

这是一个经济大发展的时代，也是一个英才辈出的时代，卓越的个性将能改变一个人一生的命运。

性格是健康的，人生也会是快乐的

如果你想改变你的世界，创造你的辉煌，就必须改善你的性格。

一天，一个牧师正在准备布道的稿子，他的小儿子却在一边吵闹不休。牧师无奈,便随手拾起一本旧杂志,把夹在里面的一幅世界地图扯成碎片丢在地上,然后说道:"小约翰,如果你能拼好这张地图,我就奖励你。"

牧师以为这样会使小约翰花费上午的大部分时间,不会再来影响他的工作。可是没过十分钟,儿子就来敲他的房门。

牧师看到小约翰手里拿着拼好的地图,感到十分惊奇:"孩子,你是怎么拼好的?"

小约翰说:"这很容易,在另一面有一个人的照片,我就把这个人的照片拼到一起,然后把它翻过来。我想如果这个人是正确的,那么这个世界也就是正确的。"

牧师奖给儿子2角5分钱,并且告诉他:"你替我准备了明天布道的题目:如果一个人是正确的,他的世界也就会是正确的。"

这个故事虽小,却道出了人生的一个真谛。所谓一个人的正确,除了正确的人生观和世界观,还包括人的良好性格。如果你的性格是健康的,你的人生也会是快乐的、幸福的;如果你的性格是病态的,那么你的人生也会是痛苦的、忧伤的。

人生的悲剧归根到底是性格的悲剧。俄国作家果戈理长篇小说《死魂灵》里有个泼留希金,他的家财堆积得腐烂发霉,可是贪婪、吝啬的性格促使他每天上街拾破烂,过乞丐般的生活。在现实生活里,性格的悲剧更是屡见不鲜。青年诗人顾城制造的惨绝人寰的悲剧就是一个典型的例子。他杀妻灭子后自戕其身,就是因其性格孤僻,心地狭窄,最后发展到畸变、扭曲、精神崩溃。

性格与人的健康关系十分密切。《红楼梦》里才貌双全的林黛玉,就是因其性格多愁善感、忧郁猜疑,终于积郁成疾,呕血而死。《三国演义》里的周瑜是东吴的大都督,人们说他是活活被诸葛亮给气死的。话说回来,如果身经百战的周瑜具有良好的性格,诸葛亮就是有天大的本事也气不死他。现代医学证实,那些抑郁症和精神分裂症患者,大多是因为性格孤僻,不适应社会生活所致;有些高血压、心脏病患者与自己性格暴躁、易于动怒有关。

不良的性格能给人带来悲剧,那么良好的性格必然能给人带来人生的辉煌。当代杰出的女作家冰心,一生淡泊名利,生活上崇尚简朴,不奢求过高的物质享受。她与文坛上的斗争无关,她在平和的心态中与人相处,在微笑中勤奋写作。她的健康长寿、事业辉煌都得益于开朗、豁达的性格。

有人说:"江山易改,本性难移。"其实这话只说对了一半。人的本性是比较难改变的,但并不是不能改变。人的性格的形成,有先天遗传因素,但

第六章 塑造独特的个性提高身价

更多的是受到后天环境的影响。印度发现的狼孩，从小在狼群里生活，长大后就自然具有狼的野性。

人的良好性格，大都是由于各种各样的无形的影响塑造而成的。

居里夫人说："我并非生来就是一个性情温和的人。许多像我一样敏感的人，甚至受了一言半语的呵责，便会过分地懊恼。"她说，她受丈夫居里温和性格的影响，也学会了逆来顺受。她确信，一个具有良好性格的丈夫会在不知不觉中影响和提高妻子的心灵品性。据居里夫人自己介绍，她还从日常的种种琐事，比如栽花、种树、建筑、朗诵诗歌、眺望星辰，培养出一种沉静的性格。

我国赫赫有名的民族英雄林则徐为了改掉自己急躁的性格和容易发怒的脾气，曾在书房醒目处挂起自己亲笔书写的"制怒"的横匾，以此自警自戒，陶冶自己的情操。

美国人尊敬的本杰明·富兰克林，不仅对美国的独立战争和科学发明有过重大的贡献，还以他的很强的自我意识能力和良好的性格给后人树立了光辉的榜样。有人曾批评富兰克林主观骄傲，他认真反思后，给自己立下了一条规矩：绝不正面反对别人的意见，也不准自己武断行事。他还给自己提出了具体改正的要求。他说："今后，我不准许自己在文字或语言上措辞太肯定，我不说'当然'、'无'等，而改用'我想'、'我假设'或'我想象'。当别人陈述一件我不以为然的事时，我绝不立刻驳斥他，或立即指正他的错误，我听完陈述后会在回答的时候说：'你的意见没有错，但在目前情况下，还需要再斟酌。'"富兰克林就是用这种方法克服自己性格中的缺陷，这也正是他成功的一个秘诀。

有了健康的性格，才能享有健康的人生。人生的许多不幸、许多疾患都与不良的性格息息相关。人虽然不能控制先天的遗传因素，但有能力掌握和改变自己的性格。因为人可以自己拯救自己，自己塑造自己，自己表扬自己，自己驾驭自己。

张扬个性，"秀"出自己

俗话说："酒香不怕巷子深。"这话只适合过去，如今是酒香也怕巷子深。

一个人无论才华如何出众，如果不善于把握，那他就得不到伯乐的青睐。所以人需要表现自我，而且表现自我时必须主动、大胆。如果你自己不主动地表现，或者不敢大胆地表现自己，你的才能就永远不会被别人知道。

> 在电影《飘》中扮演女主角郝思嘉的费雯丽，在出演该片前只是一位名不见经传的小角色。她之所以能够因此片而一举成名，就是因为她大胆地抓住了表现自我的良好机遇。
>
> 当《飘》开拍时，女主角的人选还没有最后确定。毕业于英国皇家戏剧学院的费雯丽当即决定争取出演郝思嘉这一十分诱人的角色。
>
> 可是，此时的费雯丽还默默无闻，没有什么名气。怎样才能让导演知道"我就是郝思嘉的最佳人选"呢？
>
> 经过一番深思熟虑后，费雯丽决定毛遂自荐，方法是自我表现。一天晚上，刚拍完《飘》的外景，制片人大卫又愁眉不展了。突然，他看见一男一女走上楼梯，男的他认识，那女的是谁呢？只见她一手扶着男主角的扮演者，一手按住帽子。她居然把自己扮成了郝思嘉。
>
> 大卫正纳闷时，突然听见男主角大喊一声："喂！请看郝思嘉！"大卫一下子惊住了："天呀！真是踏破铁鞋无觅处，得来全不费工夫。这不就是活脱脱的郝思嘉吗！"
>
> 费雯丽被选中了。

毋庸置疑，你的表现得到认可之时，就是机遇来临之时。请你务必记住一点：知道你、了解你的才能的人越多，你的机遇就会越多。

当然，很多人不会像费雯丽那样仅靠一次表现就获得成功。我们必须有耐心和恒心，多表现几次。在一个人面前表现不行，就在更多的人面前表现；在一个地方表现无效，就在其他的地方表现。当你表现多了，被发现、被赏识的可能性就会大大增加。

> 汉代名士东方朔诙谐多智。他刚到长安时，向汉武帝上书，竟用了 3000 片木牍，公车令派两个人去抬才勉强抬起来。汉武帝用了两个月才把它读完。在奏章中，东方朔自许甚高，称："臣年二十二，长九尺三寸，目若悬珠，齿如编贝，勇若孟贲，捷若庆忌，廉若鲍叔，信若尾生。若此，可以为天子大臣矣。"皇帝果然被打动了，但转念一想，又觉言过其实，便未予重用。
>
> 东方朔不死心，另辟蹊径。当时，与东方朔并列为郎的侍臣中，有不少是侏儒。东方朔就吓唬他们，说皇帝嫌他们没用，要全

第六章 塑造独特的个性提高身价

部杀死他们。侏儒们吓坏了，诉于皇帝。皇帝便诏问东方朔为何要吓唬他们。东方朔说："那些侏儒长得不过三尺，俸禄是一口袋米，二百四十个铜钱。我东方朔身长九尺有余，俸禄也是一口袋米，二百四十个铜钱。侏儒饱得要死，我却饿得要死。陛下要觉得我有用，请在待遇上有所差别；如果不想用我，可罢免我，那我也用不着在长安城要饭吃了。"皇帝听了大笑，对东方朔比以前亲近了许多。

有时候，沉默谦逊确实是一种"此时无声胜有声"的制胜利器，但无论如何你也不要把它当做金科玉律来信奉。在竞争中，你要将沉默、踏实肯干、谦逊的美德和善于"秀"自己结合起来，这样才能更好地让别人赏识你。

优秀的个性是一笔巨大的财富

美国励志大师卡耐基发现，在生活中，许多年轻人都是因为具有随和、乐于助人的性情而获得了升迁的机会。美国总统林肯就是这样一个人，他乐于助人，在任何场合都令人喜欢。比如，当林肯住进拉特利奈旅店时，那里非常拥挤，他就让出自己的床位，睡在仓库的角落，用一卷棉布做枕头。因此，每一个遇到困难的人都来求助于他。正是由于怀抱帮助他人的崇高愿望，林肯赢得了人民的热爱。

强大的个人魅力是一笔巨大的财富。想想看，有什么能比总是引人注目、从不引人生厌的个性更为珍贵呢？这种个性不仅在工作领域很有价值，在生活的各个领域也是如此。它造就了受人尊敬的政治家，为律师带来了顾客，给医生带来了病人，对于一名员工来说，它会带来很多的机会。不论你干哪一行，都不能低估这种个性魅力的重要性，它将为你赢得所有人的支持，减少生活中的障碍。

一些人能像磁石吸引铁屑一般自然而然地吸引他人，比如，吸引商人、顾客、委托人、病人等，做事总是得心应手、顺心如意。这是因为他们拥有这种磁铁般富有吸引力的优秀个性。这些人就是幸运的磁体，尽管看起来他们似乎没有那些不怎么成功的人努力，但机遇总是围绕着他们打转，人们称他们为"幸运儿"。如果我们进一步分析他们，就会发现他们有着优秀的个性，这就是他们赢得人心的原因所在。

当今许多成功人士和商业巨子的成功，在很大程度上都归功于他们自身具备的良好的礼貌习惯和受人欢迎的性格。如果不是因为这些，而仅仅依靠他们的聪明才智、毅力和工作实践的话，那么他们可能还不能获得一半的成功。不论一个人有多大的能力，他若是粗鲁野蛮，其个性令人生厌，那么他将永远处于劣势。

培养受人欢迎的个性是很必要的，它能使成功的机遇倍增，能够发展人际关系，塑造良好形象。如果一个人想受人欢迎，就得做到控制私心，克制不良的心理倾向和行为习惯，并且还要有礼貌，性情温柔，讨人喜欢和乐于助人。这种做可以"受人欢迎"，是通向成功和快乐之路。

学习与人愉快相处的艺术，这将比任何东西更能帮助一个人表达自己，它将唤醒一个人的成功潜能，使他赢得更多人的支持。这种才能既是源于一种令人羡慕的天赋，而且在于后天的培养，通过培养和训练也能获得这种能力。

总是自私自利、利用他人的人，肯定不会受他人欢迎，人们天生就反感并且厌恶那些只为自己打算、从不考虑别人的人。狭隘、吝啬的性格是不可爱的，人们都回避这种个性的人。取悦于人的秘诀是取悦自己、丰富自己。假如你想变得令人愉快，你必须做到慷慨大方。你必须在表情、握手和言行中让人感到真诚。假如你的个性散发出甜美和光芒，人们将乐于和你接近，因为人们都在追寻阳光，而尽力躲避阴影。

那些具有极大个性魅力、十分受欢迎的人，他们非常留心能造就自己好人缘的所有优点。如果天生不擅长社交的人像擅长社交的人那样花大量的时间来仔细学习怎样受人欢迎，他们就能创造奇迹。

不论年轻人还是老年人，诚实是最令人喜欢的品质之一。每一个人都喜欢坦率的人，他们没有什么需要隐藏，他们也从不隐藏自己的缺点和不足。他们通常显得大方爽快，焕发爱和自信，他们的神采也让对方变得坦白和简单。坦诚讨人喜欢，神神秘秘则惹人反感，遮遮掩掩易于引起他人的怀疑和不信任。一个神神秘秘做事的人，不管表面上看起来有多好，都不会赢得人们对他的信任。和那些遮遮掩掩的人相处就像在黑夜里走路，总让人感到不安。一个行为诡秘的人，不管他表现得多么礼貌高雅，人们总是免不了要猜测他高雅之后另有所图。

一个性格开朗、真诚慷慨、坦率的人则大不相同，他很快就能获得人们的信任。人们会非常喜欢他，相信他，原谅他的错误和缺点，因为他总是准备好承认缺点和改正缺点。假如他有一些缺点，则一定会赢得人们的原谅。因为他心地善良而真诚，他的同情心广博而活跃，他具有受人欢迎的特质——诚实和简单。正如美国南达科他州的布莱克山区的一个贫穷、谦虚、真诚的黑人矿工汉森姆一样，他虽然几乎不会拼写自己的名字，对上流社会的礼仪也一无所知，但他赢得了每一个人的敬爱和好评。

第六章　塑造独特的个性提高身价

当你具备了那种散发着灵光的个性魅力时,就等于拥有了一笔可观的财富,你的人生道路将变得宽阔而平坦,成功就在向你招手。

保持真我本色

现代人常常感叹自己不得意,说"活着太累"。这"活着太累"有多种原因,那就是许多时候要带上沉重的面具,而且面具可能还不只一副。在人际关系中,为了生存,我们如此;在人生事业中,为了发展,我们也常常如此。在人生的舞台上,我们常常扮演着自己并不喜欢的角色,因为我们心有所图,还因为我们患得患失。

谁都知道,以真实的自我活着轻松自在,但因为有所图、患得失,我们把真我隐藏了起来,以为如此方可达成目的。其实,事情的结果和我们的期望南辕北辙。

爱迪丝·阿尔弗雷德曾是一个极为敏感羞怯的女孩,长得太胖,两颊丰满,这使她看起来更胖。爱迪丝的母亲非常古板,她认为把衣服穿得太漂亮是一种愚蠢,而且衣服太合身容易撑破,不如做得宽大一点儿。她也让女儿如此打扮。爱迪丝从不参加任何聚会,也没有什么值得开心的事。上学后,她也不参加同学们的任何活动,甚至运动项目也不参加。她害羞至极,总觉得自己跟别人"不一样"。

长大后,爱迪丝嫁了一位比她大几岁的先生,她还是没有任何改变。她丈夫家是一个稳重而自信的家庭。虽然她想要像他们那样,但就是做不到;她努力模仿他们,也总是不能如愿。他们几次尝试帮她突破自己,却总是适得其反,反而把她推到更坏的处境。她越来越紧张易怒,害怕见到任何朋友,甚至一听到门铃声都会惊慌失措。每次在公共场合,她都尽量显得开心,甚至装得过了头。她知道自己表现过度,因为事情过后的几天里她都会累得半死。最后,她实在怀疑自己是否还有继续生存的必要,于是开始想到自杀。

就在这种情形之下,婆婆的一句话改变了她的现状,进而改变了她的一生。

有一天,婆婆和爱迪丝谈到自己是如何教育子女的,她说:"不论遇到什么事,我都坚持让他们保持自我本色……""保持自我本色"这几个字像一道灵光闪过脑际,爱迪丝发现所有的不幸都起源于她把自己套入了一个不属于自己的模式中去了。

一夜之间全变了！她开始保持自我本色。她努力研究自己的个性，认清自己，并找出自己的优点。她学会了怎样配色与选择衣服样式，以穿出自己的品位。她主动结交朋友，还加入了一个团体。

不久，爱迪丝就充满了自信，可以从容自如地对待生活中的一切人和事了。

爱迪丝历经苦难才得到的教训告诉我们：不论发生什么事，我们都应该永远保持自我本色。

像从前的爱迪丝一样，这种模仿他人的现象在世界影视之都——美国的好莱坞相当严重。20世纪好莱坞著名导演山姆·伍德曾说过，最令他头痛的事是帮助年轻演员解决这个问题：保持自我。"他们每个人都想成为二流的拉娜·特勒斯或三流的克拉克·盖博，观众已经尝试过那种味道了，"山姆·伍德不停地告诫年轻演员，"他们现在需要点儿新鲜的。"

山姆·伍德在导演《别了，希普斯先生》和《战地钟声》等名片前，好多年都在从事房地产工作，因此他养成了一种销售员的个性。他认为，商界的一些规则在电影界也完全适用，完全模仿别人绝对会一事无成。"经验告诉我，"山姆·伍德说，"尽量不要那些模仿他人的演员。这是最保险的。"

保罗·伯恩顿是一家石油公司的人事主管，他面试过的人超过6000人，也写过一本《求职的六大技巧》。他说："求职者所犯的最大错误就是不能保持自我。他们常常不能坦诚地回答问题，只想说出他认为你想听的答案。可是那一点儿用也没有，因为没有人愿意听到不真实的、虚伪的东西。"

凯丝·达莱是一位公共汽车驾驶员的女儿。她想当歌星，但不幸的是她长得不好看，嘴巴太大，还长着龅牙。第一次在新泽西的一家夜总会里公开演唱时，她想用上唇遮住牙齿，企图让自己看来显得高雅，结果却把自己弄得四不像。这样下去，她注定要失败了。

幸好当晚在座的一位男士认为她很有歌唱的天分，他很直率地对她说："我看了你的表演，看得出来你想掩饰什么，你觉得你的牙齿很难看？"凯丝·达莱听了觉得很难堪。不过那位男士还是继续说了下去："龅牙又怎么样？那又不犯罪！不要试图去掩饰它，要张开嘴唱。你越不以为然，听众就会越爱你。再说，这些你现在引以为耻的龅牙，将来可能会带给你财富呢！"

凯丝·达莱接受了那人的建议，把龅牙的事抛诸脑后。从那次以后，她只把注意力集中在观众身上，她开怀尽情地演唱，后来成

为电影及电台走红的顶尖歌星。现在,别的歌星倒想来模仿她了。

迷失自我而蹉跎不前的,不仅有凯丝·达莱这样的普通人,也有像查理·卓别林这样的杰出人物。这些成功人士大多曾经接受过教训,而且多数人为此付出了代价。

卓别林开始拍片时,导演要他模仿当时的著名影星,结果他一事无成,直到他开始成为他自己,才渐渐成功。

"做你自己!"这是美国作曲家欧文·柏林给晚辈作曲家乔治·格什文的忠告。与格什文第一次会面时,柏林已声誉卓著,格什文却只是个默默无闻的年轻作曲家。柏林很欣赏格什文的才华,以格什文所能赚的三倍薪水请他做音乐秘书。可是柏林也劝告格什文:"不要接受这份工作,如果你接受了,最多只能成为个欧文·柏林第二。要是你能坚持下去,有一天,你会成为第一流的格什文。"

格什文接受了忠告,并渐渐成为20世纪极有贡献的美国作曲家。

我们每一个人都是独特的"这一个",我们从来就不是别人的从属和附庸。我们应该为此而向上苍感恩,我们更应该接受造化的安排,以本色示人,以本真行事,活出真实的自我来。

无须与别人比什么

美国作家威廉·福克纳说过:"不要竭尽全力去和你的同僚竞争。你应该在乎的是,你要比现在的你强。"人,各有长短。所以在平常的时候,你不要和别人对比什么,只求把握好自己就可以了,因为你那样的比没有任何意义,比来比去的最终结果只能使自己怒火中烧,心态不平衡。有一句话说得好,你走你的路,我走我的路,两不相干。你唯一要做的就是让自己拥有一颗平和的心态,正确地对待他人,正确地对待自己,珍惜现在所拥有的,让自己活得更加快乐。

有这样一位女士,她长得美丽而又文静,说话语速总是缓缓的,音量小小的,但却很能说到别人的心底里去,别人不知什么时候就被她看穿了。她的业绩说不上骄人,但是却无可挑剔。她嫁了一个

第六章 塑造独特的个性提高身价

相爱的普通人，日子过得波澜不惊；她不要求自己的孩子课余时间学这学那，双休日一家三口经常出去游玩。她每天都要睡一个午觉，每天都做健美操，生活得很有规律。她不忌妒那些荣誉加身的同事，也不鄙视偶尔犯错误的同事，对一些势利小人只是冷眼旁观，但也不针锋相对，她觉得这种人不会有好的心态和好的结局。她心明如镜，绝顶聪明，与周围一些拼尽全力却活得七上八下不尽如人意的人相比，她的人生本来还可以更为精彩，但她却没有那样做。

她曾对人说，是她父亲的一句话奠定了她人生的基调。在读初中时，她的体质非常弱，任何体育活动都没法参加，学习上她非常争胜好强，偶尔有一门功课得不到第一就会难过，就会自责。父亲跟她说：以你的条件，你不必追求优秀，但你可以做到良好。她很听父亲的话，比较轻松地将每门功课都保持为良好，同时她的体质也恢复到了良好的状态。在高中毕业时，她给自己的定位是考上一所普通大学，因为压力不大，她反而发挥得更好，结果轻松地考上了重点大学。大学毕业时，她选择了中等城市的专业对口单位，因为她只求离父母近些，可以相互照料。她这样娓娓道来，就如她不急不躁地构筑她的良好人生。

良好的人生肯定不被小说家和剧作家看好，因为良好的人生不能构成他们的创作素材，令他们更感兴趣的是——事业有成而家庭破裂，辉煌的阴影里藏匿着堕落，幸福来临却紧随着死神，有一项优秀就总有一项不及格，等等。

而生活也的确是如此的，假如一个人的某个单项特别的优秀，那么他人生的另一重要项目的缺憾也往往特别的大。或者正是因为无可弥补这缺憾，他才发奋地去追求卓越。

其实良好人生的境界已经是至高的。当一个人的事业、爱情、品行、心境乃至体格都能达到良好时，又有谁能说他的人生不够优秀呢？

看过米兰·昆德拉的一本书叫《生活在别处》，我对这五个字有很好的联想，我们的生活总是在远方，总是在想：如果明天我有钱，我就可以……其实，如果你现在赚钱少不快乐，就算有再多的钱，也许还是不快乐；如果你一个人的时候不会自得其乐，即使嫁了人，娶了老婆，别人跟你一起也一样不快乐；如果现在不懂得享受生活，未来也不会享受生活。有人问：什么叫做自由？所谓的自由就是：你想要拒绝一个人的约会已经不需要任何理由，你有权利过自己要过的生活，有权利去自己要去的地方。其实生活就是这么简单。

在纷繁复杂的人生里，不要与别人去对比什么，要知道，平平淡淡才是人生的真谛，把握自己、相信自己才是人生的关键。

不必太在意别人的眼光

在这个世界上,没有任何一个人可以让所有的人都满意。跟着他人的眼光来去的人,只会逐渐暗淡自己的光彩。

西莉亚自幼学习艺术体操,她身段匀称灵活。可是很不幸,一次意外事故导致她下肢严重受伤,一条腿留下后遗症,走路有一点儿跛。为此,她十分沮丧,甚至不敢走上街去。作为一种逃避,西莉亚搬到了约克郡乡下。

一天,小镇上的雷诺兹老师领着一个女孩来向西莉亚学跳苏格兰舞。在他们诚恳的请求下,西莉亚勉为其难地答应了。为了不让他们察觉自己腿的残疾,西莉亚特意提早坐在一把藤椅上。可那个女孩偏偏天生笨拙,连起码的乐感和节奏感都没有。

当那个女孩再一次跳错时,西莉亚不由自主地站起来给对方示范。西莉亚一转身,便敏感地看见那个女孩正盯着自己的腿,一副惊讶的神情。她忽然意识到,自己一直刻意掩盖的残疾在刚才的瞬间已暴露无遗。这时,一种自卑让她无端地恼怒起来,她对那个女孩说了一些难听的话。西莉亚的行为伤害了女孩的自尊心,女孩难过地跑开了。

事后,西莉亚深感歉疚。过了两天,西莉亚亲自来到学校,和雷诺兹老师一起见那个女孩。西莉亚对那个女孩说:"如果把你训练成一名专业舞者恐怕不容易,但我保证,你一定会成为一个不错的领舞者。"

这一次,他们就在学校操场上跳,有不少学生好奇地围观。那个女孩笨手笨脚的舞姿不时招来同学的嘲笑,她满脸通红,不断犯错,每跳一步,都如芒刺在背。西莉亚看在眼里,深深理解那种无奈的自卑感。她走过去,轻声对那个女孩说:"假如一个舞者只盯着自己的脚,就无法享受跳舞的快乐,而且别人也会跟着注意你的脚,发现你的错误。现在你抬起头,面带微笑地跳完这支舞曲,别管步伐是不是错。"

说完,西莉亚和那个女孩面对面站好,朝雷诺兹老师示意了一下。悠扬的手风琴音乐响起,她俩踏着拍子欢快地起舞。其实那个女孩的步伐还有些错误,而且动作不是很和谐。但意外的效果出现了——那些旁观的学生被她们脸上的微笑所感染,便不再关注舞蹈细节上的错误。后来,越来越多的学生情不自禁地加入到舞蹈中。大家尽情地跳啊跳啊，直到太阳下山。

生活在别人的眼光里，就会找不到自己的路。

其实，每一个人的眼光都有所不同。面对不同的几何图形，有人看出了圆的光滑无棱，有人看出了三角形的直线组成，有人看出了半圆的方圆兼济，有人看出了不对称图形特有的美……

同是一个甜麦圈，悲观者看见一个空洞，乐观者却品尝到它的味道。

同是交战赤壁，苏轼高歌"雄姿英发，羽扇纶巾，谈笑间樯橹灰飞烟灭"；杜牧却低吟"东风不与周郎便，铜雀春深锁二乔"。

同是"谁解其中味"的《红楼梦》，有人听到了封建制度的丧钟，有人看见了宝黛的深情，有人悟到了曹雪芹的用心良苦，也有人只津津乐道于故事本身……

人生是一个多棱镜，总是以它变幻莫测的每一面映照生活中的每一个人。不必介意别人的流言飞语，不必担心自我思维的偏差，坚信自己的眼睛，坚信自己的判断，执著自我的感悟，用敏锐的视线去审视这个世界，用心去聆听、抚摸多彩的人生，给自己一个富有个性的回答。

遵从自己内心的渴望

人生的目标与兴趣应该是相互统一的。我们的兴趣就是我们内心的渴望，它指示着我们的未来。诚如名言所说，"兴趣是最好的老师"，人们只有从事那些自己有兴趣的事情，才能够全身心地投入，直至取得成功。

为什么有兴趣就会全身心投入呢？那是因为兴趣会变成一种指向目标的渴望，这种渴望又会转化成追求的动力，使我们专注于目标，并且不达目的誓不罢休。当一个人有了这种渴望，没有什么事情做不成，没有什么事情做不好。

80多年前，艾德温·巴纳斯在美国新泽西州的橘郡，从货舱走下火车。当时他看起来很像个街头流浪汉，然而，他的"思想"却富可敌国！

从铁轨走向爱迪生办事处的路上，他脑筋转个不停。他想象自己站在爱迪生面前，请求爱迪生给他一个机会，实现他梦寐以求的人生目标，成为这位伟大发明家的事业合伙人。

身价,这样提高…… SHENJIA ZHEYANG TIGAO

巴纳斯的渴望不只是一个"希望",也不只是一个"愿望",而是热切的向往且坚定不移。

巴纳斯终于得到机会,在爱迪生的身边工作,转眼就过了五年。在别人看来,他只是爱迪生的产业里一颗不起眼的小螺丝,但在他自己的心中,他无时无刻不是爱迪生的合伙人,从他一到那里工作开始就一直如此。

巴纳斯渴望要做爱迪生的事业合伙人,并且将其胜于一切,定下了目标。为了要实现目标,他草拟了一份计划。他斩断了所有退路,坚持自己的渴望,后来渴望变成了盘踞他心中的企盼,最后变成了现实。

多年以后,巴纳斯再次置身于首度会见爱迪生的办公室,再次和爱迪生面面相对而立。这一回,他的渴望已经成为现实,他真的和爱迪生合伙了,他一生魂牵梦萦的梦想已然成真。

巴纳斯之所以成功,是因为他遵从自己内心的渴望,选择了明确的目标,并且为这一个目标投入了所有的精力、所有的意志力、所有的努力甚至所有的一切。

关于少有大志、终而功成名就的事例,我们所知甚多。我们每每可以在课本或其他书刊中看到某人"从小立志"成就事业的例子。这里的"志"其实就是内心的渴望。正是这种内心的渴望,引导人们实现抱负,走向成功。

我们同样所知甚多的是,一些杰出人物违背父辈家人的期望,遵从自己的内心渴望,从而成就了一番事业。这样的例子数不胜数,比尔·盖茨可算其中十分突出的一个。

比尔·盖茨小时候非常聪明,尤其对新事物充满了兴趣,爱动手摆弄个什么。盖茨的父亲是位著名的律师,母亲是位教师,所以父母也希望盖茨将来能考进哈佛法学院,做一名优秀的律师。

盖茨13岁时就表现出了惊人的创造天赋。这一年,他为玩三连棋,编写了他的第一个软件程序。由此,盖茨对计算机简直到了心醉神迷的地步。他说:"计算机太伟大了,你一旦操作了它,你就知道程序是不是在起作用。从别的事情上,你得不到这种快乐。"

然而,盖茨的父亲对此并不感兴趣,他依然坚持让盖茨考法律专业。1973年,盖茨考入哈佛大学学习法律专业。入学后,他陷入极度的困惑之中,因为他对法律专业提不起半点儿兴趣。他置专业于不顾,依然投身到他喜爱的计算机中,与好友艾伦互相切磋,共同编制程序，忙得不亦乐乎。

1975年，他们共同创办了微软公司。

1976年，盖茨感到自己再也不能在学校学习枯燥无味的法律，不愿再为此浪费大好时光了，他不顾父母亲的再三反对，毅然从多少青年才俊梦寐以求的哈佛大学退学，投入他无比喜欢的计算机中。

从此，盖茨与微软踏上了飞速前进的列车。到1995年，盖茨个人净资产就名列世界第一，一直到今天，其世界巨富地位很少有人能够企及。同时，盖茨为世界整个IT行业和知识经济的发展作出了巨大的贡献，并对慈善事业捐助颇丰。

对职业、事业的渴望，仅仅只是人们渴求的一个部分——当然是最主要和重要的部分，此外还有其他低层的、局部的渴望，比如对金钱、对荣誉，甚至包括负面乃至引导人走向堕落深渊的渴望。对后一种渴望必须抑制，其他正面的渴望只要善加利用，就会成就自己、造福社会。

我们每一个人都有希望和愿望，但渴望与它们不同，它要来得更加强烈、更加持久。

一个人到了明白金钱用途的年纪，就会开始希望有钱。但光是"希望"并不能够带来财富。"渴望"却能使人的心态变得执著、热切，促使人着手计划创造财富的手段，更能以绝不认输的毅力支撑这些计划。而后这种渴望终将带来财富。财富之外的其他种种，也需要渴望来引领和支撑。

我们的时代是一个新事物层出不穷的时代，也是一个个性化的时代，人们有了更多更特别的需求。要想满足所有对更新更好的事物的需求，都要具备一个制胜必备的特质，那就是"坚定不移的目标"，知道自己要的是什么，同时也要有热切的渴望去占有它。世界因个别而丰富多彩，因追求而充满希望。除了那些损害他人、危害社会的负面欲求，我们尽可以遵从自己内心的渴望去努力奋斗。

遵从内心的渴望，使我们目标明确，使我们动力十足，使我们坚忍不拔，使我们灿烂多姿。

像世界超模一样走路

自卑常常在不经意间闯进我们的内心世界，控制着我们的生活。在我们有所决定、有所取舍的时候，自卑向我们勒索勇气与胆略；当我们碰到困难的

时候，自卑会站在背后大声地吓唬我们；当我们要大踏步向前迈进的时候，自卑会拉住我们的衣袖，告诉我们前面危机重重，仅凭一己之力根本无法应对。自卑就像蛀虫一样啃噬着我们的心，它是我们走向成功的绊脚石，它是快乐生活的拦路虎。我们当然不能一直生活在自卑的阴影中。恢复你的自信，你也可以像世界名模一样走路。

身价，这样提高……
SHENJIA ZHEYANG TIGAO

他是英国一位年轻的建筑设计师，很幸运地被邀请参加了温泽市政府大厅的设计。他运用工程力学的知识，很巧妙地设计了只用一根柱子支撑大厅天顶的方案。

一年后，市政府请权威人士进行验收时，对他设计的一根支柱提出了异议。他们认为，用一根柱子支撑天花板太危险了，要求他再多加几根柱子。

年轻的设计师十分自信，他说："只要用一根柱子便足以保证大厅的稳固。"他通过计算和列举相关实例详细说明，拒绝了工程验收专家们的建议。

他的固执惹恼了市政官员，年轻的设计师险些因此被送上法庭。在万不得已的情况下，他只好在大厅四周增加了四根柱子。不过，这四根柱子全部都没有接触天花板，其间相隔了无法察觉的两毫米。

时光如梭，岁月更迭，一晃就是300年。

300年的时间里，市政官员换了一批又一批，市政府大厅却坚固如初。直到20世纪后期，市政府准备修缮大厅的天花板时，才发现了这个秘密。

消息传出，世界各国的建筑师和游客慕名前来，观赏这几根神奇的柱子，并把这个市政大厅称作"嘲笑无知的建筑"。最让人称奇的是那位建筑师当年刻在中央圆柱顶端的一行字："自信和真理只需要一根支柱。"

那位年轻的设计师就是克里斯托·莱伊恩，一个很陌生的名字。今天，能够找到的有关他的资料实在少之又少了，但在仅存的一点儿资料中，记录了他当时说过的一句话："我很自信。至少100年后，当你们面对这根柱子时，只能哑口无言，甚至瞠目结舌。我要说明的是，你们看到的不是什么奇迹，而是我对自信的一点儿坚持。"

总是一味地轻视自己，不敢相信自己的想法和决策，如果这种情绪占据心头，就会腐蚀一个人的斗志，犹豫、忧郁、烦恼、焦虑也会随之而来。生命，有时候是一种恶性循环，你越是不相信自己，很多事情越做不好。陷入这样的旋涡里，你将会丢了快乐，丢了幸福。

其实，世界上每一个事物、每一个人都有其优势，都有其存在的价值。自卑是一种没有必要的自我没落，具有自卑心理的人，总是过多地看重自己不利和消极的一面，看不到有利、积极的一面，缺乏客观全面地分析事物的能力和信心。这就要求我们努力提高透过现象抓本质的能力，客观地分析对自己有利和不利的因素，尤其要看到自己的长处和潜力，不要妄自嗟叹、妄自菲薄。

做一个有个性、有特色的人

水看似没有固定的形状，很容易随遇而安；其实水是极有个性的，至柔之中又有至刚。人也要像水一样，适当地改变自我，以适应各种环境；但是不能失去自己的个性。

在生活中，我们常常会发现一个现象：有个性的人总是比较受欢迎。

有些人的个性有如平静的夜空，只有柔和的星月浸染，不知道阳光是怎样的暖和，也没有心湖里泛起的涟漪或偶起的潮湿，更不会遇见自我展现时大鹏飞翔的惊险，没有自己的棱角，是活在别人的世界里。其实这是没有自己的个性，没有了精彩，这样的人很难脱颖而出。

做一个有个性、有特色的人并不是很容易，它需要生活中的不断积淀。人生的路处处是浅易中见精深，平实中见崎岖，只有那种有思想、有才华、有个性的人，才能够依靠信心、雄心和执著的精神活出自己的风采。

有个性的人未必外表出众，但他们一定是明是非的人，知道什么是是、什么是非，什么是荣、什么是耻，什么可为、什么不可为。做人就要做有个性的人，有自己独立的人格，有优秀的品质，有健康的心理，有良好的习惯，有坚强的毅力，有自己的处世与合作精神。

做有个性的人，既不能否认原则，但也不故意张扬，一切顺其自然，学会控制自己，这样能够享受一种纯粹的幸福，用灵动的心带动、绽放其他人的快乐。

一位哲人说："无论到了什么时候，我们能够送给世界的最好礼物就是真实的自己。"一个人越能够表现真实的自我，他对生命的体验就越深刻。要想拥有成功的人生，我们就永远不要尝试去扮演自己以外的其他角色。任何想追求成功的人，必须让自己活回自己。最好的方法，便是大声地说出自己的

想法。我们必须说出生活的真相。

然而做真实的自己并不像很多人想象的那么容易。我们在成年以后总是在压抑——不要大喊大叫，不要太坦率地表现自己。我们所受的教育告诉我们，只说可以被接受的话、听起来很聪明的话；只读老师认为有价值的那些书；从来不要信仰大众不承认的言论。做一个真实的人并不容易，有时候它常常不能给人满意的回报。在人际关系中，率直和纯真总是含有冒险的成分。于是，我们忍不住并且是不知不觉地设计了一副面具，以避免坦诚相见可能带来的伤害。

戴上面具是为了遮掩我们所担心的、自身的不足或缺陷。面具、虚伪等各种不真实是用来向别人表露我们希望别人看见的自己，并且藏起我们不敢揭示的自己。在公共场合人们总得扮演一个角色，假装自己是什么、不是什么。如果一个人突然展示真实的自我，一定会让别人大吃一惊！

你穿的衣服并不能代表你是谁，但是可以标明你的地位。你必须表现出看似你拥有真正的好生活，衣服上不能起皱，夹克上不能有污迹，每一根头发都必须自然。

从一定意义上说，越是"成功"的人，自我的成分就越少，就越是做作。在当今的社会中，我们的衣服变成了"成功"的制服，我们的言论成了一连串聚会的符号，我们的地位越高，揭示自我的困难就越大，说实话的困难就越多。

实际上，对自己诚实并不复杂，只要我们敢于摆脱既定的社会模式，避免陷入世俗的陷阱，把追寻真实作为唯一的目标。能够真实地面对自己，我们就达到了真实的标准。我们的个性是真实的，也是值得信任的。当我们相信自己的时候，我们就可以自由自在地发展我们的本性了。如果不曾认识真实的自己，我们怎么能超越原本的自己呢？我们要做的就是发掘出真实的自我，说出和表达出我们的真实感受，然后使我们的想法和行动统一起来——成为有个性、有特色的自己。

第七章 赚取财富提高身价

向贫穷挑战，向命运挑战

我们现在已经无法统计，自有人类以来，贫穷曾经让多少才华横溢的人在这个世界上默默无闻。贫穷也许是人们向自己和别人解释人生平庸和不幸的最体面的借口，但它并不是阻碍我们获得成功、幸福、体面人生最可怕的力量。那最可怕的力量是什么呢？是随贫穷而来的对成功的恐惧，它会使我们自暴自弃，它就像太阳下巨大的云翳，笼罩了我们整个人生。谁也无法将时光倒流，让你再重投胎生到豪门望族，成为一个幸运的"富二代"或"权二代"，但你完全可以扭转劣势、从零做起，运用与生俱来的心灵力量创造机遇，轰轰烈烈地拼一场，创造新的人生。

这不是空洞的、为讨人喜欢而发的妄语狂言，这是我们对许多成功者进行研究后得出的结论。我们惊奇地发现：对于许多取得惊人成就的人士来说，贫穷竟是他们获得成功的法宝。换句话说，是贫穷促使他们创造了人生的奇迹。人生本来就是一种挑战，只有接受挑战，不断地追求，才能充实生命，才能体验到生活的美妙绝伦。所谓有志者事竟成，正是这种人生的写照。只有向贫穷挑战，向命运挑战，才能造就伟大的自我。

在美国西部的一个小乡村里，一位家境清贫的少年在15岁那年写下了气势不凡的《一生的志愿》："要到尼罗河、亚马孙河和刚果河探险；要登上珠穆朗玛峰、乞力马扎罗山和麦金利峰；驾驭大象、骆驼、鸵鸟和野马；探访马可·波罗和亚历山大一世走过的道路，主演一部《人猿泰山》那样的电影；驾驶飞行器起飞降落；读完莎士比亚、柏拉图和亚里士多德的著作；谱一部乐曲；写一本书；拥有一项发明专利……"他洋洋洒洒地一口气列举了127项人生的宏伟志愿。不要说实现它们，光是看一看就足够让人望而生畏了。可这位少年的心却被那庞大的《一生的志愿》鼓荡得风帆劲起，全部心思已被

身价，这样提高……
SHENJIA ZHEYANG TIGAO

那《一生的志愿》紧紧地牵引着，并让他从此开始了将梦想转为现实的漫漫征程。一路风霜雪雨，他硬是把一个个近乎空想的凤愿变成一个个活生生的现实，由此一次次品味到了搏击与成功的喜悦。44年后，他终于实现了《一生的志愿》中的109个愿望……他，就是20世纪著名的探险家约翰·戈达德。

有人惊讶地问他，他是凭借着怎样的力量把那些注定的"不可能"全都踩在脚下的。他微笑着回答："很简单，我只是让心灵先到达那个地方，随后周身就有了一股神奇的力量，接下来就只需沿着心灵的召唤前进了。"一个15岁的贫苦少年正因为敢于向命运挑战，才有了后来实现愿望的伟大创举。

只要你有一颗永不服输的心灵，有一种越战越勇的意志，就算你是个再贫穷的人，内心也会升腾起一股勇往直前的勇气，从而再也不会抱怨上苍的不公。如果这样艰苦卓绝地去做了，虽然不一定都能达到理想的彼岸，不一定能够采撷到预想的果实，但这个心灵的激励、奋斗的过程却闪耀着壮丽多彩的生命之光。

1999年，张波停薪留职下海了。他平常有一个喜好，就是看报纸、杂志、电视新闻，而且好动脑、搞调查。他发现一辆汽车由山西省芮城到广州一个来回需要1100多升汽油，汽车每走三四百公里就必须加一次油，整个路途需经过3个加油站。特别是果农都喜欢到三门峡加油，因为三门峡可从三省进油，价格比芮城每升低2角钱。他觉得这就是机会，因此开始了自己大胆的计划。

他与合伙人在广东清远投资办了个加油站，挂上专门招待运城地区老乡的招牌（芮城属运城地区）。为招揽顾客，他们还提供食宿、换车胎，并为资金一时周转不开的老乡提供帮助。接着他来到三门峡，找到一个濒临倒闭的加油站进行合作。由于这个加油站生意冷清，费用自然低。合作后他们挂上了标语牌："车行万里觅知音，运城老乡在这里，遇到困难需帮助，随时为你解忧愁。"此招果然奏效，当天晚上便有5辆车进驻。这种做法极易唤起同乡司机的亲切感，加之各项服务周到，生意越来越好。曾经有一天，该加油站光运城地区的车就来了150辆。因为从三门峡到武汉后车一般都没油了，他们又与武汉的一个加油站合作，也打出为运城老乡提供各种服务的招牌，效果同样甚佳。

有一天，他吃饭时忽然看见芮城大型知名制药集团的车从路上驶过，车厢上喷有药品名称的广告，他忽然灵感骤来：何不在自己所管辖的车上也喷上这些广告呢？因此他赶紧找到这家药厂，把想法说了出来。精明的药厂老总立即同意了。因为他们每年的广告费高达四五千万元，而此计划投入小，且这些车每天都在全国各地跑，效果肯定错不了，老总当即答应每辆车付4000元的广告费。这样一来，车主还能得到几百元，自然乐意。除去喷广告及交纳各种费用，一辆车张波就赚了2000多元。一夜间，张波成为10万元小富翁的佳话便传开了。

一家银行曾推出一个信用卡销售广告，内容是："真正的财富不是口袋里有多少钱，而是脑袋里有多少东西。""脑袋"就是一个人的想法、观念，想要使口袋里有钱，一定要先有一个富有的"脑袋"，想法决定人的一生。一个人脑袋富有后，自然就能赚进许多的财富，口袋里也会富有起来，就能过上富裕的生活。真正可怕的并不是贫穷本身，而是贫穷带来的颓废、消沉、自暴自弃，以及愤怒的火种。对于意志坚定、积极进取、乐于奉献的人来说，贫穷只意味着命运对自己的考验！

冲破害人的"思想牢笼"

苏联的著名作家别洛夫斯基讲了一个令人啼笑皆非的"思想牢笼"的故事。

有一位公司职员，老是觉得自己好像生病了，于是他去图书馆借了一本医学手册，看看该怎样治自己的病。他一口气读了下去。当他读完介绍霍乱的内容时，他想自己患霍乱已经几个月了。他被吓住了，痴呆呆地坐了好几分钟。

接着他很想知道自己还患有什么病，就依次读完了整本医学手册。这下他更害怕了，因为除了膝盖积水症外，自己一身什么病都有！

他非常紧张，在屋子里来回踱步。他认为："医学院的学生，用不着去医院实习了，我这个人就是一个各种病例都齐备的医院，他们只要对我进行诊断治疗，然后就可以得到毕业证书了。"

他迫不及待地想弄清楚自己到底还能活多久。于是，他搞了一次自我诊断：先动手找脉搏，开初连脉搏也没有了，后来突然发现，

第七章 赚取财富提高身价

一分钟心跳140次。接着,他又去找自己的心脏,却无论如何也找不到。他感到万分恐惧,最后他认为心脏总会在它应在的地方,只不过自己没找到罢了……

他往图书馆走时,觉得自己是个幸福的人;而当他走出图书馆时,却被自己营造的"思想牢笼"所监禁,完全变成了一个全身都有病的老头。

他决心去找自己熟悉的医生,一进医生的家门,他就说:"亲爱的朋友,我不给你讲我有哪些病,只说一下没有什么病,我的命不会长了!我只是没有害膝盖积水症。"

医生给他作了诊断,坐在桌边,在纸上写了些什么就递给了他。他顾不上看处方,就塞进口袋,立刻去取药。赶到药店,他匆匆地把处方递给药剂师。药剂师看了一眼,就退给他说:

"这是药店,不是食品店,也不是饭店。"

他很惊奇地望了药剂师一眼,拿回处方一看,原来上面写的是:

"煎牛排一份,啤酒一瓶,六小时一次。

十英里路程,每天早上一次。"

他照这样做了,一直健康地活到今天。

这位职员幸亏治疗及时,否则一定会被自己营造的"思想牢笼"所囚禁,最后非得上病不可。

现实生活里,有不少人喜欢把自己不懂的事情塞满自己的脑袋,把一些不相干的事与自己联系在一起,造成了心理障碍。殊不知,不懂的事就是不理解,不理解的东西是自己无法判断的。如果盲目地相信某些毫无根据的感觉,使自己失去理智的判断能力,最后被囚禁的就是自己。

所谓"思想牢笼",是指一个人事实上能够干好某些事情,但是却认为自己"不行"。这样的"思想牢笼"并非谦虚,而是自己蔑视自己,是穷人变成富人的最大障碍。

之所以走进"思想牢笼",其根源还是缺乏自信。

穷人往往是缺乏自信心的。人的自信是建立在成功的基础上的,由于反复失败,自信就会慢慢地流失。一个生活在底层的人,往往会为穷困寻找一个开脱的理由:"我的运气不好","我没有一个好爸爸","我家住在黄土高坡"。穷人常常对自己产生怀疑:"我不太精明","我不够漂亮","我不够好","谁都比我强"等,这使得自己寸步难行,他们总是在心底里问自己:"要是这样的话该怎么办?"他们总是缺乏信心。

人的一生充满许多坎坷、许多愧疚、许多迷惘、许多无奈，稍不留神，就会被自己营造的"牢笼"监禁。"思想牢笼"对人的健康危害极大，人患心脏病，大多都与"思想牢笼"有关，严重者则会造成精神失常，甚至自杀。

有人说，"思想牢笼"是很难攻破的。这话只说对了一半。我们应该明白，人的"思想牢笼"既然是自己营造的，自己就有冲出"思想牢笼"的能力。这种能力就是意志的力量。有了这种力量，什么样的"思想牢笼"都可攻破。美国著名的心理学家威廉·詹姆斯说："我们这一代人最大的发现是人能改变心态，从而改变自己的一生。"

请记住："思想牢笼"是自己营造的！你想成为有身价的人吗？那你就必须鼓足勇气冲破你自己的"思想牢笼"！

谋划好自己的"财富导航图"

常言道："凡事预则立，不预则废。"只有站得高，才能高瞻远瞩、深思远虑，才能规划好并且落实好，人生的事业才能迅速、健康、持续地发展下去。"下棋要看三步"，切忌"脚踩西瓜皮，滑到哪里算哪里"。否则就会成为人生的败笔，留下无穷的遗憾。

以史为鉴，我们只要回顾一下当代成功人士的发展史就会发现，他们无一例外，都是在很早的时候就已经规划好了自己的人生。比如邵逸夫、张瑞敏、李书福、潘石屹、李东生等人，他们把握人生的方向，精心谋划未来，创造了巨额的财富。他们都有宽广的视野和战略思维，善于观察世界大势，正确地把握时代的机遇，坚持企业发展的正确方向。正是因为他们的深谋远虑，使他们抓住了人生的机遇，始终走在时代的前列，实现了人生事业的成功。可以说，一次人生的规划，对一个人的发展将产生深远的影响。当然，由于形势在不断地变化，所以规划也应该与时俱进、不断改进，但是战略方针一定要保持相当的稳定性，一旦确定下来，就不能轻易地去改变。

在当今这个经济全球化、信息网络的时代，如果希望自己成为一位杰出者，首先就必须安排好自己每一天的时间，谋划好自己今后的"财富导航图"，并对已经过去的一天中的"计划实施"进行提问。每一天，我们都需要问自己："刚才发生了什么？什么促使我们向着目标前进？什么让我们离这个目标越来越远？什么是有效的？我们该怎样才能使那些有效的行动继续下去……"

我们一定要控制自己的人生，规划自己的工作，谋划自己的未来！在漫长的人生旅途中，临渊羡鱼，不如退而结网。让我们从谋划自己的"财富导

航图"开始,做一位聪明高效的人吧!我们在参与、探索、谋划自己未来的过程中,会不知不觉地改变自己。

当然,我们每一个人都有追求更多美好的东西的欲望,如果谋划不好,目标设立得不明确,结果就会什么也得不到。有的人则是东扑一下,西扑一下,看似得到了许多,但是因为不善规划,没有明确的目标,导致最终与财富无缘,或是失之交臂。

因此,做人应该懂得什么对自己最重要,什么是自己最想要的东西。每一个人都只有一次人生,要明确自己的目标,规划好自己的人生,毕竟每个人的命运都把握在自己的手上。

如何谋划自己的"财富导航图"呢?对这一问题,无论是身在职场的人生还是即将踏入职场的人士,这都是非常关键的,要想成为成功的人,成为富有的人,首先必须有明确的"财富导航图",也就是获得财富的目标和路径,这个目标会把你所有的梦想都聚集到一个方向上。

有这样一则笑话:在巴黎的一条商业街上住着三个商人。有一天,他们聚在一起谈论自己的理想,看看谁最优秀。第一位商人说,他要成为法国最富有的商人,第二位说,他要成为世界上最富有的商人,第三位说,他要成为这条商业街上最富有的商人。

我们可以换一个角度来看这则笑话,成为最富有的人是他们三个人的愿望,所不同的是这三个人设定的财富目标并不相同。究竟哪位商人更有可能、更容易实现自己的财富目标呢?这个暂且不说,就目标而论,它必须遵循以下几个原则,即:具体性、可衡量性、可实现性、现实性、限时性。

这几个原则的具体内容如下。

首先,设定的目标要具体,而且还必须具有可衡量性。一个人在设定财富目标时,如果只写"成为最富有的人,拥有更多的钱"这一句话是远远不够的。应该如何获得第一笔财富,而这笔财富的数目又是多少?在什么时候才能获得这笔财富?如何利用这笔财富?怎样才能让它"生"出更多的财富?十分明显,缺少明确的衡量标准的目标是根本没有实际意义的。

另外,设立的财富目标必须可以通过不断的努力得以实现。实现目标会给人一种成就感,从而不断地产生前进的动力。在设定目标前,必须客观地对自己的现状以及各种客观的因素进行衡量。

目标的现实性,主要是指在一个人设定的财富目标必须与现实中的实际情况相符合,能够通过不断的努力实现这个目标。目标的现实性,要求在设定目标时,必须对现实情况进行仔细的分析,并将那些直接影促使其获得成功的因素设立成目标。

目标的限时性，是指设立目标时必须同时限定实现目标的时间，这一点最容易被理解，也最容易被忽视。往往正是因为这种疏忽才造成许多目标不了了之，最终两手空空，一无所获。

特别是那些一直想创业经商的年轻人，一开始满腔热忱，想大赚一笔，但是由于没有明确的目标和计划，在面临现实和挫折的打击时就半途而废，不但浪费掉了时间、浪费了投入的精力，且还赔了金钱。当然，也有很多青年人，由于在很早的时候就谋划好切实可行的"财富导航图"，因此他们获得成功是非常自然的。

下面这个"经商一年，立志10年"就是一个很好的例子。

1994年，曹兴拿着大学的录取通知书，走出了湛江市老家。面对大学生活的憧憬，成为商人去创业，这已根深蒂固地扎根在了他的心中。自从他进入大学大门的那一刻起，他就为自己规划好了自己的未来路，接下来的就是朝着自己的目标一步一个脚印地去努力。

在大一、大二这两年时间里，他开始完善自己的知识结构。他学的是财务会计专业，但那两年他除了学好专业课外，还整天泡在图书馆，阅读大量的心理学、法律、证券、金融等方面的书。他身边的同学都感觉他特别奇怪，他为什么要花费大量的时间去阅读那些"闲书"呢？但正是因为在这些"闲书"中，才使曹兴逐渐地完善了自己的知识结构，为他以后的全面发展打下了坚实的根基。

到了大三、大四的时候，到外面去的机会就更多了。他除了帮朋友打散工，还做过不少的访问调查。在大三暑假，他每天顶着酷热，奔走在广州市荔湾区的老巷子里，挨家挨户地给一家公司推销新产品。现在回头看看，这种社会接触和锻炼是十分重要的，可以说直接影响着他毕业以后的择业。

正是他在大学时代的规划和积累，为他今后谋得人生第一笔财富准备了充足的"燃料"。

1998年，他大学毕业，从11月的深秋到4月的初夏，曹兴从广州、深圳到佛山、顺德，辗转跑了6地的招聘会，投去了58份简历。前面57份却都石沉大海，杳无音信。

日子在漫长的等待中一天天地熬过去。眼看着身边的同学都一个个地找到自己中意的工作，他每天提醒自己：一定要保持良好的心态，"希望"是从来就不会抛弃坚持者的，只要一有机会，就必须去试一试！

第七章 赚取财富提高身价

也正是这些鼓励,使他决定从底层开始做。他想的是只要这份工作对今后的发展有益,只要能学到企业管理知识就够了,工资待遇问题不要看得太重了,因为年轻时的经历毕竟是人一辈子的财富。

4月的某天,他终于抓住了机会!中山市的一家玩具厂要他去面试。企业老板亲自主持了这场面试。围绕着企业的现状、行业前景,双方谈得非常投机,当场就签订了就业意向协议书。他因此开始了两年的工厂财会生活。

1999年4月,他开始了人生的第一次打工生涯。月收入还不到1000元,3年中他曾两度换岗。对于这段艰难却也不乏激情的时光,他笑称这是他人生的"第一桶金"。所有这一切的准备与磨炼,都是为了他今后的创业梦。

第一年,除了星期天偶尔休息,他几乎每天都从早上8点忙到晚上11点,中间只有两个小时吃饭和休息时间。最初他每月的工资只有800元,还要扣除食宿费。

就是在这么艰苦的环境中,他学会了如何核算成本,怎样算账。对于财会行业,他有了和大学期间完全不同的全新认识。最关键的是他第一次明确了自己的创业方向。曹兴在财会行业的竞争当中找到了属于自己的位置。

转眼间到了2001年7月,已经在那家玩具厂积累了两年经验的曹兴决定离开。他想,再待下去能学到的新东西已经不多了。虽然老板十分赏识他,一再挽留,并给予很高的待遇,但是他最后还是选择了辞职。

为了熟悉财会行业的管理,他又来到了广州天河一家小型财会公司,从底层做起。这次的工资更低了,月薪只有700元。可以说,他再次选择了他人生中的又一个"低位"。

一年时间过去之后,曹兴已经基本摸清了这个行业的运作模式、管理理念。特别重要的是,因为他一直关注发达国家财会服务公司的发展状况,当时他已经非常的自信,他相信自己在这方面肯定会有一番作为的。

2002年7月,他再次辞职,开始踏上为自己谋划了三年的经商创业路,也正是这三年的积累,为他以后的创业掘出了人生的第一桶金。

2002年9月,他一手创办的财会服务有限公司几经周折终于开业了!当时的公司算上他自己只有5名员工。这里面有他的老同学,有他的旧同事。可以说,他们都是出于对曹兴的信任,出于创业的激情才走到了一起。

"万事开头难",刚起步创业要牢记这句话。财会行业竞争相当激烈,曹兴的公司要在狭小的市场空间下生存、寻求发展,就必须靠大家的互相鼓劲,咬紧牙关一起干。

他永远记得,在当年年底最困窘的时候,他口袋里就剩下几元钱,而第二天就要交房租和水电费。他一个人走在公司楼下,12月的寒风吹在身上,望着街上川流不息的轿车,当时他的难受劲是无法用语言表达出来的。

幸好他有十足的冲劲,从来就没想过退缩。真是"天无绝人之路","车到山前必有路",第二天他们就意外谈成了一笔生意,收到了几千元的定金。就靠着这一点儿救命钱,他们有惊无险地渡过了难关。

现在曹兴的服务公司已走上了轨道,资金周转还较流畅。他们目前的主要业务就是给中小型公司做财务报表。

曹兴自始至终相信这句话:人在30岁以前赚不到大钱并不可怕,关键在于必须对自己从事行业有希望。

在经商创业的道路上有一股冲劲固然是好的,但是更重要的还要有股"韧劲",坚定不移地按照"财富导航图"前进。

首先,在进入商界创业时,心态一定要平和,千万不能急于求成。大多年轻人自主创业时容易产生好高骛远的心理,比如把目标定位在需要一大笔启动资金的高科技的大型项目上。这样会给自己带来巨大的风险和压力。因此,年轻人刚起步时,应当选择一些低成本、低风险的小项目比较好,脚踏实地做事,并尽快地谋划好自己的创业计划,以此谋得人生的财富。

其次,必须具有承受住风险与失败的打击以及应付各种困难的心理准备。年轻人创业除了在资金、社会经验等方面有着先天性不足之外,还会由于外部制度不够完善而招惹麻烦,会因为缺乏基本的理财技能、推销意识和沟通技巧而陷入困境。市场时时刻刻都有风险,却永远也不会有人来及时提醒风险在哪里。身处商海随时会面临像过山车一样起伏跌宕的生活,随时都有可能遭遇那种明知是行不通的,却被迫不得不做的绝境。所以,一个没有坚强心理品质和风险意识的人,在致富的路上根本就走不了多远。

即使有了"财富导航图",最好还是保持"低位"切入的姿态,"做好最坏的打算,尽最大的努力",再一步一个台阶地向着目标全力挺进。只有作出

这样的打算在前进的道路上才不会摔得那么惨重。

一个人的一生最关键的是准备好自己。要好好地规划，完善自己的知识结构，积累足够的经验。特别是创业的时候更应该这样做，就像巴斯德所说的一样："机遇只给予那些做好准备的人。"

直觉和胆量是赚钱秘诀

精明的商家可以将商业意识渗透到生活的每一件事中去，甚至一举手、一投足。对于充满商业智慧的商人，赚钱可以无处不在、无时不在。

想要赚钱，除了需要分析经济动向、熟悉统计数据外，还需要一定的直觉判断力和胆量。

也许会有人说："这种想法是错误的。生意必须按照经营理论或经营心理学去做才算科学，合理的经营方法对生意是绝对有必要的。"然而就目前的社会来说，判断一个生意能不能赚钱，是很难计算出来的，必须靠个人的直觉判断力和胆识。当然，还必须参考一些有根据的资料。就拿经营股票来说，对于一个短期投资者，个人的感觉尤其重要。在观察好盘势，到底该选哪种股票，有时往往需要直觉来判断，单靠纯粹的理论会大跌眼镜。

赚钱可以说是无中生有，哪怕采用再先进的机器，也无法找到稳赚不赔的方法。有时，直觉判断是决定一个人能否赚大钱的关键因素。

以直觉判断，当然也可能失败。如何对待直觉判断是一门学问。闻名世界的大发明家爱迪生，一生发明各种物品。然而就连如此绝顶聪明的人，也不敢保证他的判断次次准确。他说："有许多我以为对的事，一经试验后，往往就会发觉错误百出。因此我对于大小事都不敢下肯定不变的决定，当我一旦发现自己的判断有些不对时，立刻见风转舵，改变方向。"

赚钱也如此。赚钱并不是件容易的事。当赚钱的机会来临时，如果你的态度仍然犹豫不决，那么你就不具备发财的资格，因为你还没有培养起敏感的直觉和胆量，所以你最好准备一段时间再谈赚钱吧！

胆量的有无是建立在自信的直觉判断力的基础之上，而判断的作出并不是一件容易的事情。

思路决定财路

与直觉判断力相伴生的就是思路,有良好的直觉判断力,就会有好的思路。要想赚到钱,钱不多没有关系,没有钱也没有关系,最重要的是必须有个好思路。有了好思路,再付出艰辛的努力,就能走上致富之路。

人们都知道,卡特是一位很有魄力的美国总统,然而他在就任美国总统之前是一位种花生的农民却是鲜为人知。他种花生不墨守成规,敢于突破思维定式,因此,他成为十分闻名的花生大王与百万富翁。

卡特从海军退役之后,接手了刚去世的父亲手中的花生业务。这时候,他看到收获季节的原野上到处都是花生堆。照一般人的思路,是让花生在太阳下暴晒,待干燥后,再送去榨油或者装袋运到市场。天气晴朗时,花生干得十分快,一旦遭遇连阴雨,农民则会感到痛苦,许多花生会在雨水中霉烂。对这种常见的现象,几乎所有的农民都坦然地接受了,没想出解决此问题的方法。然而卡特却不能容忍这种靠天吃饭的习惯,他想,要让花生干燥,为什么只依靠太阳呢?换个思路同样可以。于是,他反复地思索、考虑,最终想到了用瓦斯烘干花生的方法。此后,他生产的花生,就不用在地里堆着等太阳晒了,而是将其运到自己的仓库中,用瓦斯将花生烘干。可以想象,当别人看着自己的花生在雨水中发霉而没有办法时,卡特的花生却在仓库中慢慢地烘干了,因此他比别人多赚了很多钱。

后来,卡特又革新了花生壳的加工回收处理工艺,这种新方法能够回收炭、瓦斯甚至油。这些改革方法使卡特的花生买卖不断地做大,财富也越积越多。

世界上有许多事物和现象没被人类认识和利用,一些事业成功者由于善于观察和思考,很快就掌握了这些现象的规律及作用,并为其所用,从而为社会、为自己创造了财富。

日本汽车"推销大王"椎名保久发现,在生意场合,人们经常用火柴替对方点烟,然后将火柴留给对方。

于是,他便向火柴厂定制了一种大火柴,在盒上印上自己的名字、

公司电话号码和地图，然后将其送给自己的顾客。

一盒火柴共有20根，每点一次香烟，电话号码和地图就会出现一次，而一般的吸烟者经常是在困惑或兴奋时抽烟，习惯凝视着火柴思索问题。这种"无意识的注意"为人们留下深刻的印象。

椎名保久认为，一盒小火柴虽然不起眼，但发挥的作用却十分大。假设一个地方放上20盒火柴，那么自己的名字、公司的电话号码和地图也就有机会出现了400次。

正是在这小小的火柴上做文章，椎名保久使汽车的销售额大幅地上升，获得了财富。事实上，很多从他那里购买汽车的顾客都是看到火柴盒上的电话号码，通过打电话询问，才有了购买意向的。

财富的源头是以思考的形式出现的，财富的形成始于思想中对成功的渴望。天下并没有什么新鲜事，你想得到，别人不见得想不到，甚至想得比你更周到。一个人要想成功赚钱，就需要有好的、独特的思路。

日本的一家万字酱油厂，起初是一间家庭小作坊。第二次世界大战胜利后，该厂厂主发现有些美国人不管吃日本菜还是西式菜，都乐意以酱油调味，于是他便研究如何才能将酱油打入美国的市场。

万字酱油厂派人去美国调查、研究美国人的生活习惯，发现美国人的食品构成和烹调方法与东方人差异很大，酱油虽然是他们喜欢的调味品，但还是没有被广大美国居民接受。万字酱油厂创立了美国居民接受的新形象，将它以西方食物调味品的姿态出现在美国各大广告媒介上，其设计包装全部改为西方式的，并在电视广告上宣传该酱油味道独特。这样一来，美国的千家万户便对酱油有了深刻的印象。

经过一段时间的试销，万字酱油厂决定在美国设厂经营。1957年，该酱油厂在旧金山投资开设了第一家分厂。第二年在洛杉矶设厂，接着还在纽约、芝加哥等大城市设置分厂，生意十分兴旺。1988年，万字酱油厂的营业额达到7000万美元。

万字酱油厂的经营是从发现美国人喜欢吃酱油开始的，继而深入美国研究美国居民的消费方式和生活习惯，改变了产品形象，以适应美国人的需求，后通过试销觉得有利润可图，于是投资开办工厂，使企业办得好。万字酱油厂凭借良好的思路，最终使不易被接受的产品成为畅销货。

第七章 赚取财富提高身价

经商赚钱有没有捷径可走？一般而言，答案是否定的，因为走捷径似乎代表着不切实际。然而，不可否认的是，有些人比别人成功得快些、轻松一些，他们似乎找到了一条通往成功的捷径。其实这条捷径就是以创造性的思路打开经营局面，成功地创造财富。

赚钱要有心计

如何才能做成功的生意人，赚到大钱呢？如何才能扬长避短，在商战中立于不败之地呢？答案很简单：赚钱要有心计。

商场上的成功者，没有一个不长于算计、工于心计。这些成功者对市场需求、竞争环境等十分熟悉；对人情世故、商战技巧也都熟记在心。生意人倘若没有心计，在激烈的商战中未及交锋，就会被足智多谋的对手弄得狼狈不堪，铩羽而归。

立普顿本是一个农民，他在工作中有了一定的积蓄后，开了一间小杂货店销售各种食品，因为他头脑聪明、颇有心计，小店渐渐建立起较高的声誉。

一年圣诞节前，立普顿为了让其代理的乳酪畅销，便想了一个巧妙的办法。按照欧美传统，人们在圣诞节前后所吃的苹果中如果藏有一块铜币，明年将吉祥如意。立普顿从此受到启发，便在每50块乳酪中择一块装了一英镑金币。于是，许许多多的消费者在金币的诱惑下拥入立普顿的乳酪店。

然而，立普顿的发达却招来同行业的联合抵制，他们向英国警方控告立普顿的做法有赌博的嫌疑。

智慧的立普顿并没因同行的抵制而退缩，反而以退为进，在每个经销店前贴出了通告："亲爱的顾客：感谢大家喜欢选用立普顿乳酪。但如果发现乳酪中有金币者，请送回金币。谢谢合作。立普顿乳酪敬启。"

果然不出立普顿的预料，消费者不仅没有将金币退回，反而在乳酪含金币的诱惑下更加积极购买，而警方也认为这是纯粹的娱乐活动，便不再干涉了。

立普顿的竞争者仍然不肯罢休，他们又以安全为由要求警方将

立普顿乳酪的危险行为取缔。在警方的多次调查下，立普顿又在报纸上刊登了一则广告：

"警方又传来了一道命令，故敬请各位受用者，在食用立普顿乳酪的时候，注意里面有一块金币，不能急急忙忙，应该十分小心，才不至于将金币吞下，以免造成危险。"

这个广告表面上在应付警方及同行的抗议，但实际上却十分巧妙地宣传了立普顿卖乳酪送金币的事实，促使消费者踊跃购买。

赚钱不是凭感觉、凭运气，而是要讲求心计。心计运用得当是赚钱的第一要义，也是生意成功的重要保证。

西北农村有一家供销社，积压了一批带双耳把的铁锅，这可将供销社的经理急坏了。

正当此时，供销社有一位小伙子不慌不忙地说："铁的分子式是Fe，铁离子可以补血。"于是，这位小伙子写了一张通知贴在供销社的门口，上写："今我店购进了一批优质Fe耳锅，可治人体缺铁性贫血。由于数量不多，凭票供应，每张票只许买一个锅，请大家原谅。"

随后，他又写了与铁锅数目相同的票发了下去。

次日清早，供销社门前挤满了人，有票的十分高兴，没票的想办法去找票。这样一来，没用多长时间，这批积压好长时间的铁锅就被抢购一空。

无独有偶。某地有一伙收废品的人，蹬着三轮车到处转悠，他们大多收购一些旧纸箱、废报纸、酒瓶等，赚不了大钱。他们当中有一个绰号叫"小机灵"的，时常能够收到一些廉价货，譬如50块钱收购一张雕花木床，80块钱收购一对真皮沙发，100块钱收购一台七八成新的电视机。这些东西一倒手就能赚许多的钱。他每个月都能收入几千元。别人问他赚钱有何诀窍，他笑而不答。

后来，人们才了解到他赚钱的秘诀，原来"小机灵"专门盯着一些离婚的家庭，尤其是离婚的"大款"们。"新欢"大多贪图享受，进家后看到以前的旧家具就会不悦，"大款"为讨"新欢"的高兴，于是便将家里重新装修，家具完全更新。这时，旧家具就成为他们的负担，许多都是给点儿钱就卖掉。"小机灵"正是摸透了这种人的心理，所以发了大财。

心计是生意人的最大资本。一个商人不管有多聪明、多能干，如果没有赚钱的心计，那是很难兴旺发达的。有心计的商人能够从容地应对商场上的一切，能够化不利为有利，从而成功获得财富。

正确的方法是致富的捷径

在通往成功的道路上，虽然已经付出了最大的努力，但是仍然得不到财富的青睐，为什么？这是摆在许多人面前的重要问题。

这些人可能勤劳勇敢而且充满信心，但是他们的付出很少得到对等的回报，这时候，他们就应该重新考虑一下自己做事的方式了。这就好比有一群人上山打柴，有人扫地下的枯枝碎叶，有人用铁锹挖树，有人用锋利的斧头砍树枝。在这三种做法中，当然是砍柴的人的方法实用有效。扫树叶和挖大树的人，虽都累得汗流浃背，却很难看到具体的成效。事实上，方法的重要性是已经过科学的验证的。

爱德华兹·戴明博士是个美国统计学家，因将高质量做事方法带到日本而备受人们推崇。戴明博士根据多年的数据分析证明，在所有的失败中，有94%并不是由于人们不想把工作做好。事实上，大多数人想把工作做好。如果不是人的因素，那么究竟是什么原因呢？

是方法。方法不当是那94%失败的"罪魁祸首"。

曾有一位教授在一次小型讲习班上演示过这个观点。他在一张桌子上放了一块蓝绒珠宝衬垫。然后，他在中间放了一个珠宝商用的放大镜、一把特殊的镊子和50颗晶莹闪亮的钻石。

他说道："这些闪闪发光的石头并不都是钻石。在这一堆里，有49块氧化锆（人工钻石）和一颗真钻石。如果你们有人能找出这颗真钻石，我就把它送给他。有谁想试一试吗？"

所有人都跃跃欲试。

"只能试一次，而且你们每人只有60秒钟的时间。"教授说。

人们一个接一个地试图找到真钻石，但是只有这么短的时间，大家都失败了。

这位教授同意告诉大家寻找真钻石的方法。在时钟的"滴答"声中，他开始将每一块石头翻过来，让平面向下，琢面向上。他用

身价,这样提高……

SHENJIA ZHEYANG TIGAO

了55秒钟的时间把石头码放成这个姿态。接着,在还剩下的几秒钟时间里,他从上方往下看着石头,用自己的肉眼就找到了真钻石。一旦安排妥当,每次找出真钻石就变得异常简单。

为什么?因为所有的氧化锆都是一个"模样",完美无瑕。只有钻石上面有一个瑕疵——有一小块碳,叫做内含物,其灯光的反射与其他石头略有不同。这个不同点很明显,肉眼就能分辨出来。现在,秘密公开了,所有人都想再试一试找出真钻石。

"不,"教授解释道,"你们有过机会了。由于你们不知道这种方法,因而你们一无所得。而我知道这种方法,所以我每次都能找到钻石。"

很大一部分人对自己的贫穷并不甘心,也不缺少信心和毅力,他们之所以还那么穷,主要是没有找到通往目标的捷径,把时间和体力都用在劳而无功的事情上。有一个剥骆驼皮的人的故事,以夸张的手法点明了许多穷人真实的生活状态。

从前,有一个人,他很勤劳,但始终过着吃不饱、穿不暖的生活。

一天,这个人到一个地主家做工,地主看他活儿完成得很好,一高兴就送给他一头死掉的骆驼。

回到家里,他开始给骆驼剥皮。骆驼皮很厚,他又没有做过这类的事情,一点儿也不熟练,所以没有多久,小刀就不快了。他跑上阁楼,找到一块磨刀石,磨完刀子以后继续剥皮。可是刀子很快又不行了,他只好又跑上阁楼。反复几次,他累得气喘吁吁,于是他动脑筋想了一个办法。

他的办法是:把骆驼拉到阁楼上,在磨刀石旁边剥皮。但是通往阁楼的楼梯太小,他只好用绳索捆绑骆驼,再把骆驼从窗户吊上去,这下他磨刀就方便多了,不必再跑上跑下。

在众多的方法中,剥骆驼皮的人所使用的方法是最笨、效率最低的一种。这就像走路,明明有很多近路,可他偏偏不走,就是一心一意地绕圈子,累得半死不说,而且达不到目的。我们在刻苦的同时,必须选择最佳的方法,这样才能事半功倍。通过走近路而节省时间去干其他的事,则将有更大的收益。

生活中,销售经理经常对受挫的推销员说:"再多跑几家客户!"父母对拼命读书的孩子常说:"再努力一些!"但是这些建议都有一个漏洞。就像有

178

人曾经问一位高尔夫球高手："我是不是要多做练习？"高尔夫球高手却回答道："不，如果你不先把挥杆要领掌握好，再多的练习也没用。"

正确的方法比执著的态度更重要。我们应该调整思维，尽可能用简捷的方式达到目标。无论如何，用钥匙开门都比把它砸开简单。想要致富的人的目标，就是尽快找到那把钥匙。

经商要能守住道德底线

赚钱是商人的天性，无利欲就不会成为一个成功的商人。就好像"不想当将军的士兵不是一位好士兵"一样，不想赚钱谋利的商人也不是一个好商人。当然经商不能违背起码的道义良心。

现实生活中，有些商人为了一己之私而干一些害人的勾当，自以为可以瞒天过海，殊不知这是鼠目寸光的表现。

> 1993年月12月15日，春都集团可存放3000吨生肉的冷库突然起火，存放在冷库里的2600吨原料被毁，损失达4000万元。当时春都的职工共有4000名，等于每人烧掉1万元。为了逃避责任，春都集团上报的损失只有36万元。
>
> 大火过后，冷库里被烟熏火燎过的生肉，按规定应全部废弃，但春都集团的领导觉得这样做未免可惜，就把熏烧得不太厉害的一些生肉，掺进生产火腿肠的合格肉里，致使那段时间出品的"春都"火腿肠吃起来都有股烟熏味儿。
>
> 春都的竞争对手趁机造谣："火腿肠里面有人肉！"一时间，顾客避之唯恐不及，进货商也纷纷退单，春都集团元气大伤，仓库里堆满了成品火腿肠。
>
> 有人说"无商不奸"，并不是说商人都会欺骗消费者。春都集团自以为聪明，以为可以瞒天过海挽救自己的损失，结果"偷鸡不成，反倒蚀把米"，产品销售不出去不说，还影响了自己的信誉，弄得元气大伤。

事实上，除了少数奸商外，大多数商人还是恪守职业道德的。生意人讲职业道德，不仅对社会有好处，即便对于生意人自己也是好处多多的。

身价，这样提高……
SHENJIA ZHEYANG TIGAO

中国香港福建商会理事长王为谦，祖籍是福建晋江，1950年获准出国，本来想去菲律宾谋生。因入境手续受阻，滞留香港，在一家侨民公司打工，后因公司倒闭，面临失业。

1953年，王为谦用自己的积蓄加上亲朋好友的支持，创办了中国香港新元贸易公司。当时，公司的进出口贸易采用赊账形式，分期付款，双方唯一凭借的就是一个"信"字。"一个人没有信用，他就难以立足"是王为谦的口头禅。

一次，他的公司一批货物到菲律宾，交了货却收不回钱。资金周转失灵，公司面临倒闭。由于在商界有着良好的声名，王为谦得到友人援助，渡过了难关。

王为谦以贸易起家，却从不贪暴利、乱加价宰人，而是薄利多销。来价多少，自己应得利润多少，一一告诉贸易伙伴，待人以诚，从而建立了一批长期客户。当时，有两家日本电器厂商看中王为谦诚实可靠、进取心强，愿意将电器产品交给新元公司，开拓海外市场。其后，王为谦成为TDK的总代理，生意开始向多元化发展。

经40多年的创业、发展，王为谦创办的新元贸易公司在印尼、美国、加拿大等都有子公司或分公司。谈起这一商业王国的建立，王为谦总是自谦地说："还差得远，我谈不上成功。我的经历，只能说是一部充满艰辛的创业史。创业之初我手头无钱，但我对人处事坚持以信、诚、勤三字相待。这三个字就是我取得一点儿成绩的出发点与根本。"

王为谦的成功说明了人品对于做生意的重要性。一个人的人品有多高，他的财富就有多富足。商人不讲职业道德，如同杀鸡取卵，自掘坟墓。

金碑、银碑不如口碑

市场经济以诚信为本。作为一种特殊的资本形态，诚信日益成为社会组织和个人立足之本与发展源泉。经营者的品质决定着企业的市场声誉和发展空间。不守诚信有时可赢一时之利，必然会失长久之利。反之，良好的口碑能带来滚滚财源，使生意越做越大。

在商界，信守承诺、讲信用被形象地视为店铺的一块金字招牌。小本生意不可能花钱做广告，全靠客户的介绍，这就需要有良好的口碑。这是很多人的成功之道。

许德林曾做过油漆工，后来他组建了一支装修工程队，在人们痛斥装修"游击队"种种不是的时候，他所承接的工程却从没有停断过，常常装修完一家，便接连有几家在等着他。在施工中，有时工人出了小小的差错，外行人未必看得出，可许德林发现后从不马虎，叫工人重新返修，并且自己赔上材料费。

他相信自己工作的质量，所以对客户有约在先，装修后负责保修。虽然有时问题并不出在质量上，可只要有客户向他打招呼，他都在力所能及的范围内帮忙，而且他的收费在同行内比较公道，没有像其他人那样漫天要价。经过几年的努力，他拥有了一家规模颇大的装修公司，在业界和客户里有相当的知名度，生意自然越来越好、越做越大。

有一位蒲先生，前几年因所在的公司转产，他回到家里自己种起了生菜。蒲先生觉得，如果能把农民组织起来，收购他们手里的生菜，卖到市场上挣差价，是个不错的商机。但他缺乏资金，于是就找到了在菜市场认识的商人晋先生商量合作，结果一拍即合。昆明市生菜的主产区在呈贡县，到多雨季节产量极低，像晋先生一样对农户不熟悉的商人即使手里有钱也收不到生菜。也正是因为如此，他们很愿意和蒲先生这样对种植技术和种植户都非常了解的人合作。

两人成立了一个小公司并与菜农签了合同，建起了只有50亩面积的生菜基地。为了让菜农愿意长期把生菜卖给自己，蒲先生除了向菜农提供技术外，还采取了与其他公司不同的方法，即向菜农承诺，按照既定价格收购生菜，这样减少了菜农种菜的风险。蒲先生认为进行这样的投资，会赢得菜农的信任。当年七八月份，晋先生与蒲先生的第一批生菜按照每千克8角5分的价格收上来了。可到了市场上，意想不到的事情发生了，大量生菜一齐在市场上销售，造成大幅降价，生菜的价格降到了6角1千克，他们1千克得赔2角5分。各蔬菜商纷纷采取提高质量标准的办法，拒绝收购菜农手中的生菜。蒲先生他们基地上的生菜却一棵没剩。虽然蒲先生损失了不少，但菜农还是可以保证每亩1000元的收入。菜农觉得蒲先生负责任，从而更加信任他。

身价，这样提高……
SHENJIA ZHEYANG TIGAO

经过蒲先生、晋先生和菜农的共同努力，扩大了生菜的产量。后来，蒲先生的公司发展了麦当劳的一级供货商克诺纳公司作为他们的大客户，其质量要求不仅高，并且数量大、要货急，而广大菜农的积极配合对他们的市场销售起了很大的支撑作用。

经商要想赚钱，最好的办法是树立起自己的信誉，这无疑是个让人信服的金字招牌，它会使生意日益兴隆。良好的口碑并不是嘴巴吹出来的，而是靠诚实经营、踏踏实实地工作形成的。

重视客户、提供好的商品或服务，这样经过长期的信用积累，才能真正建立起自己的招牌。一旦失信于客户，如承诺不兑现，那么生意人在客户心目中的形象便会轰然倒地，长期建立起来的信用招牌也会毁于一旦。这个时代，那些缺乏信用的商家，就算有再漂亮的招牌也会生意惨淡。信誉至上才是赚钱的法宝。

第八章　提高身价需要自我磨砺

人贵有自知，自知是大智

　　古人说："知人者智，自知者明。"说人生是从自我认识开始的也许不确切，但成功的人生始于自我认识则确凿无疑。

　　一个人最不了解的其实是自己。我们只了解自己的欲望，不了解自己的本性；只了解自己的所缺，不了解自己的所有；只了解自己的容貌，不了解自己的形象。为此，我们要学会认识自己。

　　中国有句俗语："当局者迷，旁观者清。"当一件事情发生在别人身上时，我们很容易看到它的利弊；如果事情发生在我们自己身上，那就难说了。这也就是说，我们了解的往往是别人，而不是自己。别人的优缺点，我们能一目了然，自己的优缺点却总是模糊不清，甚至有时缺点也被我们认为是优点。

　　这个时候，我们就需要静下心来，问问自己真正的爱好是什么，有哪些长处值得发扬，有哪些缺点应该改正，每天抽出一段时间反省自身，一定能受益匪浅。

　　　　一个从小就生长在孤儿院里的孩子常常悲伤地问院长："像我这样没人要的孩子，活着究竟有什么意思呢？"院长总是笑而不答。
　　　　有一天，院长交给孩子一块平平常常的石头，说："明天早上，你拿这块石头到市场上去卖，但不是真卖。记住，无论别人出多少钱，你绝对不能卖。"
　　　　第二天，男孩儿真的听从院长的指示，蹲在市场的一个角落卖石头。令他感到非常意外的是，竟有许多人向他购买，而且价钱越出越高。
　　　　回到孤儿院后，男孩儿兴奋地向院长报告。院长笑了笑，要他明天拿到黄金市场上去卖。在黄金市场上，奇迹发生了，竟有人出价比昨天高10倍。由于男孩儿怎么都不卖，这块普通的石头竟被传

扬为"稀世珍宝"。

生命的价值就像这块石头一样，在不同的环境下就会有不同的意义。一块不起眼的石头，由于人们的珍惜而提升了它的价值，被说成是稀世珍宝。我们每一个人不就像这块石头一样吗？只要看重自己，自珍自爱，生命就有意义、有价值。

每一个人都有属于自己的价值，但人们往往不懂得它的珍贵，认识不了自己，反而对别人手中的一切羡慕不已，最终只能让世俗的尘埃蒙蔽了自己智慧的双眼。

一个人以放牧为生，他都觉得自己很幸福。他不知道什么是贫穷，也不晓得什么是富贵。

一天，他看到海上来了一只大船。船上面载满了各式各样珍贵的东西，码头上堆满了大量的各色货物。船主的雍容华贵让这个牧人非常羡慕，他也想去碰一碰运气。于是，他卖掉了他的羊群，买了一条小船，从港口出发了。

他的冒险经历出奇的短促！小船刚走不远，海上就刮起了可怕的风暴。小船失事了，他好不容易才挣扎着游到了岸边。

于是，这个人又重新当起牧羊人来了。不过，有一点与从前不同——他现在只能从新开始，因为他已经一无所有了。他在这方面节省点儿钱，在那方面节省点儿钱，终于又养了一群羊，又过起了平淡且愉快的日子。

大海可能是风平浪静的，也可能是波涛汹涌的，其中有财富，也有风险，它可能助你成功，也可能毁了你的前程，关键要看你是不是一个能够经受住考验的"水手"。

并非每一个人都适合"下海"，也并非每一个人都会在"下海"后捞到财富。如果你喜欢淡泊的日子，如果你缺乏冒险的准备和能力，如果你对自己现在的工作和生活感到满意，就不必为了追逐幻想而抛弃手中的一切。要知道，如果你是一个牧人，你的财富就不在海上。

的确，人生不得意的事真的太多了。但同样确定无疑的是，有时候不是环境出了问题，而是我们自己出了问题，比如，我们没有能够选择正确的人生方向，我们对自己能力的认识存在偏差，等等。只要我们能正确地认识自我，社会总有我们的立足之地。

"人啊，要认识你自己！"这句镌刻在古埃及德尔菲神庙门前的一句话告诉我们，生命是自己的，生活是个人的，生存方式更是自己选择的。只要我们认识自己，把握好自己，就一定可以塑造出一个璀璨的自己。

不要被不合理的标签所左右

曾经看过这样一个寓言故事：

有一只狮子一觉醒来后发现自己尾巴上被贴上了驴的标签，标签上还有公章、签名、编号，它想把这标签撕下来，可是怎样也办不到，于是它对自己怀疑起来，便到处询问自己到底是不是狮子，得到的回答各不相同，虽然也有同情它的，却没有谁愿为它撕去标签。最终这只狮子真的变成了驴，发出了驴的叫声。

这个故事多么可笑啊！明明是一只狮子却被贴上了驴的标签，这不是"指狮为驴"吗？更可悲的是，狮子却不能坚持自己本是狮子的事实，对此产生了怀疑，最终沦为了驴。究其原因是什么？只是因为自己尾巴上贴上了驴的标签。

类似的标签在现实社会中也存在着。不正确的评价、不公平的地位和待遇，不对等的职位等，这些不都是标签吗？这些标签并不符合事实，被贴上这些标签的人如果也像那只狮子那样去做，毫无疑问，他们的结局也比那只狮子好不到哪里去。反之，如果他们能认清自己，正视自己，坚守自己的价值，不被标签束缚，那么，他们就会走出一条不一样的路。

有一位亿万富翁小时候家庭贫困，他依靠努力学习，最终考上了美国的一所著名大学。为了能付清高昂的学费和维持基本的日常生活，他主动担负起打扫校园的任务，能够每月挣得一些钱来解决困难。有一次，他居然在一个月内从地上捡起了多达50美元的硬币。他对此很担忧，觉得这是一种极大的浪费，就给美国的财政部写了一封信，说明了这种现象并要求解决，但财政部并未对此有何回应，他只好将这些捡来的硬币用掉。当时因他很贫困，人们知道这件事后就称他为穷小子，并天天这样呼喊着他。

等到他毕业后，他回想起这件事，从中看到了商机，便开了一家叫"硬币之星"的公司。他购置了很多硬币兑换机放在大超市的

第八章 提高身价需要自我磨砺

旁边，由于人们兑换硬币的欲望很强，他的生意很红火，他与多家超市签约，要求把兑换硬币所得来的利润的9%给他。就这样过了短短五年，硬币之星公司就在全美拥有了几千家大型商场的网点，他也由穷小子变为了亿万富翁。

如果他当时不决心撕去"穷小子"的标签，没有认清自己的价值，他能取得这么大的成功吗？

可惜，我们虽然可以时时把认清自己挂在嘴边，但真正认清自己、正视自己又谈何容易。有时候，我们认不清自己的长处，以为自己是一块儿废料；有时候，我们又认不清自己的短处，以为自己无所不能，竭力想用跛着的那一只脚踏开一条成功之路；更要命的是，有时候我们认清了自己，却不能正视，依然故我，在老路上前行。

在认清自己的时候，有的人选择了自卑。他们羡慕那些走红的影视明星、著名的作家、知名的科学家、富足的商人，谈起来头头是道、一脸羡慕，但一谈到自己就会说："我不是那块料，我肯定不会像他们一样成功的。"或者说："我可没有他们那么好的机会。"这些人自己把自己打入另册之中，给自己的前途蒙上了一层灰色的纱幔。

也有一些人对自己认识过头而招致失败。如春秋战国时期那个赵括，他虽熟读兵书，但只知纸上谈兵，不联系实际，赵王封他为将时，他飘飘然，没有认清自己的弱点，带领几十万大军与秦军作战，最终只落得几十万大军全军覆没、自己身死沙场的结果。

认清自己、正视自己吧！不要被社会、他人等贴上的不恰当标签所左右，也不要过高地估计自己，为虚名所累。坚守自己的价值，正确地评价自己的能力，撕去不合理的标签，我们就能走上一条实现自己的价值的正确道路。

做自己擅长的事

富兰克林说过："宝贝放错了地方便是废物。"的确如此，如果让毕加索去学医，让奥巴马去唱歌，让贾平凹去研究数学，让姚明去教书，他们还能脱颖而出成为各自行业的佼佼者吗？他们的命运又将会是怎样呢？很可能他们就像普通人一样默默无闻地过完一生。每一个想要取得成功的人，都要经营、发挥自己的长处，做自己最擅长的事。

有一户人家里养着一条小狗和一头驴。每当主人从外面回来时,小狗总是飞快地跑上前去,一边摇尾巴一边亲热地叫唤,主人也总会蹲下身高兴地抚摸小狗。这时小狗还伸出舌头温柔地舔舔主人的脸。

驴子看到这一幕,顿生不快。它心想,自己整天任劳任怨,埋头苦干,稍微出点儿差错就要挨打,小狗什么也不会干,就会拍马屁,看来要学学小狗与主人联络感情才行。

拿定主意的驴子等主人进门时也大叫着跑上前去,它把蹄子搭在主人肩上,还伸出长长的舌头。主人惊恐万分,费了好大的劲才把它推开。驴子被重重地摔在地上,主人拿来鞭子又狠狠地抽了它几鞭子。

这则寓言故事给我们以深刻的启迪。在现实生活中,每一个人都有自己的长处,也各有其短处。俗话说:"尺有所短,寸有所长。"每一个人的角色都是不同的,只有把自己的工作干好,才会得到别人的欣赏和肯定。宋代诗人卢梅坡有一句诗:"梅须逊雪三分白,雪却输梅一段香。"说的也正是这个道理。

1948年5月14日,以色列国成立。当犹太人还没有从新国家诞生的喜悦中缓过神来时,以色列就和周围的几个阿拉伯国家爆发了战争。当时已经定居美国十多年的爱因斯坦立刻通过媒体向外界说:"如今,以色列人不能再后退了,我们应该去战斗。犹太人只有依靠自己,才能在一个对他们存有敌对情绪的世界上生存下去。"

1952年11月9日,爱因斯坦的老朋友、以色列首任总统魏茨曼逝世。在此前一天,以色列驻美国大使已经向爱因斯坦递交了以色列总理本·古里安的亲笔信,正式提请爱因斯坦为以色列国总统候选人。

当天傍晚,一位记者给爱因斯坦的家里打来电话,询问爱因斯坦:"听说以色列总理要请您出任以色列国总统,教授先生,您会接受吗?"

"不会。我当不了总统,当总统可不是一件容易的事。"爱因斯坦脱口而出。

"总统没有多少具体事务,他的位置是象征性的。"记者添油加醋地说,"教授先生,您是最伟大的犹太人。不,不,您是全世界最

第八章 提高身价需要自我磨砺

伟大的人。由您来担任以色列总统，象征犹太民族的伟大，再合适不过了。"

"不，我干不了。"爱因斯坦坚决地说，"解方程对我更加重要。"

第三天，爱因斯坦在报上发表声明，正式谢绝出任以色列总统候选人。在爱因斯坦看来，当总统是一件非常麻烦的事情，他再次引用自己的话："解方程对我更重要，因为政治是为当前，而方程却是一种永恒的东西。"

在人生的坐标系里，一个人如果站错了位置，用他的劣势而不是优势来谋生的话，那是非常不明智的，不但无法取得理想的成绩，而且会对自己的职业生涯造成很大的负面影响，他很可能会在无休止的卑微和失意中沉沦。因此，发挥自己的优势相当重要。

选择职业也是这个道理，你不要考虑哪个职业能使你成名，而应该考虑哪个职业能让你发挥自己的特长。因为发挥自己的优势能使你的人生增值，反之会使你的人生贬值。

爱因斯坦的长处是他在物理学研究方面的才能，而不是他的政治才能；姚明的长处是他的篮球天赋，而不是他教书育人的本领。所以他们的选择是明智的，所以他们都实现了自己人生的最大价值。

挑战自己的潜能

人的潜能是无极限的，人的潜能更多的是表现为一种精神的力量。人们在选择控制自己的情感和与人交流思想感情方面也有巨大的潜能可以开发利用。人的言谈举止、交际水平和心律、血压、消化器官以及脑电波都可以受到精神力量的控制和影响，比如，有的人不幸患了严重的疾病，但只要心态积极、精神振作，竟能创造出奇迹。

这类事例世界各国都有，并有案可查。所以科学家们预言：终有一天，我们会发现人体有能力使自身再生。这不是指医学手段的新发展在人体内更换各种零件的技术，而是精神力量的巨大作用。

例如，作为特种兵，他们每天的生活就是不断地挑战自己的极限。从进入特种兵训练营的那一天起，就要接受一次次极为严格的挑战，随时都有被淘汰的可能。

第八章 提高身价需要自我磨砺

特种部队在作战时的每一次挑战，都是对成员承受能力的考验。内务整理、体能训练、队列训练、严格的考试等都让学员们懂得：只有积极接受挑战、不断进步，才有可能成为优秀的特种兵。

对于特种兵来说，有些挑战是已知的，有些挑战则是未知的。队员们必须有良好的身体素质和心理承受力，勇敢地面对。比如在热带丛林中，特种部队的士兵不仅要预防蚊虫和毒蛇的叮咬，而且要面对虎狼等猛兽；在极地气候中，特种士兵要面对零下40℃左右的严寒。除了复杂的气候外，还要面对长途奔袭、战友的突然死亡、食物的匮乏……对于这些挑战，能否顺利完成作战任务，就在于士兵能否积极地应对自我、超越自我。不能做到的人就只有被淘汰。

人脑的潜能是无穷的，就算是众多取得伟大成就的成功人士，如爱因斯坦、牛顿等，他们的大脑潜能也不过只开发了10%。而平常之人所利用的大脑潜能，更是少之又少，造成了巨大的浪费。大量的大脑能量都被消耗在人类的自我怀疑或盲目自信中。

人，贵在自知，就是要充分认识自己，挖掘自己的潜能，就像挖掘一个无穷尽的金矿一样，然后，你才能自信地奔向成功。

你要相信自己能行，相信自己能够继续进步，可以向更高的目标挑战，可以向更高峰攀登，这样，你就能实现事业的腾飞。

综观整个人类发展史，你会发现这是一部从不可能到可能，再从可能到现实的不断创新的历史。6000多年前，没有人相信手中的石器会被更为坚利的铁器所取代；1000多年前，没有人相信火药会造就一个新时代；500多年前，没有人相信水蒸气会推动生产力的飞速发展；100多年前，没有人相信人类会实现飞天的梦想；50年前，没有人相信计算机会在人们的社会生活中扮演如此重要的角色……如今，所有这些先人眼中的"不可能"都已经成为我们的生活常识。

管理人员在训练鲸鱼跳高时，首先用白线标示一定的高度，只要鲸鱼跳到这个高度，就会给予它们一定的食物奖励。这样，鲸鱼从1米、2米、3米……一直到十几米。

成功不是一蹴而就，而是一步一个台阶地不断提升的。有很多人都急于求成，一旦初试未成，就会认为自己没有这方面的能力，对自己灰心丧气，彻底否定，不肯再付出真正的努力，最终半途而废。

其实，不是他们没有能力，而是他们限制了自己的潜能，阻碍了自己能力的发挥，最终也就不可能有真正的收获。有些人不相信自己还有能力可以

提升,他们始终只做目前能做的事情,最终只能被后来者所淘汰。

人的潜能犹如一座待开发的金矿,蕴藏无穷、价值无比。我们能够想出的办法、创造的财富也是无尽无穷的。只要你相信自己的潜能是无穷的,你就会是足够优秀的。

陈晓莫大学毕业后进入一家化妆品公司工作。她刚刚接受完培训时,公司经理决定派一名销售代表到另外一个城市去建立一个新的市场拓展点。当经理宣布动员令的时候,一些有经验的老员工却都没有激情,谁也不愿意去承担这份风险。

就在大家一片沉默的时候,还是新员工的陈晓莫举起手说:"经理,我想去。"

经理也有点儿吃惊,说:"但是,你……"

经理的话还没有说完,陈晓莫便抢着说:"经理,虽然我是新员工,但是我相信,只要我全力以赴,没有什么不可能。我一定能克服困难,顺利完成任务。"

出于对新员工的考验,经理同意了她的要求,而且专门为她制订了一套严格的工作方案,并在后方提供咨询服务。

陈晓莫最终用事实证明了自己的选择和能力。经过将近半年的艰苦奋战,陈晓莫终于在那个城市建起了一个稳定的市场拓展点,而且规模不断扩大,发展的势头很快。

当一个人没有真正了解并运用潜意识的力量时,他最多发挥自己十分之一的潜能;如果他了解了自己的潜意识的力量,他就会主动寻找机会发挥自己的全部能力,去实现自己的人生价值和人生意义。对于你来说,没有什么是不可能做到的,永远都有你尚未开发出的潜能,等着你在关键的时刻爆发出来。

相信自己,没有什么不可能。你相信自己的成绩远不止眼前这些,你就能真正达到你心中理想的目标。

跟自己说"没有什么不可能",只要积极地思考,想尽一切办法,付出艰辛的努力去朝着自己的人生目标靠近,你就能够实现梦想。永远也不要消极地认为有什么事情是自己不可能做到的,很多事情不是不可能,而是看你有多大的决心和信心去尝试。

在你工作的每一个时刻,都可能遇到你所"不可能完成"的某些任务。如果你想拥有更大的成就,那么在遇见问题和困难时就别说"不可能"!挑战自己,相信一切皆有可能,然后想尽一切办法把问题解决掉。

"只有想不到,没有做不到。"人的潜能是无极限的,只要你相信自己能做到,并真正踏踏实实地去努力,你就真的能做到。

把自己变成竞争高手

取得成功的企业家无一不具有强烈的竞争意识。比尔·盖茨具有赛车手的竞争心态,新闻电视网之父特纳是"一个百折不挠的竞争者"。索尼公司的创始人盛田昭夫说:"尽管竞争有一些较为黑暗的东西,但在我看来,它是工业和工业技术发展的关键。"

有竞争意识的人往往敢于冒险,甚至敢冒天下之大不韪,从而做成他人无法企及的事。

比萨饼王国的创造者莫纳汉和大多数有远见的创新者一样,具有冒险家的性格。他不计后果,以极大的热情冒险进入未知的世界。20世纪60年代末,他驾驶私人飞机的经历便是他冒险性格的例证。当时他决定,不要浪费时间在连锁店之间来回穿梭,于是买了一架"塞斯纳172"型自用飞机,作为视察特许经销商的快速可靠的交通工具,然后开始学习飞行课程。

他在拿到飞行员学习执照并在飞行学校试过单飞之后,决定从底特律穿过阿巴拉契亚山脉前往佛蒙特州。他在出发时没能制订飞行计划,只是在前往机场的路边上的加油站买了一张公路交通图,作为他的唯一的导航工具。他心里想,万一迷路的话,可以沿着公路飞行。但是到了布法罗上空,天气变坏了,能见度为零,他发现自己陷入了困境,不得不用无线电向地面求救。空中交通控制中心通过无线电告诉莫纳汉如何降低高度,如何穿过云层,如何进行紧急着陆。后来莫纳汉回忆说:"我使飞机滑行到救护车和消防车附近停了下来,他们正等着收拾飞机残骸。"

莫纳汉依据简单有效率的制度,创立了世界上最大的比萨饼外卖公司。他拒绝出售三明治或任何其他产品,以防止店铺的经理分心,保证实现用最快时间送出最美味比萨饼的经营目标。这种策略终于成功了,他成了美国的大富豪,成为一名世界级的企业家。

汤姆·莫纳汉在1986年出版的自传《比萨虎》一书中说:"我决心获胜,

第八章 提高身价需要自我磨砺

决心使我们公司的业绩更上一层楼并击败竞争对手。"无论是优秀的政治家，还是成功的企业家，这种态度是普遍存在的。心理学的研究证实，企业家的竞争意识一般都比较强烈。无论是在工作中还是在游戏时，他们都热衷于竞争。

汤姆·莫纳汉是一位勇于竞争的创新者，他用竞争描述他的童年生活。他说："我玩拼图玩具最出色，打乒乓球最出色，扔石头弹子最出色。在每一项集体运动中，我都是出类拔萃的。"一些有识之士认为，企业家在工作中和游戏时的行为没有什么两样。

1989年，莫纳汉曾打算出售多米诺比萨饼公司，退休后从事慈善事业并过悠闲的生活。当无人愿意购买他的公司，他不得不重新埋头于经营企业，他声称已"重新参加比萨饼大战"。

汤姆·莫纳汉喜欢竞争，但必须是公平的竞争。他说："生活和工作的真正要旨是参与超越他人的长期战斗……可在我看来，除非你严格地按照规则行事，否则，即使在企业经营上获得成就也毫无意义。"意大利政治思想家、《君王论》的作者马基雅弗利宣扬为达到政治目的可以不择手段的哲学观点，是莫纳汉所不能接受的，他认为这不是基督徒的行事方式。

汤姆·莫纳汉是有信仰的。他相信自己，相信他人，相信上帝，也相信迅速送货上门。多米诺比萨饼公司的成功是莫纳汉勇于竞争、善于竞争的结果。由于对自己梦想孜孜不倦的追求，他成为了世界第一流的企业家和创新预见者。

无论是在企业经营方面还是在个人生活上，汤姆·莫纳汉都遭受过无数次的灾难，但他总是不断地从失败中奋起，每一次又都能更上一层楼。

莫纳汉克服了许多困难，作为30分钟送货上门的比萨饼之王，在事业上获得了巨大的成功。他有失败的一切理由，却作为超一流的企业家获得了超过预期的成就。莫纳汉拥有多米诺比萨饼公司97%的股份，该公司以每天送50万个比萨饼而成为当今世界上最大的外卖比萨饼连锁公司。

由此可见，竞争意识是成功企业家的特质之一。
作为创业者或企业家，以下几点值得你注意。
① **弱者不败**
不要因为弱小而不敢与人竞争。弱者有自己生存的方式，只要相信弱者

不败，勇敢地面对困难，你同样能培养出竞争意识。

② 永不满足

有些人在事业上小有成就后就不思进取，认为自己已经算得上是一个生活的强者。有些企业已发展到相当规模，却因此失去了前进的动力，它们不是进一步壮大自己，而是满足现状，停滞不前。

③ 从小事做起

先有一个小目标，向它挑战，把它解决之后，再集中全力向大一点儿的目标前进。把它完全征服之后，再进一步建立更大的目标，然后再向它展开激烈的攻击。这样苦苦搏击数十年，这样辛辛苦苦从山脚一步一步坚实而稳稳地攀登，你就会成为人中豪杰，自然了，你的银行户头会急剧地扩大。

天才人物不是天生的强者，他们的竞争意识并非与生俱来，而是在后天的奋斗中逐渐形成的。通过学习，你也能有胆有识，敢于竞争。

别跟自己的出身赌气

唐代诗人李白说过："天生我材必有用，千金散尽还复来。"每一个人都有自己存在的理由，每一个人都有自己存在的价值，每一个人都是任何人都无法取代的。不管我们此时有多失意，多落魄，也不管我们的出身多么卑微，都不要因家境不好而跟生活赌气。卑微的出身不注定你的人生也卑微，要用实力给自己打气。

一位父亲为了教育因为家庭贫寒而深感自卑的儿子，带他去参观凡·高的故居。在看过粗糙的小木床及裂了口的皮鞋之后，儿子困惑地问父亲："凡·高不是个富翁吗？"父亲答："凡·高是个连老婆都没娶上的穷人。"

几个月以后，这位父亲带儿子去丹麦。在安徒生再普通不过的故居前，儿子又不解地问："爸爸，安徒生不是生活在皇宫里吗？"父亲答："安徒生是一个穷苦鞋匠的儿子，他们一家就生活在这栋阁楼里。"

这位父亲是一个水手，他常年奔波于大西洋各个港口。儿子叫伊尔·布拉格，后来成为美国历史上第一位荣获普利策新闻奖的黑人记者。

多年后，伊尔·布拉格回忆起童年的时光时动情地说："那时我

家很穷,父母都是靠出卖苦力为生的劳动者。有很长一段时间,我一直认为像我这样地位卑微的黑人是不可能有什么出息的;我感到自己的世界一片灰色,毫无希望。好在父亲让我认识到凡·高和安徒生的出身都是很卑微的。他们的例子告诉我,卑微的出生并不能影响以后的成功。"

小小亭长出身的刘邦可以指点江山,和尚出身的朱元璋也可以统率三军。成功从来都不会区分出身的高低。所以,出身卑微的你也可以实现非凡的梦想,成就辉煌的人生。

林肯当选总统后就职演讲时,整个参议院的参议员都感到很不自在,因为他的父亲是个社会地位低下的鞋匠。当时的参议员大多数人都是名门望族出身,自认为是上流人士,很难容忍自己将要从命于一个地位卑微的鞋匠之子。所以,当林肯首次站在参议院的演讲台上时,一位态度傲慢的参议员当众羞辱他说:"林肯先生,在你开始演讲之前,我希望你记住,你是一个鞋匠的儿子。"台下的参议员们听后哄堂大笑。

林肯并没有因此恼怒,他先是微笑了一下,然后平静而又严肃地对大家说:"我非常感谢您使我想起了我的父亲,他已经去世了。我一定会永远记住您的忠告——我是鞋匠的儿子!我知道我做总统永远无法像我父亲做鞋匠那样做得出色。"接着,林肯转头对那个傲慢的参议员说:"据我所知,我父亲以前也为您的家人做过鞋。如果您的鞋不合脚,我可以帮您修理,虽然我不是一个伟大的鞋匠,我无法像我父亲那么伟大,他的手艺是无人可比的,但是我从他那里学到了一点儿能应付简单问题的技术。"说到这里,林肯流下了眼泪,台下所有的嘲笑声变成了一阵阵的掌声。

林肯并没有因为步入权力的巅峰而忘记过去,没有以新贵自居;相反,卑微的出身使他更加体察民情,为民众、为国家的利益而努力,他以自己的身体力行赢得了美国人民的敬重。

在这个世界上,虽然我们没有选择出身的权利,但是我们有选择走什么样的道路、让自己人生更有价值的权利。卑微的出身不能说明任何问题,不能代表一切;它能培养我们百折不挠的韧性,让我们拥有更强烈的理想和抱负,给我们带来激励和勇气。所以,如果你出身卑微,不必在意,那正是上天对你的恩赐；如果你正因为出身卑微而轻视自己，请你记住泰戈尔那令人振奋的话语："宇宙间的一切光芒，都是你的亲人。"

拥有强烈的上进心

从前有个人，成天忧心忡忡地坐着一动也不动，因为他担忧事情做不好，所以干脆不动。

他越是过虑，心情越消沉，最后打算通过自杀来了断一切。可是他左思右想不愿死后被邻居朋友讥笑自己是个没志气的胆小鬼，于是他决定绕着街道无休止地跑下去，直到心脏衰竭倒地为止。

打定这个主意后，他就上路奔跑。跑啊，跑啊，他渐渐地喘不过气来，除了感到筋疲力竭外，他已经全然麻木了，什么都不想，只想好好地休息。

经过长时间休息，消除一身的疲惫，他睁开眼睛，发现自己有足够的精神和体力去面对任何危难，于是他决定再给自己尝试的机会。

作家狄德路说："惧怕困难而不敢行动，是男人最大的耻辱。"

失败的滋味当然不好受，但你越是害怕，它越会如影随形，非把你击倒不可。相反的，如果你能坦然面对它，把它视为一种挑战，而且毫不迟疑地对抗它，你就有机会反败为胜。

拿破仑在当革命军小伍长时，很快地便崭露头角，掌握了政治与军事的实权，对外国发动外交攻势，确保法国的独立。

拿破仑受到世人对英雄的期盼，成为皇帝，赢得了许多战役。

表面看来，拿破仑好像平步青云就获得非凡的成就，其实他也有许多失败的经验。但由于他具有强烈的上进心，那些小失败在他看来不算什么，反而给予他宝贵的教训，造就了下一次的大成功。

然而，当他准备征服全欧洲时，接连遭到两次大的失败。

当他进攻俄罗斯遭到大败，落荒而奔逃回来的时候，他说了一句很有名的话："庄严与滑稽仅一步之差。"

同样地，成功与失败也是一线之隔。

第八章 提高身价需要自我磨砺

大家所熟悉的爱迪生，他的一生都在不断地努力尝试，然而尝试越多，失败的次数就越多。

虽然遭遇无数次的失败，他却毫不气馁，反而从失败中获得别人得不到的经验。每天勤奋工作18小时，在他1093件伟大发明中，没有一件是一次就成功的。

以他发明的碱性电池为例，他总共花费10年的时间，实验尝试17000种植物才成功地提炼出植物内含的乳胶成分。

爱迪生说："对我来说，电灯的发明可说是最难的一件事，因此我不仅花长时间反复思索，还将研究路线伸往世界中去！"

成功的背后只有1%的天分，另外99%都得靠不断地努力和血汗去堆积。失败为成功之母。

当你已经付出99%的血汗，千万别担心自己会被汗水淹没，反而更要坚持下去，用信心强化自己的努力。

抱着上进心，从失败中找出正面的教材，对下次的成功绝对有所帮助。如果害怕失败而不愿尝试，那就永远无法获得成功。有了强烈的上进心，才能成就伟大的事业，提高自己的身价。

在困难中磨炼自己

杰克是家里唯一的男孩，他还有两个姐姐，因为他从小就很聪明，又是男孩，就处处得到爸爸妈妈的宠爱。家里所有的事情都会交给姐姐们去做。时间长了，杰克变得好吃懒惰，不肯做任何事，整天游手好闲待在家里。爸爸妈妈慢慢地认识到了事情的严重性，如果继续这样下去，他们会毁掉杰克的人生，于是他们想了好多的办法去挽救自己的儿子，可是都没有使杰克振作起来。他们非常悔恨自己当初对杰克过于宠爱，导致他现在这个样子。爸爸妈妈为了能让杰克重新振作起来，继续到处寻求好的办法。一天，在出差的途中，杰克父母乘坐的飞机出了故障，两人双双遇难，杰克以前安逸的生活便就此结束了。在生活的逼迫下，杰克开始慢慢地步入社会，一点点地成熟起来。当遇到困难时，已经没有爸爸妈妈帮他解决了，他必须自己去克服，必须自己去战胜困难。经过不懈的坚持和努力，他终于有了自己的事业，再也不用依靠别人而生存了。

第八章 提高身价需要自我磨砺

安逸的生活往往会磨蚀人们的进取心；只有经历磨难，不断地挑战，才能激起一个人的活力。

每一个成功人士都曾经历不同的困难，当他们遇到困难的时候，都是选择不断地坚持，他们在困难中磨炼自己，使自己变得更加成熟。

传说有一个仙人在天庭犯了法，他被玉帝惩罚，贬到人间来受苦受难。玉帝对他的惩罚是让他把一块巨大的石头推到一座高山上。

这个人每天都拼尽全力把这块巨大的石头推向山顶。他知道，只有这样做玉帝才会解除对他的惩罚，他才会得到自由，才有可能告别这种痛苦的生活。因此不管是多么辛苦和劳累，他都向着一个目标前进着，那就是把这块巨大的石头推上山顶。可事实没有他想的那么简单，每当到了晚上他休息的时候，这块巨石都会滚回原来的位置，于是他又得使尽全身的力气往上推。他面临的是一次又一次的失败。因为玉帝的目的就是折磨他的心灵，叫他永远看不到成功，永远活在失败的阴影下。

他并没有向困难屈服，他不肯向自己的命运低头，在面对失败的时候，他没有一点儿放弃的念头，而是一直努力坚持着，他时刻提醒自己一定不要放弃。每当他接近成功的时候，玉帝都会让他以前的努力全都白费，失败的痛苦无数次地折磨着他，可他还是坚持了下去。

玉帝被这个人不懈的坚持感动了，于是解除了对他的惩罚，原谅了他，还把他招回了天庭。在经历了这件事情以后，这个人变得更加坚强，在他看来，这个世界上没有他完成不了的任务，他对自己充满信心。在以后的日子里，不管他遇到再大的困难，他都是一直坚持下去，而在每一次坚持过后迎接他的总是成功。玉帝对他非常满意，后悔当初不应该那样地折磨他。可他并没有记恨玉帝，而是非常感激地对玉帝说："玉帝啊，我会永远感激你的！是你的处罚使我学会了在困难中磨炼自己，我才有了一颗永不放弃的心。"

坚强的意志都是在困难当中磨炼出来的。我们不要因为一时看不见成功就放弃了坚持，因为虽然我们还没有成功，可是我们在失败当中磨炼了自己，提高了我们战胜困难的勇气。只要我们拥有了这种勇气，就一定能战胜面临的困难，取得成功。

每一个人都会遭受失败。失败其实一点儿也不可怕，可怕的是我们不能

在每一次失败当中吸取教训。如果我们把失败看作是一种磨炼自己的机会,那么我们经历的失败越多,内心就会变得越成熟。既然失败可以给我们带来好处,我们也就没有必要去害怕它,要正确地认识它,学会在失败中磨炼自己。

美国作家布拉德·莱姆曾在《炫耀》中写道:"问题不是生活中你遭遇到了什么,而是你如何地对待它。"每一个胸怀大志的人,都不应该在面对困难的时候选择逃跑和放弃,而是应该与困难抗争,从中得到磨炼,并且在失败中崛起,自强不息地走下去。

很久以前,有一支军队出国远征,在一次又一次的战斗中,他们面对的都是失败,那个带队的将军也受了重伤。回到营房后,将军躺在病床上,非常痛苦,几乎已经失去了继续战斗的信心。可是他想到出征前所有人对他的支持,他还是不愿意放弃最后的一点点机会。在养伤的期间,他仔细地回忆每一场战争,慢慢地总结失败的经验。伤好之后,他终于获得了胜利,昂首挺胸地回到了自己的国家,他得到了国王的奖赏。

其实所有的失败和危机都是我们锻炼自己的一次机会,我们要从失败中磨炼自己,找到事情成功的关键,努力地去解决它,只有这样,我们才能战胜所有的困难。

在我们的人生中是没有真正的失败的,只是有些人在遇到困难的时候选择了逃避和放弃,这样他们才得到了失败。很多经历过失败的人都这样说:"我已经尝试了,可不幸的是我失败了。"是的,在面对失败的时候,大多数人都会认为自己已经尽力了,只是运气不好,也就很坦然地接受了失败。可是你想过没有,一旦你接受了失败,就说明你已经放弃了你最初的理想,你之前所计划的一切都将白费了,一切都要重新开始,你需要重新打造自己的理想。有没有想过,如果所谓的运气再一次给你带来失败,你又该怎么办呢?难道又一次选择放弃吗?人生又有几次选择的机会呢?如果你一次次地选择放弃,选择逃避,你就会发现,你已经老了,已经不是年轻的自己了,有很多你以前可以做到的事情,你现在已经做不了了。最后等待你的是死亡,那才是真正的失败。

如果我们在第一次失败的时候就选择坚持,选择努力,而不是一次次地放弃,那么我们就会得到宝贵的经验,会得到内心的成熟。成功的路很漫长,如果我们能在困难中总结经验,那么当我们遇到同样困难的时候就会有准确的判断力,就不会再像以前一样走错路和弯路了。

困难是我们磨炼自己的机会,这样的磨炼会加强我们的承受能力,它会让我们对自己充满信心。

有两个年龄一样大的年轻人,他们在一所学校里读书,一直都是很要好的朋友。一个喜欢安定的生活,不喜欢做麻烦的事情,另一个却喜欢挑战,每次有新鲜的事情,他总是第一个冲上去。

在大学毕业后,两个人分别被两家公司录用,他们所在的两家公司都很有实力。工作后,两人都非常地努力,没过多久都成为了公司的部门主管。可他们都没有满足自己的现状,继续努力工作,各项业绩都获得了领导的好评,很快他们便又一次升职。当两人都成为经理的时候,喜欢挑战的那个年轻人主动辞了职,他希望能到外面多学一些经验,多磨炼一下自己,领导也批准了他。另一个年轻人却没有这样的想法,他对自己的工作很满意,可以得到不错的工资,因为工作出色,领导也很认同他,而且还有上升的空间,他选择了留下。

很快5年过去了,两个年轻人的事业已经取得了不错的成就,他们在当地都有些名气,年纪轻轻都做到了总经理的职位。

然而事情没有那么顺利,一场困难到来了。由于经济危机的影响,许多公司都面临不同的麻烦,有的甚至已经倒闭了。这两个年轻人的公司也受到了很大的冲击。喜欢挑战的那个年轻人的公司,在他的不懈努力下,终于稳定了局面,他的公司没有倒闭,而是稳稳地站住了脚跟。

再说那个最初没有离开公司的年轻人,他的公司遇到困难的时候没有良好的解决办法,在面对经济不景气的情况下,他只有利用裁员和减薪来维持公司的生存。

两个年轻人,有着同样的学历、同样的权利、同样的能力,可为什么他们公司的处境却完全不一样呢?不同的地方就是一个拥有丰富的经验,一个则没有经验。起初选择离开公司的那个年轻人在过去的几年里,他先后进入了几家公司工作,在不同的公司里,他掌握了不同的经验;在不同的环境里,他磨炼出了更加坚定的意志。这段时间的工作让他积累了很多宝贵的经验,他的能力有了更大的提升。所以在遇到困难的时候,他根据自己这些年总结的经验,拿出了相应的解决方法,使公司渡过了难关。

而另一个年轻人在遇到困难的时候,他没有相关的经验,也没有更好的办法去化解困难,所以他没能帮助公司渡过难关。

身价,这样提高……

SHENJIA ZHEYANG TIGAO

由此可以看出,在工作当中需要的不仅仅是学历,更为重要的是经验。我们需要到各种不同的环境里去磨炼自己,让自己不断地进步,获取更多不同的经验。这样,当我们遇到麻烦的时候就不会迷失方向,就会清楚地看清全局,战胜面临困难。

在日本有一个人,大家都称他为"推销之神"。想必了解他的人应该非常熟悉他的名字,没错,他就是原一平。在他成功的路上也一样充满了艰辛和困难。

原一平带着自己的简历,来到明治保险公司面试,负责的考官是木金次先生,他一脸凝重,一边看着桌子上的文件,一边对原一平说:"推销保险的工作实在是太难了,每天都要完成很高的业绩,你一定不能胜任,还是到其他的公司去看看吧!"

原一平却没有放弃,他有着一股永不服输的勇气。在木金次先生说完这句话之后,他走上前去问道:"好的!那请问我要完成多少业绩才能够进入贵公司呢?"

"每个人每月要达到一万元。"

"是每人每个月都要推销到一万元吗?"

"那是当然的了!"

原一平当时赌着气说道:"那好吧,既然是这样,那我就每个月也推销一万元好了。"

考官看了他一眼,心想:"说大话的家伙,他怎么可能完成每个月的业绩!"然后作出不理不睬的样子,还发出了一阵奇怪的笑声。

公司没有正式聘用原一平,仅仅同意试用他,在此期间,没有一分钱的工资,可他还是非常愿意在这里工作。他身上没有钱,为了节省开销,他只能在各个方面节省。他为了省钱,每天只吃一顿饭,出门的时候从来都不坐电车,住的地方也非常的简陋,他在东京的木黑租了一间很小的房子,房间非常的小,只能容下一个人睡觉。

然而就是在这样非常困难的环境中,原一平也没有屈服,他努力地战胜了所有的困难。经过自己不懈的努力,他终于在推销保险的行业里取得了令人羡慕的成功。他在很多人的心中都有着崇高的地位,人们认为他是一个值得让人尊敬和学习的奇才。

我们可以把这个世界上的人分成两种:一种人是在遇到困难时候,会用积极乐观的方法面对;而另一种人在遇到困难的时候表现的则是消极和悲观。两种不同做法就会产生截然不同的结果。

有一天,一个悲观主义者和一个乐观主义者在黄昏时分的路上行走,悲观主义者触景生情地说:"太阳正在一点点地坠落。"可乐观主义者却说:"我们马上就会看见满天美丽的群星了。"

同样的一件事情,因为的面对方式不一样,就会产生不一样的结果。

一个不可救药的赌徒,因为再也无力去偿还自己的赌债,走投无路,选择了自杀。这是一件让人感到悲痛的事情。赌徒虽然得到了解脱,可留在这个世界上的还有他的妻子和两个儿子。妻子根本就没有能力去抚养这两个孩子,只能靠他们自己的能力来养活自己。

时间过去了很久,这两个孩子长大成人,一个成为成功人士,另一个却沦为罪犯。当别人问起这两个孩子成功和坠落原因的时候,他们的回答竟然是一样的,他们都说是受生活的逼迫,不得不努力地去做事。虽然他们面临的处境和让他们选择生存的原因是一样的,可是他们对人生的态度却大不相同,一个保持着乐观向上,一个却丧失了信心,乐观向上的最终取得了自己满意的结果。可那个悲观的人对自己没有信心,处处都以消极的方法去面对,最终却走向了犯罪。

其实困难并不能自发地造就出人才,也不是每一个人在面临困难的时候都会取得成功。我们应该做的是,在遇到困难和挫折的时候要学会在困难中磨炼自己,要拥有一个积极、乐观、向上的心态。只有这样,我们才能战胜困难,才能在困难当中得到收获。

第九章　自己争气才能提高身价

与其生气，不如争气

人生多变幻，这是不幸，也是幸运，因为它给了我们努力的希望和勇气。其实我们每一个人都希望被人重视、受人尊重、受人欢迎，但有时又难免被人嘲弄、受人侮辱、被人排挤。生活在给予我们快乐的同时，也给了我们伤痛的体验。为什么我们不能坦然地面对一切？为什么要为眼前的不幸而悲观丧气、怨天尤人？不必将所有的责任推到别人的身上，如果我们自己足够优秀，或者至少比现在优秀，别人还会对你冷眼嘲讽吗？让自己快乐起来的最好办法就是自己争气，去做更好的自己。所以哲学家康德说："生气就是拿别人的错误来惩罚自己。"

人生有顺境也有逆境，不可能处处是逆境；人生有巅峰也有低谷，不可能处处是低谷。因为顺境或巅峰而趾高气扬，因为逆境或低谷而垂头丧气，都是浅薄的人生。真正的人生需要磨炼。面对挫折，如果只是一味地抱怨、生气，那么你注定永远是个弱者。只有学会坚强，积极向前，以平和的心态让自己做得更好，才能使自己的人生过得快乐而充实，正如人们常说的：生气不如争气。试想，如果爱因斯坦因其小学老师说"你是个智商有问题的人"的话生气，他永远不会成为伟大的科学家。如果张海迪生气她是个残疾人，或许现在我们都不会以她为榜样来学习。

从前，有一个叫爱地巴的人，每次生气与人起争执的时候，他就以很快的速度跑回家去，绕着自己的房子和土地跑三圈，然后坐在田边喘气。

爱地巴工作非常勤劳，他的房子越来越大，土地越来越广。但不管房地有多大，只要与人争论生气时，他就会绕着房子和土地跑三圈。

有一次，爱地巴拄着拐杖走，到了太阳已经下山了还要坚持，他的孙子担心他，就在后面跟着。后来，孙子在身边恳求他："阿公！你这么大年纪了，这附近也没有谁的土地比你的土地更大，你不能再像从前，一生气就绕着土地跑了，还有，你可不可以告诉我你一生气就要绕着土地跑三圈的秘密？"

爱地巴说出了隐藏在心里多年的秘密。他说："年轻的时候，我一和人吵架、争论、生气，就绕着房地跑三圈，边跑边想着自己的房子这么小，土地这么小，哪有时间去和人生气呢？跑完了，气就消了，之后把所有的时间都用来努力工作。"

孙子问道："阿公，你年老了，又变成村里最富有的人，为什么还要绕着房子和土地跑呢？"

爱地巴："我现在还是会生气，生气时就绕着房子和土地跑三圈，边跑边想：自己的房子这么大，土地这么多，又何必和人计较呢？于是气也就消了。"

的确，当我们遇到不开心的事时，生气不但解决不了任何问题，反而会伤神，有损身体健康，甚至会使人失去理性。因此，当你周围的同事获得升职或加薪，而你还在"原地踏步"时，你首先要做的不是忙着生气，而是要反省自己，找找自身的原因，或许是你专业知识不够或工作技能缺乏。找到自身原因后，你可以把生气时投入的时间、精力都用于学习、工作上。如此一来，就能把自己从"生气"中解脱出来。当你凡事去努力争取、去付出、去奋斗时，或许将来能有所成就，从而也就能为自己争一口气。

遇事只会一味地生气，是一种消极、愚蠢的表现，最终受伤害的也只有自己。人最重要的是要把握好自己的心态，用积极快乐的心态面对人生中的一切。生活是自己创造的，心情是自己营造的，不要为小事生气，生气不如争气！

生气解决不了问题

有一天，某法师正要开门出去，不料迎面撞进来一位彪形大汉。说时迟，那时快，只听得"咔嚓"一声，刚巧撞在法师的眼镜上，眼镜戳伤了法师的眼皮，跌到地上，镜片摔得粉碎。

而那撞人的满脸络腮胡子的大汉毫无愧疚之色，反而理直气壮地说："谁叫你戴眼镜？"

法师心想：世间许多事由因缘合和而生，有善缘，也有恶缘，解决恶缘之道，唯以慈悲待之。因此他便以欢喜豁达的心胸来接受这一事实。

大胡子见法师以微笑慈容回报他的无理，颇觉讶异地问："喂！和尚，你为什么不生气？"

法师借机开导说："为什么一定要生气呢？生气既不能使破碎的眼镜重新复原，又不能使脸上的擦伤立刻消失，解除苦痛。再说，生气只会扩大事态。如果我生气，对你破口大骂，或是打斗动粗，必定造下更多的业障及恶缘，甚至伤害了身体，仍不能把事情化解。

"要以世间因缘果报来看这件事情。如果我早一分钟或迟一分钟开门，都可以避免相撞。而我们却撞在一起，或许这么一撞化解了我们过去的一段恶缘，因此，我不但不生气，反而还要感谢你助我消除业障哩！"

大胡子听后十分感动，他问了许多佛法以及法师的称号，然后若有所悟地离去。

这件事过了很久，有一天，法师接到一封挂号信，内中附有5000元。原来正是那大胡子寄来的。信中写道：

"师父慈鉴：非常感谢你，那天撞了你，却救下3条活命。你对此说法一定觉得很不理解，我现在就来告诉你。事情是这样的。

"我年轻时本来不知用功进取，毕业之后，在事业上高不成低不就，十分苦恼，常常自怨自艾。结婚之后，也不知善待妻子，常常拿妻子出气。有一天，我外出上班，忘了拿公事包，中途返家提取，没想到却看见妻子与一名陌生男子在家中谈笑，我非常生气，冲动地跑进厨房，拿了一把菜刀，想杀了他俩，然后自杀，以求了断。

"不料那男子惊慌回头，脸上的眼镜摔落地下。一时间我忆起慈悲的师父。师父的一句"生气不能解决问题"使我冷静下来。我想：妻子越轨，我必须负完全责任。因为过去我实在不该冷落她。经过这件事，我悟到许多为人处世的道理，再也不会暴躁及莽撞了。目前，我们一家和睦相处，生活和和美美，工作上也更能得心应手了。

"师父的教诲改变了我的人生观，我一生受用不尽。为了感谢师父的恩德，我汇上5000元，2000元赔偿师父的眼镜，3000元为我，为妻子及那个男人做功德。我惭愧以往不知修福，反而造下不少恶业，还请求师父为我们祈福化解，消除业障……"

人与人相处，难免不磕磕碰碰，切记"生气是不能解决问题"这一句话。

204

法师以欢喜心接受横逆，不但化解一段恶缘，并且点醒了莽撞汉，使他遇事能自我反省，冷静地处理了忽然遭遇的难堪场面，避免了一场血案，迎来了美好的生活。

生气只是惩罚自己，使自己伤心难过而身心俱损，却对气着自己的人一点儿损伤也没有，不能解决任何问题，为什么还要生气呢？

是的，我们不应生气，我们不应拿别人的错误惩罚自己，更不必拿自己的错误来惩罚自己，这些都解决不了问题。我们唯一要做的就是静下心来好好地想想解决问题的办法。

不必强争，有"礼"走遍天下

在与人交往中，假如你在愤怒之下对别人发作一阵，你的气也许会随之消失，心中也痛快了。但是别人呢？当你痛快时他能分享到一点儿吗？你那挑战的口气、敌意的态度，会使他轻易地赞同你的意见吗？

美国总统威尔逊说过："假如你握紧两只拳头来找我，我想我可以告诉你，我会把拳头握得更紧；但假如你来找我说：'让我们坐下商谈一番，假如我们之间的意见有不同之处，看看原因何在，主要的症结在什么地方？'我们会觉得彼此的意见相差不是十分远。我们的意见不同之点少，相同之点多，并且只需彼此有耐性、诚意和愿望去接近，我们相处并不是十分难的。"

有一个人嫌房租太高了，想向房东要求减低一点儿，他晓得房东是一个极固执的人，于是他决定想个办法，让房东心甘情愿地对他提出降低租金。他终于办到了。我们来看看他是怎样让那位固执的房东毫无怨言地作出让步的。

他说："我写给房东一封信，说等房子合同期满我就不继续住了，但实际上我并不想搬家。假如房租能减低一点儿我就继续租下去。但这恐怕很难，因为别的住户也曾经多次交涉过，都没成功。许多人对我说房东是一位很难对付的人。可是我自己心中说：'我正在学习如何待人这一课，所以我将要在他身上试一下，看看有无效果。'

"结果，房东接到我的信后，便带着他的租赁契约来找我，我在家亲切地招待他。一开始并不说房租太贵，我先说如何喜欢他的房子，请相信我，我确是'真诚地赞美'。我表示佩服他管理这些房产的本领，并且说虽然我真想再续住一年，但是我负担不起房租。

身价，这样提高……

"他像从来不曾听见过房客对他这样说话。他简直不知道该怎样处置。随后他对我讲了他的难处，以前有一位房客给他写过40封信，有些话简直等于侮辱，还有一位房客恐吓他说，假如他不能让楼上住的一个房客在夜间停止打鼾，就要把房租契约撕碎。他对我说：'有一位像你这样的房客，心里是多么舒服。'接着不等我开口，他就替我减去一点儿房租。我希望他能再多减点儿，我说出我能负担的房租数目来，他二话不说就答应了。

"临走的时候，他还转身问我房子有没有需要装修的地方。假如我也用别的房客的方法要求他减房租，我敢说肯定也会像别人一样遭到失败。我之所以胜利，全赖这种友好、同情、赞赏的方法。"

有一段关于风和太阳的故事。风和太阳争执谁的力量大。风说道："我能证明我的力量大。看，下面地上正走着一个身披大衣的老者，我能比你更快地使他把大衣脱掉。"

于是太阳躲进乌云里，风使出他的威力狂吹，可是风吹得越大，那老者却用手将他的大衣拉得越紧。

直到风筋疲力尽了，老者的大衣也没能被它脱掉，风只好停止了。于是太阳从云彩里走出来，开始对着那老者和气地笑。不久，那老者便用手拭他前额的汗，并将大衣脱去。

太阳看看风，微笑着说："仁慈和友善永远比愤怒和暴力更为有力。"

生活就像一面镜子，你对它笑，它就对你笑；你对它哭，它也就只能对你哭！

学会消气，停止抱怨

古时候，有一个妇人特别喜欢为一些琐碎的小事生气。她知道自己这样不好，便去求一位高僧为自己谈禅说道，开阔心胸。

高僧听了她的讲述，一言不发地把她领到一座禅房中，落锁而去。妇人气得跳脚大骂。骂了许久，高僧也不理会。妇人又开始哀求，高僧仍置若罔闻。妇人终于沉默了。

高僧来到门外，问她："你还生气吗？"

妇人说："我只为我自己生气。我怎么会到这地方来受这份罪呢？"

第九章 自己争气才能提高身价

"连自己都不原谅的人怎么能心如止水？"高僧拂袖而去。过了一会儿，高僧又问她："还生气吗？"

"不生气了。"妇人说。

"为什么？"高僧问。

"气也没有办法呀。"妇人说。

"你的气并未消逝，还压在心里，爆发后将会更加剧烈。"高僧又离开了。

高僧第三次来到门前。妇人告诉他："我不生气了，因为不值得气。"

"还说值不值得，可见心中还有衡量，还是有气根。"高僧笑道。

当高僧的身影迎着夕阳立在门外时，妇人问高僧："大师，什么是气？"

高僧将手中的茶水倾洒于地。妇人看了许久，顿时醒悟，叩谢而去。

何苦要气？气便是别人吐出而你却接到口里的那种东西，你吞下便会反胃，你不看它时，它便会消散了。

生气是用别人的过错来惩罚自己的愚蠢行为。

夕阳如金，皎月如银，人生的幸福和快乐尚且享受不尽，哪里还有时间去生气呢？所以，我们应该学会消消气。

然而我们常常会看到这样一些人，他们总是对自己所处的环境不满意，由此产生了一系列苦恼。比如，一个学生没有考上理想的学校，心里觉得十分自卑，天天想着自己比不上别人，于是烦得要命，书也念不下去。这样一天天心不在焉地混，成绩越来越坏，几乎要留级了，心里又加上一份紧张，这紧张加上以前的烦恼，使他更加懊恼不安。

同样，也有人对自己目前的工作不满意。认为职位低，赚钱少，比不上别人。心里又是自卑，又是消沉，天天懒洋洋的，做什么也打不起精神来。于是工作常常出错，上司也不喜欢他，同事也觉得他没出息。这样，他就越来越孤独，越来越被单位排挤，越来越远离快乐和成功。

其实，旁观者清。一个人对自己目前的环境不满意，唯一的办法就是让自己战胜这个环境。比如行路，当你不得不走过一段危险狭窄的路段时，唯一的办法就是打起精神，克服苦难，战胜险阻，把这段路走过去，而绝不是停在途中抱怨，或索性坐在那里打盹儿，听天由命。

所以，置身于不如意环境的人们，不但不应消沉停顿，反而要拿出加倍

积极乐观的态度来面对眼前的环境,使时光不致白白浪费。

在不理想的学校读书的学生,你与其厌烦这所学校,懒得用功,怕见以前的同学,不如喜欢这所学校,努力进取,把自己以前所荒废了的学业充实起来,你在这个学校一样可以有好成绩,功课好了,再找机会考进好的学校。

那些对眼前工作不满意的人也是一样,每一位领导或主管都喜欢提拔那些肯埋头苦干、认真工作的人。假如你工作认真,下一个升迁的机会就可能轮到你。

奉劝置身不如意环境中的朋友,停止抱怨,开始面对现实,把握机会去充实自己。一个努力上进的人,在任何环境里都用不着自卑。换句话说,一个不肯积极进取、浪费光阴的人,应当对本身感到耻辱。

不要对自己目前的东西抱怨或不满。它们可能是贫乏的、不好的,但既然没有办法可以弄到更好的,你就只好迁就你既有的一切,从中去发现出路和希望。不重视现在,就不会有可以期待的未来。

向消极思想说"不"

1902年7月,在阿奎德市举行的德维尔奖品赛中,"格里尔"与"战斗者"这两匹马终于相遇了。那天是一个极为隆重的日子,成千上万双眼睛盯着起跑点。当这两匹马沿着跑道并列跑时,人们都清楚"格里尔"是在同"战斗者"作殊死的搏斗。跑了四分之一的路程,它们不分高低;跑了一半的路程,它们仍齐头并进;跑了3/4的路程,它们仍然不分高低。在仅剩1/8路程的地方,它们似乎还是不分先后。然而就在这时,"格里尔"使劲地向前蹿去,跑到了前面。

这时是"战斗者"骑手的危急关头。他在赛马生涯中第一次用皮鞭持续地抽打着坐骑的臀部。"战斗者"的反应是这位骑手似乎在放火烧它的尾巴,它就猛冲到前面,同"格里尔"拉开距离,而"格里尔"好像静静地站在那儿一样。比赛结束时,"战斗者"比"格里尔"领先7个身长。

"格里尔"原是一匹斗志昂扬的马,它的积极态度曾使它获得了一些胜利。这次经历斗志把它打得惨败,以至它再也不能重整旗鼓了。后来它在一切比赛中都只是应付一下,没再获得胜利。

人不是赛马。但是这个故事使人想起那些在繁荣的1920年取得经济成功的人。那时他们以极好的态度经营他们的事业。可是在1930年经济萧条的时候，他们便遭到了失败，破产了。他们的态度便从积极变为消极，停止了努力，他们像"格里尔"一样变成了一蹶不振的失败者。

有些人似乎在所有的时候都能具有积极的心态。有些人开始时具有，然后就失去了。另一些人——我们中的大多数人——并没真正具备积极的心态。

现在审视一下你心理上的蛛网，你就可以看到蛛网有许多种——有些是细小的，有些是巨大的；有些是脆弱的，有些是结实的。如果你把你自己的蛛网再列一张表，然后仔细检查蛛网的各条蛛丝，你就会发现它们都是由消极的心态织成的。

考虑一会儿，你会发现由消极的心态所织成的最强有力的蛛网就是惰性蛛网。惰性会使你无所作为；如果你转向错误的方向，它就会使你不去抵抗或不思停止，你就会继续向下滑去。

1. 警惕潜意识中的消极意识

一个人的潜意识通常是难于改变的，它经常会配合你本身的低落的情绪或所曾犯过的错误，把那些不愉快的经历返还给你。换言之，当你在潜意识中制造消极的观念后，潜意识便会将那种差错想法不按时地返还于你，因此你的思绪中的消极意识，极可能将你误导。

为避免遭受原有潜意识中的消极意识的误导，最好的方法莫过于将积极性的观念灌注于潜意识中，并努力培养积极的想法，向你的潜意识灌输真理，不久之后，你的潜意识也将开始把这些真理归还于你。

使潜意识变得积极的最佳方法便是摒除存在你思想或言谈间的消极想法。例如，每当人们本身意识到消极想法存在时，便会对自己的说话方式作一番分析，而且结果往往令人感到十分惊异。

许多人都存有类似如下的想法："我担心也许会来不及"，"我想我办不到那件事"，"我大概无法胜任这个工作，因为我会忙不过来"等。此外，遇到事情有不好的发展结果时，他们就会说道："哦！果然不出我所料。"又如，在抬头望见天空布满乌云时，心情会变得忧虑起来，并说："我原本就知道会下雨！"

这些都属于"消极心态"。虽然从大处着想比从小处着想更有远见和影响力，但我们千万不可忽略"积少成多"的道理。当你的言谈中充满"消极心态"时，它会不知不觉地渗入你的思想深处，并积存它的影响力量，而这种力量往往会发展到令人惊异的地步，甚至会在不久之后使你陷入"无能症"的泥沼中。

所以你要下定决心,要从自己的言谈间根除这种"消极心态"。消除这种消极心态的最好办法是,对任何事都要表示积极肯定的主张,比如,事情将有顺利的结果、能够胜任工作、不会招致失败、必会准时到达等。由于这种把积极想法说出来的做法具有相当于从内心呼应出积极的力量,因此它能使你感到一切都将顺利地进行。

曾经有一幅发动机润滑油的广告,上面写着:"洁净的发动机是力量的源泉。"这个广告的作者就一定有一个积极心态,这对一个人的事业必定产生积极的影响。换言之,洁净的心一定是力量的供应源。因此,请洗净你的思想,赋予你本身一颗洁净的心吧!

为了克服潜意识中消极意识的障碍,你不妨采用"不相信失败"的哲学。通常人们处理认识障碍的结果往往决定于其本身所持的心态,因为人们的认识障碍大多数是基于心理上的问题。

也许你对此有所怀疑,其实任何人的认识障碍绝对是心理方面的事。试想,当一件事从考虑到决定的过程中,是否是心理的活动?你对于认识障碍的想法,是否会决定你对它所采取的行动或态度?事实上,如果你面对认识障碍之初便在心中断言绝对无法克服它,那么你便会在自认为"反正做不到"的心理下真正无法克服。相反地,如果你拥有克服认识障碍的信心,那么情况自必不同。

因此,请你牢牢记住:认识障碍绝对没有你想象的那般困难,而是可以设法克服的。

无论在培养这种积极想法之初你的信心是多么微小,只要持续保持这种积极的想法,你必能获得成功。

2. 排解心情郁闷的对策

人们都愿意自己经常并永久处于欢乐和幸福之中。然而,生活是错综复杂、千变万化的,并且经常发生令人不快的事。频繁而持久地处于扫兴、生气、苦闷和悲哀之中的人必然会减损寿命。遇到心情不快时,可采取以下策略予以排解。

(1) 转移思路

当扫兴、生气、苦闷和悲哀的事情临头时,可暂时回避一下,尽量把不快的思路转移到高兴的思路上去。例如,换一个房间、换一个聊天对象、有意去干一件事、去会一个朋友或上街去看热闹等。"难得糊涂"可用在对待这类既烦心却又无关紧要的琐事上,这是改善心情再恰当不过的好办法。

（2）向人倾诉

心情不快却闷着不说会闷出病来，有了苦闷应学会向人倾诉。可以向朋友倾诉，这就需要先学会广交朋友。如果经常防范着别人的"侵害"而不交朋友，那就无愉快可言。没有朋友的话，不仅遇到难事无人相助，也无法找到可一吐为快的对象。心中的苦处能和盘倒给知心人并能得到安慰，心胸自然会豁然开朗。即使面对不很知心的人，学会把心中的委屈一五一十地倾诉给他，也常能收到心境阴转晴之效果。

（3）亲近宠物

饲养猫、狗、鸟、鱼等小动物及栽植花、草、果、菜等，有时能起到排遣烦恼的作用。遇到不如意的事时，主动与小动物亲近，小动物因与主人有感情的基础，会逗主人开心，与小动物交流几句也能使不平静的心很快平静。摘摘枯黄的花叶，浇浇菜或坐在葡萄架下品尝水果都可有效地调整不良情绪。

（4）爱好执著

人无爱好，生活单调。没有爱好的人与那些有着一两种令人羡慕的爱好的人相比，心中往往平添几分忌妒与焦躁。除少数执著追求自己本职事业者外，许多人能培养自己的业余爱好。集邮、打球、钓鱼、玩牌、跳舞等都能使人们的业余生活丰富多彩。每遇到心情不快时，完全可全身心地扎到自己的爱好之中。

（5）多舍少求

俗话说，"知足者常乐"。老是抱怨自己吃亏的人，的确很难愉快起来。多奉献、少索取的人，总是心胸坦荡，笑口常开。整天与别人计较工资、奖金、提成的人心理怎么会平衡呢？而那些对此听之任之，给多少也不在意的人，他们的心情比较稳定。那种对别人能广施仁慈之心，包括当素不相识的路人遭遇困难时也能慷慨解囊、毫不吝啬的人，他们很少出现烦心事。

（6）医学干预

对于长期心情不畅、无法自拔者，可进行心理治疗和药物治疗。长期心情不快可能由隐匿性抑郁症所引起，或由其他较轻微的情绪障碍引起，引起情绪低落，通过服用一些抗抑郁的药，可以改善低落的情绪。

3. 心理平衡十要诀

(1) 当机立断

悬而未决的事情绝不会自行解决，相反只能让人更多地处于不安状态。

(2) 寻找港湾

你需要一间自己的房间要补充新的活力。这个房间不要堆得太满，四周放些自己喜爱的东西，如：一张对你很重要的画，一束香气四溢的花，每天到这里一次。

(3) 积极思维

你是自己命运的创造者，推卸责任不仅毫无用处，而且还会削弱自信，必须停止自己是牺牲品的想法，而要采用积极的思维。

(4) 减少刺激

不需要知道一切，相信已得到自己需要的信息；也不必参加肤浅的谈话，只需对与自己有关和感兴趣的问题发表看法，尽量减少不必要的刺激。

(5) 每天反思

反思能带来力量和心灵的平静，每天至少有十分钟不被打扰，最好是没有任何依靠，背挺直坐着，闭眼、深呼吸。

(6) 寻找自信

你是有才能的，只是很少得到别人的欣赏，也可能连你自己也低估了你的长处和才能。你必须将至少一种能力变为业余爱好，如书法、绘画等。

(7) 自我发泄

你有权发火，被压下的怒气往往使人变得抑郁、消沉和听天由命。因此你必须寻找合适的渠道自我发泄。

(8) 享受生活

每天享受一些好的东西，在享受生活和欣赏别人的同时，你也会越来越欣赏自我。

(9) 回归自然

自然能使人获得安慰和解脱。

（10）献出爱心

在对他人作出友爱的举动后，也就让自己内心达到心理平衡。

4．对悲观主义者的建议

乐观的态度或悲观的态度，是人类典型的也是最基本的两种思想倾向，它影响着人们的生活方式。

美国医生做过这样一个实验：他们让患者服用安慰剂。安慰剂呈粉状，是用水和糖加上某种颜色配制的。当患者相信药力时，就是说，当他们对安慰剂的效力持乐观态度时，治疗效果就显著。如果医生自己也确信这个处方，疗效就更为显著。这一点已用实验得到了证实。悲观的态度是由精神引起的，而且会影响到身体的器官。有一个意外的事故证明了这一点。一位工人意外地被锁在一个冷冻车厢里。他清楚地意识到他是在冷冻车厢里，如果出不去，就会被冻死。不到20个小时，冷冻车厢被打开时，这个人已死了。医生证实他是冻死的。可是仔细地检查了车厢，冷气开关并没有打开。然而那位工人确实死了，因为他确信在冷冻的情况下是不能活命的。这就是人极度地悲观会导致死亡。乐观主义者总是假设自己是成功的，就是说，他们在行动之前已经有了85％的成功把握。而悲观主义者在行动之前却已经确认自己无可救药了。悲观的唯一好处就是不会有太大的失望。

> 大发明家爱迪生在寻找适合做灯丝材料的试验中，做了1200次试验，失败了1200次，就是找不到一种能够耐高温又经久耐用的好材料。这时，别人对他说："你已经失败了1200次,还要试验下去吗？"爱迪生回答说："不，我并没有失败，我已经发现有1200种材料不适合做灯丝。"正是这种积极乐观的态度激励他获得了最后的成功。

以下是对悲观主义者的建议。

① 越担惊受怕，就越遭灾祸。因此你一定要懂得积极态度所带来的力量，要相信希望和乐观能引导你走向胜利。

② 即使处境危难，也要寻找积极的因素。你不要放弃取得微小胜利的努力。你越乐观，克服困难的勇气就越会增加。

③ 以幽默的态度来接受现实中的失败。有了幽默感，你就有能力轻松地克服噩运，排除随之而来的倒霉念头。

④ 既不要被逆境困扰，也不要幻想出现奇迹，要脚踏实地，坚持不懈，全力以赴去争取胜利。

⑤ 不管多么严峻的形势向你逼来，你也要努力去发现各种有利的因素。你在发现自己有了一些小的成功，自信心自然也就增长了。

⑥ 不要让悲观情绪笼罩着自己。乐观是希望之花，能赐人以力量。

⑦ 当你失败时，你要想到你曾经多次获得过成功，要认为自己是值得庆幸的。如果10个问题你做对了5个，那么还是有理由庆祝一番，因为你已经成功地解决了5个问题。

⑧ 在闲暇时间，你要努力接近乐观的人，观察他们的行为。这样你能培养起乐观的态度，乐观的火种会慢慢地在你内心点燃。

⑨ 悲观不是天生的，就像人的其他态度一样，悲观不但可以减轻，而且通过努力还能转变成一种新的态度——乐观。

乐观的态度可以促使你成功地克服困难，你应该相信这样的结论：乐观是成功之源。

失意不失志

每个人都会有失意，包括事业上的失意、感情上的失意、家庭上的失意。

失意是一种痛苦，把失意搁在心里，不找人倾吐更加痛苦。把失意藏在心里还会造成心理疾病，所以应当找合适的人倾吐。可是根据处世的智慧，个人的失意还是不要轻易地吐露。吐露失意的事有很多副作用。

(1) 无意中塑造了自己无能、软弱的形象

虽然每个人都会有失意事，但如果你在吐露失意事时，别人正在得意，那么别人会认为你是一个无能或能力不足的人，要不然怎么会"失意"呢？他们嘴巴虽然不说出来，但心里多少会这样想。而且讲失意的事，有时会因情绪失控而一发不可收拾，造成别人的尴尬，这才是最糟糕的事。虽然你的失意情绪可以引来别人的安慰，这样固然温暖，但你却因此而变成了一个"无助的人"，别人的评语是：唉，真可怜！

(2) 别人对你的印象分数会打折扣

很多人凭印象来评价别人，一般来说，自信、坚定的人所获得的印象分数会比较高，如果他们是事业有成的人，那么更会获得"尊敬"，这是人性，没什么道理好说。如果你的失意让别人知道了，他们会下意识地在评价分数表上扣分，你本来80分，一下子就不及格了，而且他们对你的态度也会转变，

由尊敬、热情而变得不屑、冷淡。

（3）形成不良的社会印象

如果你的失意事说了很多次，或是经由听者传播，让更多的人知道了，那么别人会为你贴上一个标签："失败者！"当别人谈到你时，便会想到你的失意事。在现实的社会里，失败者只能自己创造机会，别人是吝于给失败者机会的。传言尤其可怕，明明小的失意也会被传成大的失败，会对人的未来造成或大或小的阻碍。很少有人管你是怎么失意，并且不在乎你失意的实情又是如何的。

当然，这并不是说"失意事"要闷在心里，而是你谈你的失意事必须看时机、对象。

一般来说，失意的事只能对好朋友说。好朋友知道你的情形，你的坚强、软弱、优点、缺点他都知道，跟朋友说才能"确保安全"，你甚至倒在他怀里或肩上大哭一场也无妨。对初见面的人、普通朋友，一句也不可说。

失意的事只能在得意时说。失意时谈失意事，别人会认为你是弱者；得意时谈失意事，别人会认为你是勇者，并由衷地从心里涌出对你的"敬意"，而你由失意到得意的历程，他们甚至还会当成励志的教材，你就会比一辈子平顺得意的人更加"神气"。

把"好的"、"坏的"都变成"对的"

在纽约市一所中学任教的保罗博士曾给他的学生上过一堂难忘的课。这一个班多数学生都为过去的成绩感到不安。他们总是在交完考卷后充满了忧虑，担心自己不能及格，害怕影响下阶段的学习。

一天，保罗在实验室里讲课，他先把一瓶牛奶放在桌上，沉默不语。学生们不明白这瓶牛奶和所学的课程有什么关系，只是静静地坐着，望着老师。保罗忽然站了起来，一巴掌把那瓶牛奶打翻在水槽中。同学们都惊呆了，不一会儿便发出可惜的声音。这时，保罗大声地说："不要为打翻的牛奶哭泣。"他叫学生们围绕在水槽前仔细看一看，继续说："我希望你们永远记住这个道理：牛奶已经淌光了，不论你怎么样后悔和抱怨，都没有办法取回一滴。你们要是事先想一想，加以预防，那瓶牛奶是可以保住的，可是现在晚了。我们现在所能做到的就是把它忘记，然后注意下一件事。"

身价，这样提高……
SHENJIA ZHEYANG TIGAO

"不要为打翻的牛奶哭泣"，这句话包含了深刻的哲理，过去的已经过去，不能重新开始。为过去哀伤，为过去遗憾，除了劳心费神，分散精力，没有一点儿益处。永远不要企图想让已经发生的事情再实现一点儿什么。相信船到桥头自然直，积极地去面对下一件事情，这才是最主要的。

然而，在生活中，"早知今日，何必当初"，"肠子都悔青了"，"真的很后悔"成了大家嘴边最常说的一句话。尽管所有的人都知道这个世界上没有后悔药可吃，但是很多人却还是为过去的事情后悔不迭。"后悔"其实就藏在每一天生活、工作的细节中，比如，我们遇到一个人，要不要主动和这个人打个招呼？犹豫之间，两人便擦肩而过，后悔随之而来；和上司、同事、朋友说话，一句话没说好，懊恼后悔半天，等等。我们既然知道后悔于事无补，那就必须要学会"不为打翻的牛奶而哭泣"，牛奶瓶翻了就是翻了，这是无法改变的事实，我们能做的只有考虑如何防止下一次不被打翻。这样做，已经发生了的"坏事"就会变成"对的"，这才是真正减少损失的最佳方法。

人生苦短，我们应该学会排解忧虑，让自己更快活地生活，不要总是做些无谓的忧虑，不要总是为月亮的阴晴圆缺而无谓地哭泣，也不要因事而后悔。我们要学会接受，能够接受是人生旅途中最重要的事。

莎拉·班哈特曾经是全世界观众最喜爱的一位女演员，她在71岁那一年破产了——所有的钱都损失了，而她的医生——巴黎的波基教授告诉她必须把腿锯断。她因摔伤染上了静脉炎、腿痉挛。医生认为她的腿一定要锯掉，可又怕把这个消息告诉那个脾气很坏的莎拉。然而，当他把这个消息告诉她的时候，他简直不敢相信。莎拉看了他一阵子，然后很平静地说："如果非这样不可的话，那只好这样了。"这就是命运。

当她被推进手术室的时候，她的儿子站在一边哭，她朝他挥了一下手，高高兴兴地说："不要走开，我马上就回来。"在去手术室的路上，她一直背着她演过的一出戏里的一幕。有人问她这么做是不是为了提起她自己的精神。她说："不是的，我是要让医生和护士们高兴，他们承受的压力可大得很呢！"

手术后，莎拉·班哈特还继续环游世界，使她的观众又为她疯狂了7年。

人们正是要在最困厄的境遇中才能发现自己、认识自己，从而锤炼自己、彰显自己，最后完成自己、升华自己。世界上的事情，来是偶然，去是必然。

对必然的事，我们要坦然处之，就像杨柳承受风雨，我们要有海纳百川的气度。

罗森在一家夜总会里吹萨克斯，收入不高，然而他却总是乐呵呵的。他常说："太阳落了，还会升起来，太阳升起来，也会落下去，这就是生活。"

罗森很爱汽车，可是凭他的收入想买汽车是不可能的。与朋友们在一起的时候，他总是说："要是有一部车该多好啊！"他的眼中充满了无限向往。有人逗他说："你去买彩票吧，中了奖就有车了！"

于是他买了两块钱的彩票。可能是上天眷顾他，罗森凭着两块钱的一张体育彩票果真中了一个大奖。

罗森终于如愿以偿，他用奖金买了一辆汽车，整天开着车兜风，夜总会也去得少了。人们经常看见他吹着口哨在林荫道上行驶，车也总是擦得一尘不染的。

然而有一天，罗森把车停在楼下，半小时后下楼时，发现车被盗了。

朋友们得知消息，想到他那么爱车如命，都担心他受不了这个打击，便一起来安慰他："罗森，车丢了，你千万不要太悲伤啊！"罗森大笑起来，说道："嘿，我为什么要悲伤啊？"

朋友们疑惑地互相望着。

"如果你们谁不小心丢了两块钱，会悲伤吗？"罗森接着说。

"当然不会！"有人说。

"是啊，我丢的就是两块钱啊！"罗森笑道。

罗森的表现无疑是睿智的，事已至些，忧伤何用？忧伤只能是徒增烦恼。与其这样，还不如轻松地接受，把更多的精力放在其他更有意义的事情上，争取损失最小或者创造更多的价值。

"对必然的事，要轻快地去承受"，这句话传承了千年，对现在人仍有教育作用。唯有这样，才能让那些已经发生的事情包括坏的事都变成对的事，生活中少一些遗憾，自然就会多一些美丽。

第九章 自己争气才能提高身价

扫除自卑的心理

一个好端端的人为什么会自卑、自轻自贱呢？美国心理学家的研究表明，儿童如果各项活动取得成绩而得到老师、家长及同伴的认可、支持和赞许，便会增强他们的自信心、求知欲，内心获得一种快乐和满足，就会养成勤奋好学的良好习惯。相反，他们会产生一种受挫感和自卑感。这就是说，自卑感的形成主要是社会环境长期影响的结果。

挫折性自卑源于一个人遭受的挫折。挫折既已产生，不是简单地安慰一下受挫者就能抚平他的心灵之痛的。

有一个女演员，在戏曲学院学习的时候，她是公认的好学生。她的表演成绩一直名列前茅，总是受到表彰，学校把她作为重点学生加以培养。在学校里，她参加了很多演出，并受到好评。所有的老师和学生都视她为明日之星。她自己也早已以明星自居。可是毕业以后，她上演的第一出戏就惨遭失败！

那是演《穆桂英挂帅》的时候，她担任主角，出演穆桂英。刚从学校出来就当主演，这本身是莫大的荣耀。可是她偏偏不争气，在演到一半的时候，突然嗓子哑了！这个戏当然是演砸了，当时有许多领导同志正坐在前排观看，她这次演砸，就等于是砸了她的前途。

这次演出以后，这个本来优越感一直很强的女演员就变得委靡不振，整个儿就像换了个人似的。以后，在别人面前，她就自暴自弃了。

这种自卑是由于意外挫折造成的。如要消除这种自卑，就得先消除她的挫折感。而要消除她的挫折感，就得让她再次在演出事业上辉煌一下。只有这样，她才会重新获得自信。要让她懂得年轻人的生活、事业都还刚刚起步，征途还漫长着呢，即便起步时迟缓了一些，或走了点儿弯路，成绩一时不如人，也远不足以决定一个人的一生。好比一个优秀的长跑运动员，刚起跑时，比别人慢了一点儿并不要紧，只要他攒足劲，加加油，照样可以赶上并且超过前面的人，甚至可能拿到金牌。

看到许多人比自己强，自然是一件令人惭愧的事，这时候冷静地反思一下造成自己落后的原因是必要的。科学实验表明，人的"天分"大多是不相上下的。人们的成就有差距，主要在于主观努力的不同，或者说，一个人的成就与他付出的心血和汗水是成正比的。

第九章 自己争气才能提高身价

人的成才道路是相当宽广的，每一个人都可以选择一条适合自己的路。当一个人取得了一定的成功之后，他还会继续发现自己仍然有不如他人之处。所以，时时知不足是有利于促进自己进步的。但若是自卑不已，悲观泄气，则是有害无益的。

最重要的是能够进行正确的自我估价。俗话说"尺有所短,寸有所长","金无足赤，人无完人"。每一个人都有长处与短处。如果只看短处不看长处，或者夸大短处缩小长处，则会形成自卑感。苛求自己没有短处，这是不可能的。其实人的某些短处是很难弥补的，如身体的缺陷便是如此。积极的态度是扬长避短，以"长"补"短"。如果一个人这一方面不行，也许他的另一方面比别人强。比如，盲人阿炳虽然失去视力，但却拉得一手好二胡，他是靠着听觉和触觉来体验、创造生活的。当我们认识到自己的短处时，可以设法弥补，或选择更适合于自己的途径发挥自己的长处，自卑的心理也就没有立足之地了。

再者，对于任何你想尝试的某些事物来说，总有某些人比你更在行，更有成就。如果凡事只想到必须成功，这就无法避免害怕失败的心理，就会感觉走向成功的路越走越窄,必然会自我挫败。世界上比我们能耐大的人有的是，天外有天，人外有人，要客观地看待世界和自己，即使在强者面前也要保持足够的自信和勇气。

如果总是担心自己比不上别人，只想着功成名就，也就没有曹雪芹、帕瓦罗蒂、马拉多纳这类人了。不必认为别人都是"阳春白雪"，必不必羞于自己是"下里巴人"。否则世界和人生也就不会这么丰富多彩了。

每一个人都有自己的长处和缺陷，对付自身的缺陷只有克服和利用两种办法。有缺陷并不妨碍一个人的成功，只是看他如何对待、处理它了。缺陷可以使一个人垂头丧气，产生严重的自卑感，同时也能使人奋发图强，产生不屈不挠、积极进取的动力。如果利用得当，有的缺陷反而可以成为一个人优点的标记，因为自卑感可以转化为上进心。如果一个人对自己的缺陷不敢正视，甚至百般掩饰，自怨自艾，则会一事无成。

人类只有一个莎士比亚，只有一个曹雪芹，只有一个贝多芬，只有一个居里夫人，也只有一个爱因斯坦……其实这些伟人的日子又何尝不平淡呢？而且他们都品尝了许多痛苦。人们羡慕的只是他们的成就，而没有懂得他们对平淡的日子有一种不平淡的感觉。有的人玩保龄球、高尔夫球觉得快乐，抱着篮球也一样玩得生龙活虎。风何必和煦，天何必碧蓝？绿树平湖，鸟语花香，是美的意境；古道西风瘦马，凄风冷雨暗夜，秋风落叶凋花，北风枯树狂雪，也都是一种意境，也都有一种美感。生活中有温柔之美、和谐之美，

也有苍凉之美、悲壮之美。

学会忘怀，让生命显出勃勃生机

生活中不顺心事十有八九，要想事事顺心，就要做到放得下，让不愉快的事过去，不要放在心上。

一次，某君太太向他提起一件已经过去的懊恼事，他本来好好的心情一下子就变坏了，两人谈话的情绪也没有了，两人就这样沉浸于对气恼的往事回忆之中。突然，他意识到："我这不是在自己折磨自己吗？在家生别人的气，别人可能正在愉悦之中呢！别人能愉悦，我怎么能生气？"于是，他对太太说："过去的事让它过去吧！多想些愉快的事，自己给自己添寿好吗？"太太也笑了。他们学会了忘怀。

每一个人本来都具有充沛的活力，但因为某些心理压力，如紧张、失败、挫折等，渐渐地形成了情绪问题。有时心情暴躁，有时情绪冷淡，导致心灰意懒，做事半途而废。为了培养积极的生活态度，一定要学习忘怀。

忘怀，可以使我们真正消除心中的烦恼和不平衡的情绪，让我们在失意之余，有机会喘一口气，恢复体力。脑子不只是帮助我们记忆，更是帮助我们忘怀。我们应时时刻刻排解多愁善感的情绪，把恼人的往事放在一边，不要让自己被种种纷扰所困，要让愉快的心情时时陪伴自己。只有这样，我们才有良好的精神和体力去生活、去工作。

忘怀其实可以得到一种心理平衡。有一句话说："生气是拿别人的错误惩罚自己。"老是念念不忘别人的坏处，实际上深受其害的是自己的心灵，搞得自己狼狈不堪。乐于忘怀是成功人士的一大特征。既往不咎的人，大多能甩掉沉重的包袱大踏步地前进。

从心理学角度看，无论一个人惦记的是快乐的往事还是悲愁憎恨，只要长期生活在过去的记忆里，就会与现实生活脱节，会严重威胁心理健康和心智的发展。

忘怀是忙碌时的树荫。它让我们在燥热疲倦时有机会休息，使体力恢复过来。然而，怎样才能做到忘怀呢？只有一个方法——放下。

哲学家康德是一位懂得忘怀的人。有一天，他发现他最信任的仆人兰佩一直在有计划地偷盗自己的财物,便把兰佩辞退了。但康德又十分怀念他,于是,他在日记上写下一行悲伤的文字:"记住要忘掉兰佩。"

一般说来,一个人并不能那么容易忘掉伤心的往事。当伤心的往事再度浮现出来时,我们必须懂得如何使自己不陷入悲不自胜的情绪,必须提防自己再度陷入愤恨、恐惧和无助的哀愁里。这时候最好的方法就是扭过头去专心工作、计划未来,或者去运动、去旅行。

学会忘怀,把许多愤恨的往事放下,日子久了,激动的情绪就会越来越少,心灵和精神的活力就会得以再生,恢复原有的喜悦和自在。

有时候,我们的悲伤和内疚是因为自己做错事而引起的,我们可以用补偿的方法来帮助忘怀。例如,用诚恳的道歉,或者用其他方法补救,使自己的身心保持平和。

有首禅诗说得好:"春有百花秋有月,夏有凉风冬有雪。若无闲事挂心头,便是人间好时节。"

一个人只要学会了忘怀,不愉快的心情自然就会消失,取而代之的将会是勃勃生机,成功将向他招手。

清理心灵花园里的各种杂草

哈佛大学校长劳伦斯·萨默斯在一次演讲中讲述了一段自己亲身经历的故事。

有一天,我向学校请了三个月的假,然后告诉自己的家人:"不要问我去什么地方,去干什么,我每个星期都会给家里打来电话,报个平安。"

我只身一人去了美国南部的农村,尝试着过另一种所谓的幸福生活。在农村,我到农场去打工,去饭店刷盘子。最让我难忘的是,最后我在一家餐厅找到一份刷盘子的工作,只干了4个小时,老板就把我叫来结账,并对我说:"可怜的老头,你尽管很努力,可刷盘子太慢了,你被解雇了。"

被解雇后,我又重回到了哈佛。回到自己熟悉的工作环境后,不知为什么,我觉得以往单调乏味的东西一下子变得新鲜有趣起来,工作成了一种全新的享受。这三个月的经历,使我真切体验到另一种生活的不易。更重要的是,这次经历一下子清除掉了原来心中积

攒多年的"垃圾"。

一个人无论是从政还是做学问，或是干其他工作，随着岁月尘埃的飘浮，心灵里都会挤满各种各样的"垃圾"。只有定期打扫和洗涤自己的思想，清除心灵里的垃圾，才不会使思想和心灵里布满灰尘，才能更好地工作和生活，才能更好地享受工作的快乐和生活的幸福。

因为进入你心灵的思想有积极的成分，也有消极的成分。积极的思想会产生积极的结果，而消极的思想会产生消极的结果。

播种了种子，收获果实的数目会增加许多。种一种思想，不论是消极的还是积极的，都会收到多倍的思想。

从某些角度出发，心灵也像商业银行一样工作。

你的心灵有两个业务员——两者都会遵从你的每一项命令。一位业务员是积极的，专门处理积极思想的存取；另一位业务员是消极的，专门接受消极思想的存入与反馈。

每一项交易都涉及"要用哪一位业务员"的选择。消极的业务员遇到问题，它使你回想起过去你是怎样处理类似的问题的，并预期你目前的问题会失败。积极的业务员遇到问题，它会很热心地告诉你，过去你是怎样成功地处理困难的问题的，它带给你一些技巧和成功的例子，并且使你确信能够很容易地解决这个问题。

很明显，你应该只跟积极的业务员打交道，因为这样做可以走向成功。

虽然免不了有一些消极的垃圾倒进你的心灵，但是也有更多良好、清洁、有利的思想存入你的心灵。我们应该存入更多的积极思想，埋葬消极的垃圾，使得我们心灵中的积极业务员在我们要求取出时有正确而积极的答案。

人穷不怕，心穷才可怕

很多人为自己的贫穷而烦恼，其实这是完全没有必要的，因为贫穷的原因有很多，关键是看你怎么去面对。如果你不相信自己会一直守着贫困，并积极想办法去改变，那就说明你不是真的贫困。因为，人穷不可怕，心穷才是真的穷。

有这样一则关于穷人和富人的故事。

富人很富有，每天在开车回家时，都会看见一个乞丐守在路边。

第九章 自己争气才能提高身价

开始的时候，富人理也不理这个乞丐，邻居们都说这个富人心地不善良。富人说：我这样做恰恰是慈善。他站在这里要饭越是要得着，越不想去劳动致富，因为他还活得下去。要知道，富都是被穷逼出来的。

邻居们都摇头，说富人站着说话不腰疼，穷人是因为没有活路，如果有了活路自会去谋生。富人说那咱们就试试看。

第二天，富人下车，走到乞丐的跟前，给了他三张百元大钞，说："我最初就是用300元钱做小买卖起家的。现在我同样给你这么多钱，你自己去谋生，干点儿什么吧，别在这儿要饭了！"

乞丐见钱眼开，满口答应，从此有半个月没有再出现。邻居们正以为富人这钱给对了时，那个乞丐把钱花完又回来了，还是站在原来的位置，伸出乞讨的手。

从此以后，富人的车还是照常开过，但再也没有理睬过这个乞丐。

从上面这则故事可以看出，人穷有两种类型：一是人穷，一是心穷。

故事中的富人起初也是穷人，创业之初也仅有300元的家当。可他人虽穷，心却不穷。在他的心里装满了理想、目标、意志、力量与智慧……因为他的内心富有，所以他以后成了富人。可见，他当初只是人穷，心却极其富有。可故事中的乞丐就不同了，由于富人的施舍与恩惠，他同样具备了300元的创业资金，却仍然回到了他原来的位置，继续乞讨度日，可见他是属于心穷的人。这样的人没有成功的可能。

可以说，心的穷富在某种程度上直接决定人们生存的质量和价值。通常情况下，思想深刻、智慧非凡、抱负远大的人，能在各自所从事的领域中有所成就；反之，庸俗愚钝、精神空虚的人很难成就大事。这也就是人们常说的，哀莫大于心死，人最怕心穷，心穷则无力。

美国黑人格雷也是穷人家的孩子，但他不甘于此，6岁开始赚钱养家，14岁时便赚到了第一个100万美元，成了有名的商界神童。

格雷说，由于小时候看到母亲非常辛苦地工作，他便想早早地赚钱致富。一开始他只是想尽可能地让生活变得不再那么艰难，计划利用能够利用的资源，比如，在大街上发现的石块。他说："我把这些石头涂上颜色，然后敲人家的门说：'你愿意买这块石头吗？它可以用来镇纸、压书、压门。'人家会问：'这是不是原来的石头？'我说：'没错，但现在它已经不同了。'"

8岁时,格雷创建了"城市邻里经济企业俱乐部",请当地的生意人捐助经费、提供交通工具和会议室,以便让参加项目的孩子们学着做生意。

他说:"因为我要向别人要钱,所以很小的时候就得面对别人的拒绝。许多人都对我说'不',但如果他们拒绝我,我会让他们介绍可能会同意我的5个人,这就是我所谓的'五人策略'。"最后他终于筹集到了1.5万美元,开起了商店,出售甜饼和礼品卡。

后来,格雷的商业技巧和交际能力引起了媒体的注意。那时他虽然只有12岁,但是口才很好,当地电视台在邀请他参加了一次脱口秀节目后,干脆请他参与节目主持。人们开始请他到处演讲,他的出场费达到数千美元。

不仅如此,格雷还善于利用自己最了解的东西来赚钱。他曾经帮祖母做饭,看她制作果汁,于是自己尝试研究配方。在读了一本关于市场营销的书后,他开办了一家食品公司。靠着这家公司,加上其他资产,格雷14岁就赚到了100万美元。

有人说,心有多大,世界就有多大。成功者都认为,人受点儿穷,特别是小时候生活贫穷没什么不好,因为那个时候的苦日子能激励人一生去奋进。如果不完全是外部力量或者自身无法抗拒的因素导致贫困,那么穷人就应该为自己的贫穷负责。而要想真正成为成功的人,就要从内心给自己决心和力量,摆脱贫穷,从头做起。

改变不了环境,就改变自己

在人生旅途中,我们难免会遇到一些挫折和困难,并为此而感到懊恼和痛苦。其实转机很快就会到来。当事情得以解决的时候,我们就会发现,其实自己当初那样的烦恼和着急都是大可不必的。我们应当学会以乐观的态度来面对生活,即使身临困境,也要看到希望,不被悲观的情绪所困扰。

生活中充满了各种烦心的琐事,如果事事都较真,不能宽容地对待,那就无论如何都无法让自己快乐起来。面对生活,我们可以选择自己的心情,改变自己的心情,让生活多一些笑声,少一些苦恼。

有一个快乐的年轻人,在他单身的时候,他和好多朋友同住在一间很小的屋子里，大家都觉得很挤、很不舒服，而他却总是一天到晚笑呵呵的，没有半点儿烦恼。于是有人就问他："这么多人挤在一块儿，睡觉时翻身都难，你怎么还这么高兴啊？"

年轻人说："朋友住在一起，随时可以交流思想和感情，这还不值得高兴吗？"

不久，年轻人的朋友们都渐渐有了妻室，一个个搬离了小屋，只剩他一个人待在那里，但是他还是一样欢喜。于是那人又问："现在剩你一个人了，孤孤单单，形影相吊，你为何还是这么高兴呢？"

年轻人说："你看看，我这里有这么多书，一本书就相当于一位老师，这么多老师陪着我，我能不高兴吗？"

几年之后，年轻人也有了自己的家室，住进了一座高楼的底层。高楼有八层，底层的环境很差，又脏又乱，但是他还是过得那样开心。有人好奇地问他："底层这么脏这么乱，别人都快愁死了，你却整天快乐非常，真是奇怪啊？"

年轻人说："底层很好啊！住一楼有很多的好处，比如，不用很辛苦地爬楼，搬东西很方便，朋友来的话也能顺利地找到，而且后院有块空地，种些花花草草的，很惬意。"

一年后，年轻人把自己的房子让给了一位腿脚不方便的老人，自己主动搬到了八楼去住。虽然环境变了，但是他依然能够快乐地过着每一天的生活。上次问他的人遇见年轻人，用取笑的口吻说："现在你搬到八楼了，是不是也有很多好处啊？"

年轻人笑笑说："是啊，真的好多好处呢！比如，每天上下楼可以锻炼身体，光线很不错，看书写字不伤眼睛，天花板不会乱响，白天黑夜都很安静。"

年轻人总是这么快乐和开心，让很多人感到纳闷，其实他所处的环境并不是很好，有时甚至很糟糕，但是他却总是这样乐观。年轻人告诉大家："一个人心情的好坏，其实并不取决于外界环境，而是取决于内在的思维方式。"

的确，很多时候，我们无法控制外界环境的变化，但是却可以改变自己的想法，使自己在很糟糕的情况下保持一份愉悦的心情，不让自己被糟糕的现状所左右，不会变得心情沉闷而失去原有的热情和希望。

人生就是这样，你不能决定生命的长度，但你可以控制它的宽度；你不能左右天气，但你可以改变心情；你不能改变容貌，但你可以展现笑容；你不能

第九章 自己争气才能提高身价

控制他人，但你可以掌握自己。

别为一时的损失而哭泣

人生在世，在生命的流转中，我们会不断地拥有很多东西，也会失去很多东西，其中不乏自己认为珍贵的、心爱的、不舍的人或物，或者因为某些意外因素而使自己蒙受损失。不论是谁经历这样的事情，都会为之感到可惜。但是我们不能驻留在这里而停止前进，不能盯着小小的损失不放，而使自己失去更多。

泰戈尔在一首诗里曾经说过："如果你为失去月亮而哭泣，那么你也将失去群星。"得与失是每一个人都要面对的事情，既然已经失去，我们应该做的是珍惜现时的拥有，而不是为逝去的东西过分悲痛。有人说："当上帝从你身边夺走一样东西的时候，还会以另外一种形式来补偿你。"因此，面对失去的东西，我们应该豁达一些、淡定一些，也许不久就会得到意想不到的收获。

吉姆是一个陶瓷艺人，他听说城里人十分喜欢陶瓷，于是就决定做最好的陶瓷到城里去卖，赚一些钱回来改善自己的生活。经过反复的试验，他成功地烧制出一种质地很好的陶罐，于是到城里去卖了。

吉姆雇了一艘轮船，装上自己亲手烧制的陶罐，到远离家乡的大城市去卖。随着离目的地越来越近，吉姆的心中也越来越激动，心想着自己就要发大财了，自己能够带着卖陶罐得来的钱回到家乡，过上富足的日子。正当他沉浸于美梦之中时，轮船遭到了一场突如其来的暴风雨的袭击，船摇晃得很厉害，船上的陶罐也因此全都打碎了，没有一个完整的。这场暴风雨不仅打碎了吉姆的陶罐，也打碎了他的美梦。惨重的打击使吉姆欲哭无泪，他手捧着陶罐的碎片，心里难过至极。

好了一阵子，吉姆才回过神来。他想既然陶罐都已经碎了，再哭也于事无补，还是先找个地方住上一晚吧。然后，再到城里看看能否找到什么补救的办法。

第二天，吉姆一早醒来到街上去转悠，却意外地发现，城里人装饰墙面的东西与他的破陶罐的材料是一样的，于是他将陶罐碎片稍做加工，就制成了马赛克，销路非常之好，很快就被哄抢一空，而且比原来的陶罐卖的价钱还要好。吉姆不幸之中遇到了幸运，带着一大笔钱高高兴兴地回家去了。

失去固然可惜，但是"塞翁失马，焉知非福"？很多事情，其实并没有想象的那么糟糕。因此，即使遭受什么损失，也不能因此而失去理智，而应该冷静地面对现实，寻找补救的办法。要坦然地接受事实，学会自我安慰，保持内心的平衡，而不是因此万念俱灰、自暴自弃，否则只会使自己损失更多。

老子曾说："祸兮福之所倚，福兮祸之所伏。"祸与福是相辅相成的，即使一时遭受损失，说不定还会因祸得福。因此，我们凡事都要往好处想，不为小小的得失而斤斤计较。能坦然接受失去的人能够得到更多。

> 从前有个国王，他有七个女儿，这七位美丽的公主是国王的骄傲。她们那一头乌黑亮丽的长发远近皆知，所以国王送给她们每人两个漂亮的金发夹。
>
> 有一天早上，大公主醒来，一如既往地用发夹整理她的秀发，却发现少了一个发夹，于是她偷偷地到了二公主的房里，拿走了一个发夹。二公主发现少了一个发夹，便到三公主房里拿走一个发夹；三公主发现少了一个发夹，也偷偷地拿走四公主的一个发夹；四公主如法炮制，拿走了五公主的发夹；五公主一样拿走六公主的发夹；六公主只好拿走七公主的发夹。于是，七公主的发夹只剩下一个。七公主得知以后，也并没有在意。
>
> 隔天，邻国英俊的王子忽然来到皇宫，他对国王说："昨天，我养的百灵鸟叼回了一个发夹，我想这一定是属于公主们的，而这也真是一种奇妙的缘分，不晓得是哪位公主掉了发夹？"公主们听到了这件事，都在心里想说："是我掉的，是我掉的。"可是头上明明完整地别着两个发夹，所以都懊恼得很，却说不出。只有七公主走出来说："我掉了一个发夹。"话才说完，因为少了一个发夹，一头漂亮的长发全部披散了下来，王子不由得看呆了。
>
> 最后，王子请求七公主嫁给自己，国王也同意了他们的婚事，七公主和王子从此一起过着幸福快乐的日子。

缺憾并不一定就是坏事，当你为已经造成的损失而拼命地进行弥补的时候，很可能会因此而错过更珍贵的收获。完美的人生是不存在的，不管是谁，

第九章 自己争气才能提高身价

其生命中也难免会有缺憾,有时候却正是因为缺憾,未来才充满了很好的转机,这何尝不是对生命的一种补偿。

损失提醒我们应该懂得珍惜,哭泣不是最好的应对方式,有一颗获得、淡定的心才越能盛下更多的东西。

第十章　勤奋是提高身价的阶梯

一种聪明的误读

有一位教师朋友曾讲过这样一件事。

有一天，一位学生说："我看历史上那个什么'铁杵磨成针'说法，纯属荒唐。世上哪有那么愚笨的人，何况才高八斗的李白？你要一根针，买一根不就得了？何必要拿一根胳膊粗的铁棒去磨呢？即使真想磨，至少也得拿一根小一点儿铁杆去磨呀？这不是寒碜人吗？"

对于这样的聪明误读，我很淡然。我说历史上何止只有"铁杵磨成针"的"荒唐"，还有练书法一口气练掉十八缸墨汁的"大傻蛋"，还有练剑术练得天天闻鸡起舞的"大笨熊"，更有"愚蠢"十足的"愚公移山"，数不胜数。其实只要想想"铁杵磨成针"故事的主人公为什么偏偏是才高八斗的李白，个中的寓意便不难明了。

有些人认为，勤劳是无能者的最后避难所，是迂腐或没招的代名词；更有人说，成功如果要靠拼死拼活的苦斗，我宁愿闲着和平庸，反正人生苦短，何必那么苦累？前者使人看到可怕的聪明，后者令人感到时髦的颓废。

前者令人产生联想。勤勉的字眼在传媒中的位置愈来愈小，越来越变形，社会上似乎充斥着令人眼馋的事实——晋职、晋级或发财什么的好事似乎不那么厚爱勤劳的人。是生活事实真的那么残酷，还是我们看走了眼。

后者也令人纳闷。不知什么原因，社会上突然流行起闲适文化来，使得不少人捧着闲适文化，疏远勤勉而且还心安理得。闲适是一种从容可爱的生活姿态，也是一种很容易使人滑入疏懒陷阱的精神矫饰。讲究闲适文化，要看清楚究竟是谁在写闲适文化？有品位的闲适文化大抵出自大师级的文化人之手，如梁实秋、林语堂等人。他们的这种闲适是一种有品位的生活，是随遇而安的生活境界。他们都有辉煌的事业成就，在成就事业的过程中，他们都是出名的勤奋者。抛弃勤勉的劳作，而要什么闲适，如空中楼阁般，而且还有文过饰非之嫌。当然，甘愿无所用心，不想做事也是你的选择，也是你

的权利。今日的价值走向可以说是空前的开放和多元化，但诚实劳动从来就是人类和社会生存发展的前提条件，也是一个人安身立命的基础。

有学者说："对于前者，有现实的社会因素，也有年轻人误解的因素。而对于后者，则完全是年轻人自身的原因。一个未曾入世的人何谈出世？未曾'入流'，何有'勇退'？如同本来就没有的东西，何来丢失一说？对多数年轻人来说，闲适一说不过是鹦鹉学舌、邯郸学步而已。这是一种不战而降的人生态度。"

勤勉究竟是什么？我们该怎样去解读它的内涵？

应该说，勤勉是善待生命的写真。写过不少闲适小品的梁实秋先生说："勤，劳也。无论劳心劳力，竭尽所能，黾勉从事，就叫做勤。各行各业，凡是勤奋不息者必定有所成就，出人头地。即使是出家的和尚，息迹岩穴，徜徉于山水之间，看破红尘，与世无争，他们也自有一番精进工夫要做，于读经礼拜之外还要勤行善法，不自放逸。"

梁实秋先生举例说，唐朝有个叫百丈怀海的禅师，笃实奉行"一日不作，一日不食"的清规，即使到了暮年也不违背。有一天，弟子见他老了，于心不忍，偷偷地藏起了他的工具。百丈那天找不到工具，无法劳动，也就真的没吃东西。百丈这种严于律己的勤勉精神感动了很多人。

清初以山水画著称的石溪和尚在《溪山无尽图》自题中写道："大凡天地生人，宜清勤自持，不可懒惰。若当得个懒字，便是懒汉，终无用处……残衲住牛首山旁，朝夕焚诵，稍余一刻，必登山选胜，一有所得，随笔作山水数画或字一段，总之不放闲过。所谓静生动，动必做出一番事业。端教一个人立于天地间无愧。若忽忽不知，懒而不觉，何异草木？"人而不勤，无异草木，这句话一针见血。过饱食终日无所用心的生活，英文叫做过植物的生活。中外的想法不谋而合。

梁实秋先生说，勤的反面是懒。早晨躺在床上，起床后仍是懒洋洋的不事整洁，能拖到明天做的事今天不做，能推给别人做的事自己不做，不懂的事情不想懂，不会做的事不想学，无意把事情做得更好，无意把成果扩展得更多，耽好逸乐，四体不勤，念念不忘的是如何过周末如何度假期。这是一个标准懒汉的写照。

恶劳好逸其实是人之常情。就因为是人之常情，人们才需要鞭策自己。勤能补拙，勤能损欲，这还是消极的说法，勤的积极意义是要人进德修业，不但不同于草木，也有异于禽兽，成为名副其实的万物之灵。

梁实秋先生是众所周知的勤勉者，他学识渊博，著述等身。单看他独自编撰的《远东英汉大词典》一书，就足令世人叹为观止。拿他的意思来说，这些大都是勤勉的结果。

一位年逾古稀的先生说:"现在的年轻人对勤字的意义越来越陌生。因为现在有很多先进的工具可以替代先前的艰苦劳作。他们更多的是憧憬未来,编织理想,穷究方法,而少躬行。这到底是他们进步了,还是我们落伍了?我不甚了了,但我知道,要完成一幅好画,就必须先拿起笔来。"

今天,在信息化高度发达的美国,越来越多的教育家和家长抱怨,为什么在学习工具越来越先进的条件下,孩子的学习效果反而不如他们当年的粉笔加黑板?个中缘由,恐怕要从学习者自身的主观努力因素方面去思考。

综观古今中外的成功者,绝大多数是信奉勤为的人。他们一旦确定致力的方向,便立即动手去做,绝不拖延,也不幻想速成术,更不会沉湎于想象结果的愉悦之中。

勤者能够扎扎实实地把每一天活得充实,使每一天的流逝都能铸出一个新我,使每一天都成为连接现实与梦想的一节坚实的链环。勤奋者虔诚地用兢兢业业的行动把梦想兑现,并不奢求出现奇迹的方法。因为他们知道,这种奢求往往是白日的梦呓。

勤,是指全身心地去做事业,不朝秦暮楚,不让频繁的"灵机一动"把自己弄得晕头转向或筋疲力尽。对事业的全身心地投入,如同《论语》中所说的"执事敬"——认真地去做每一件事,"令自家精神尽在此"。拿今天的话来说,这种精神指的就是敬业态度和责任心。

勤者是咬定青山不放松,悉心耕耘,自己每天勤于为业,不做空想或幻想式的快乐精神透支,只问当下该做的事有没有做好。长此以往,他们收获于日积月累的勤勉过程中,这正是"功到自然成"。

勤,不凭三分钟热情的兴致行事,不妄求所谓的一气呵成。它是一种悠悠不断、绵绵不绝、细水长流的奋斗过程。所谓积铢累寸、积土成山、集腋成裘、水滴石穿、绳锯木断、跛鳖千里,是勤者的绝好写照。

勤者讲究的是一种"恒常心",日复一日,把握生命中的每一天。它信奉"周而复始","欲速则不达",拒绝歇斯底里式的精神狂躁。这种精神虽然看上去没有那么豪情万丈、绚丽多彩和令人激动,但对于成就事业者来说,这才是最真实的。

真正的勤勉从来不是不问缘由地蛮干,不是毫无智慧地傻干。

勤勉使我们不致被世俗迷误,也不致因甚嚣尘上的种种喧哗而跌入浮躁的悬空状态。

重新解读勤勉的内涵,我们可以看清勤勉与成功之间的必然因果关系。其实勤勉正是加重人的身价的砝码。

懒惰是一种劣根性

舒适是个好东西,喜欢舒适是人的本性。对于有的人来说,能站着拿到东西绝对不会跳起来,能坐着拿到东西绝对不会站起来,能躺着拿到东西绝对不会坐起来。然而舒适又是个极坏的东西,它是滋生慵懒的温床。无所事事、无聊至极等恶行劣性大多因舒适而衍生。所以不少人终于舒适死了。

人在一定的程度上说来是很"奇怪"的。没有舒适想尽办法创造舒适,有了舒适又不善于享受。面对舒适,人很难做到恰到好处,许多人舒服地起来就不能自拔,甚至自掘坟墓。历史上许多皇帝就是因为过于舒适而死,大多数朱门富豪的凋敝也是由于太过舒适所致。究其原因,在于舒适是一剂极妙的"九香软筋散",在不知不觉中变得不想动,不愿动,像一团软体动物,久而久之,终于导致精神瘫痪,一切作为人的特性悉数消失。这种情形很像动物园中的老虎,在悉心饲养的舒适的生活环境中,慢慢地变成了像病猫一样。

1992年的世界爱鸟日,芬兰维多利亚国家公园放飞了一只在笼中关了4年的秃鹫。然而,3天后,一位游客却在公园附近的小山上发现了这只秃鹫的尸体。经解剖查明,这只秃鹫是因饥饿而亡。

秃鹫,原本是一种凶悍的鸟类,生存本领极强,常捕食小动物,饥饿异常的秃鹫甚至敢与虎豹争食。然而这只鸟中之王却死于饥饿,到底是什么原因?动物学家分析,几年来,这只秃鹫过惯了公园里"饭来张口"的生活,在舒适的生活环境中,渐渐丧失了在大自然生存的竞争力。这只秃鹫与其说死于饥饿,倒不如说死于舒适更为恰当。

对人来说,勤勉不仅是创造舒适条件的根本手段,而且是防止被舒适软化、涣散精神活力的"防护堤"。

慵懒是人的一种劣根性,为了做成事来,必须与它抗衡,突破这种劣性的钳制。否则,人只能越来越像低等动物。但是这种抗衡和突破不是自然、愉悦的或者说是心甘情愿的,一开始总要由一些外在的压力来强制,进而才逐渐内化为恒定的精神元素和行为习惯。作为一种人格品质,勤勉从来都是后天锤炼而成的。

台湾企业巨子王永庆小时候每天一大早就要担满一大缸水。每当他疲倦难当想歇担时,母亲总是说:"不行,再挑一担。"他不得

第十章 勤奋是提高身价的阶梯

不强忍歇担的欲念，直至把水缸担满。王永庆认为，勤劳是在一定的压力下养成。人一富裕起来，勤劳也就很容易消失。所以，天生的刻苦勤劳是没有的。中国之所以有"富不过三代"一说，是指致富的品质——勤劳——往往会在舒适的环境中酥化、淡化以至泯灭。结果财富就像是无源之水，就会坐吃山空。

大凡在各行业有所成者，都有勤劳的品格。因为勤劳往往能锻铸一个人的吃苦精神、自制力、容忍力和毅力等人格品性。这些品性是个人成就事业的根本精神所在。有勤勉品性的人总是默默无闻、埋头苦干，没有观众的捧场，只有自己的灵魂为自己喝彩；不希望旁人作证，只是等待时间评判。在这种孜孜以求的历程中，人格得到了洗礼，并渐渐内化为一种昂扬的精神风貌——朝气，即有雄心、工作勤奋、勇于负责，并且不急功近利、肯忍耐、盼望更丰富的收获。

美国心理学家关于1500名儿童成长与发展的50年追踪研究报告表明，在最成功和最不成功的两类人之间，差别最大的人格因素包括：取得最后成果的坚持力、自信力、克服自卑的能力和责任心；意志坚强，甚至在忍受常人难以忍受的痛苦时仍心怀神圣，以乐观的情怀去从事自己的事业，直到成功。而勤勉是这些人格因素的浓缩说法，也是锻造这些人格因素的熔炉。

为什么那么多聪明人像昙花一现？为什么现实中会有那么多"小时了了"的辛酸？以前，我们总以为这是冥冥之中不可捉摸的命运使然。但对人才成长的心理研究说明，决定一个人最终成功的关键因素，并非遗传，也非智力，也非环境，而是与人如影随形的、除非人自己丢弃、人人皆有的非智力因素，即人格因素。如勤勉、意志、毅力、稳定的情绪、昂扬的热情、自信，等等。

爱因斯坦说："一个人的伟大源自于人格的伟大。"伟人之所以伟大，本非天生，而是其曾有过非凡的人格锻铸历程，自愿地接受勤勉的神圣洗礼。他们可以忍受凡人难以承受的孤寂和苦难，孜孜以求自己钟爱的事业；他们知道，唯有尽力地挥显自身的人格力量，才是成功的可靠保障。

我们不希冀伟大，但我们需要做些实际的事情，以确证自己的生存价值；我们可以要求自己做得更好，可以开发自己的潜能，使自己的生命更为充实。

一个人一旦养成恒常性的勤勉习惯，往往会拥有一份恒稳的愉快心绪。因为它专注，意念与行为谐调归一，所以恶劣的情绪便没有潜入的机会，更没有盘踞的空间。一个进入勤勉状态的人，心灵中没有长久驻足的烦恼。所以，克服烦恼最直接、最有效的方法就是使自己忙碌起来——这是改变思维焦点、转变注意力的好方法。

我们想做成一件事,就必须抗击来自人性中的惰性力量,从外界的逼迫到内心的自觉。勤勉是洗刷人性中惰性因子的强力洗涤剂,是促使人升华自身本性的催化剂;它既是发展的动力,又是拯救的力量。也许一开始我们与勤勉难于相处,但是,人类后天的品格,尤其是珍贵的品格,总会在训练和锤炼中获得的。事实上,在勤勉品性的培养过程中,我们就是在实实在在地做人。

勤奋者的眼里遍地是黄金

在美国西部流传着这样一个动人的故事。

自从传言有人在塞文河床散步时无意发现金子后,这里时常有来自四面八方的淘金者。他们都想成为富翁,他们寻遍了整个河床,还在河床上挖出很多大坑。的确,有一些人找到了金子,但另外一些人因为一无所得而只好扫兴归去。

也有不甘心落空的人,他们驻扎在这里,继续寻找。彼得·弗雷特就是其中的一员。他在河床附近买了一块没人要的土地,一个人默默地工作。为了找金子,他已把所有的钱都押在这块土地上。他埋头苦干了几个月,直到土地全变成坑坑洼洼。他失望了——他翻遍了整块土地,却连一丁点儿金子都没看见。

6个月以后,他连买面包的钱都快没有了。于是,他准备离开这儿到别处去谋生。

就在他即将离去的前一个晚上,天下起了倾盆大雨,并且一下就是三天三夜。雨终于停了,彼得走出小木屋,发现眼前的土地看上去好像和以前不一样:坑坑洼洼已被大水冲刷平整,松软的土地上长出一层绿茸茸的小草。

"这里没找到金子,"彼得忽有所悟地说,"但这土地很肥沃,我可以用来种花,并且拿到镇上去卖给那些富人。他们一定会买些花装扮他们华丽的客厅。如果真这样的话,那么我一定会赚许多钱,有朝一日我会成为富翁。"

彼得仿佛看到了将来,美美地撇了一下嘴说:"对,不走了,我就在这里种花!"

于是彼得留了下来,花了不少的精力培育花苗,不久田地里长满了美丽娇艳的各色鲜花。

他把花拿到镇上去卖。那些富人一个劲地称赞:"噢,多美的花,我们从没见过这么美丽鲜艳的花!"他们很乐意花钱来买彼得的花,以便让他们的家变得更漂亮。

几年后,彼得终于实现了他的梦想——成了一个富翁。

"我是唯一找到真金的人!"他时常不无骄傲地告诉别人,"别人在这儿找到黄金之后便远远地离开,而我的'金子'是在这块土地里,只有诚实的人用勤劳才能采摘。"

一个勤奋的人比别人付出得多,那么他自然得到得就多,因为付出和收获是成正比的。对于勤奋者来说,遍地都是黄金,因为勤奋是点燃智慧的火把,是打开幸运之门的钥匙。

不要轻视自己的工作

"不值得做的事情就不值得做好",这是著名的"不值得定律"最直观的表述。这个定律似乎再简单不过了,它的重要性也常被人们忽视。不值得定律反映出人们的一种普遍心理:一个人如果做的是一件自己认为不值得去做的事情,往往会抱着敷衍了事的态度,不仅成功率小,而且即使成功,也不会觉得有多大的成就感。因此,当你选择工作时,应在多种可供选择的奋斗目标及价值观中挑选一种,然后为之奋斗。记住,一旦你作出了选择,就要为你的选择付出百分之百的努力。这可以用一句俗语"选择你所爱的,爱你所选择的"来形容,只有这样才能不断激发自己的奋斗精神,才可以全力以赴地投入到工作当中。唯有如此,我们才能在工作中获得成就感与满足感,才能取得最大程度的成功。

工作是不分等级的,所有正当合法的工作都值得人们为之努力,所有为工作努力的人都值得人们尊敬。检查一份工作是否值得人们为之努力的标准,不是工作本身,而是人们对待工作的态度,只有态度端正,才能在工作中实现自己的人生价值,才能够向他人展示自己的成就。工作本身并没有贵贱之分,但是人们对待工作的态度却有高低之别,工作能否做好,关键取决于人的工作态度。如果一个人轻视自己的工作,实际上就是轻视自己。这样的人一定不会全心全意地工作,更不会热爱自己的工作。

千万不要轻视自己所做的每一项工作,哪怕是一份普通得不能再普通的

身价，这样提高……

工作，你也要全心全意地对待它。既然你选择了这份工作，那么这份工作就值得你全力以赴地去做。任何人都是从普通人、普通事做起的，如果你认为眼前的工作不值得你做，那么恐怕这世上就没有你认为值得做的事情了。只有把应该做的"小事"做好，你才有机会和能力做以后的大事。要知道，"不积跬步无以至千里，不积小流无以成江海"。如果一个人鄙视、厌恶自己的工作，那么他就永远没有成功之日。相反，如果一个人对自己的工作充满激情和热爱，那么他就会从工作中得到许多乐趣，他的人生就会因此而显得格外精彩。

一本畅销全球的小册子《致加西亚的信》叙述了这样一个故事。

美西战争爆发后，联络古巴起义军的领袖加西亚成为迫在眉睫的事情。加西亚隐藏在古巴山区，没人知道他到底身在何处，更不要说通过信件、电报来联系了。但是美国总统必须与他取得联系，以便两方进行军事合作，这事显得十万火急。

怎么办？

有人对总统说："只有罗文能把信送给加西亚。"

于是人们把罗文找来，把这封给加西亚的信交付给他。罗文仔细地用油布把信裹上，放在胸前，搭乘一只无帆的小船到了古巴，消失在丛林中，在三个星期之中徒步穿过这个危机四伏的国家，出现在岛屿的另一端，终于成功地把信交到加西亚的手里。

关于这个故事的具体情节以及罗文在送信过程中遭遇到的种种困难，这里就不再一一描述了。但有一点最值得人称颂，就是罗文对待工作任务的无比坚决和认真的精神。

俗话说，"世上无难事，只怕有心人"，当你从上级手中接到一项任务后，如果抱定排除万难的决心，一心一意地投入到工作当中，那你就会像送信的罗文一样成为他人称颂的对象。

成为罗文并不像人们想象中的那么难，然而为什么在现实生活中人们对上级布置的工作任务总是很难真正完成呢？具体原因也许有很多，但其中最重要的原因就是执行任务的人对工作心不在焉、懒懒散散，缺乏最基本的认真精神。如果你认为这种说法不足以令自己信服，那么你可以看看下面的情况是否在你身上发生过：

上级吩咐说："查一下资料，找一下关于钢铁价格的变化情况，然后做一份详细的统计表给我。"

员工于是提出了一连串问题：

具体应该查哪些资料？

到什么地方找这些资料？

是关于哪一时期的钢铁价格？

我现在正忙下午开会的事，是不是让小王做这事？

这事不急吧？我估计要很长时间才能统计出来……

如果在你身上经常发生类似的情况，那就可以断定你不是一名合格的员工，你对你的工作缺乏最基本的热情，你没有认真执行上级交给的任务，你不仅难以得到重用和提拔，而且很快就会被别人替代。

事实上，当上级布置给你任务时，无论任务有多难你都要尽力完成。要知道你不仅仅是在完成一项工作任务，在完成任务的过程中你将从中学到很多东西，你的工作能力以及知识积累都会因此而大大提高。

在市场经济体制下，任何一家企业都存在一个不间断的人员淘汰过程。那些没有能力继续为公司创造业绩的员工将很快被公司辞退，其他新人将会取代他们。无论公司运行怎么繁忙，这样的情景都会持续。对于企业而言，无论何时，不称职、能力差的人只能被解职。

这就是市场竞争中的"优胜劣汰，适者生存"，为了自身的利益，每个企业都希望留下来的是最优秀的人——那些"能把信送给加西亚"的人，那些认真完成每一项工作任务的人。

做事就要做到位

一个人的外在美只能取悦于人的眼睛，而他的内在美却能感染人的灵魂。只有心灵美与外表美一致，才能表明你在身体和精神方面都是健康的。

如果说员工的业绩是闪光的金子，那么他的职业道德就是耀眼的钻石了。事实证明，每一位企业领导人都会毫不例外地欣赏那些职业道德高尚、思想积极进取的员工。

衡量一个人是高贵还是低贱，要看他具有什么样的品质，而不是看他拥有多少财富。

一名优秀员工的职业道德不是表现在嘴巴上，而是应该落实在实际行动上，即表现在如何做人、做事上。

事实如何呢？大多数情况下，许多职员到新公司以后最希望的首先是站住脚，然后就是晋升和加薪。也就是说，他们对做事比较注重，认为只要自己的业绩上去了，就是一名优秀员工了。

然而,他们往往忽略怎样做人,他们不明白要想把事情做好,就必须先做人的道理。其表现形式为办事拖拉、完成任务不彻底、对上级的意图一知半解、缺乏耐心、飞短流长、窝里斗、小帮派、损坏公司利益等。这样当然得不到企业领导人的赏识了。

那么,怎样做事才能得到企业领导人的赏识呢?

方法很多,其中最重要的一点就是要工作一丝不苟、认真到位。

做工作,要么就做好,要么就别做。这句话你应铭刻于心,这也是你获得企业领导人赏识的基础。事实上,一个人做事马马虎虎、丢三落四、不积极、不彻底,你能说他有很好的职业道德吗?

1. 做事到位

有个老木匠准备退休,他告诉老板,说要离开工作单位,回家与妻子儿子享受天伦之乐。

老板舍不得这个好工人走,就问他是否能帮忙再建一座房子,老木匠说可以。可是大家后来都看得出来,他的心已不在工作上,他用的是软料,出的是粗活儿。

房子建好的时候,老板把大门的钥匙递给他,说道:"这是你的房子,是我送给你的礼物。"

木匠震惊得目瞪口呆,羞愧得无地自容。如果他早知道是在给自己建房子,他怎么会这样呢?现在他得住在一幢粗制滥造的房子里!

这位老木匠没有站好最后一班岗,住进粗制滥造的房子,真是自食其果。我们不妨扪心自问,自己在很多时候又何尝不是这样?

假如你是一个木匠,每当你敲进去一颗钉,加上去一块板,或者竖起一面墙时,你是否在一丝不苟地好好建造呢?

你可以在工作时问问自己:"我是在给企业干还是在为自己干?"

你的工作或事业是你一生的创造,它不能抹平、修复或推倒重建,它是优良或糟糕,都取决于你平时做事是否精心、扎实。不要学那个老木匠,即使只有一天可活,也要把这一天活得认真、仔细、圣洁和高贵。因为生活和工作是自己创造的,一点儿也马虎不得,这样的人生才有意义。

如果一个人做事总是偷工减料、偷懒耍奸,那怎么能把工作做好?还有什么资格谈职业道德?

做事就要做到位,这应是人们做任何工作的态度。试问世上哪家企业会喜欢一有机会就偷懒，一干活儿就偷工减料的员工？

不管是做什么工作，你都要明确一点——你不是在为企业打工，你是在为自己奋斗。

2. 力求完美

只有不断地发现和改进工作中的不足之处，你的工作才能日趋完美，才能越来越接近自己理想中的目标。

18世纪的讽刺文学家、哲学家伏尔泰创作的悲剧《查伊尔》公演后，受到观众很高的评价，许多行家也认为这是一部成功之作。然而伏尔泰本人对这一剧作并不十分满意，他认为剧中对人物性格的刻画和故事情节的描写还有许多不足之处。因此他拿起笔来一次又一次地反复修改，直到自己满意了才肯罢休。为此，伏尔泰还惹下了一段风波。

经伏尔泰这样精心修改后，剧本确实一次比一次好，但演员们却非常厌烦，因为他每修改一次，演员们总要重新按修改本排练一次，这要花费许多精力和时间。

为此，出演该剧的主要演员杜孚林气得拒绝和伏尔泰见面，不愿意接受伏尔泰重新修改后的剧本。这可把伏尔泰急坏了，他不得不亲自上门把稿子塞进杜孚林住所的信箱里。然而，杜孚林还是不愿看修改稿。

有一天，伏尔泰得到一个消息，杜孚林要举行盛大宴会招待友人。于是，他买了一个大馅饼和12只山鹑，请人送到杜孚林的宴席上。

杜孚林高兴地收下了。在朋友们的热烈掌声中，他叫人把礼物端到餐桌上用刀切开，当在场的人把礼物切开时，所有的客人都大吃一惊，原来每一只山鹑的嘴里都塞满了纸。他们将纸展开一看，却是伏尔泰修改后的稿子。

杜孚林哭笑不得，后来只好按伏尔泰的修改稿重新演出。这个修改稿一经演出，在社会上便引起了强烈的反响，取得了轰动效应。

伏尔泰是大作家，他对工作尚且如此兢兢业业，那么你呢？其实，对每一个人来说，只有不断发现和改进自己工作的不足之处，才可能成就精美的作品和人生。

人总是在创造，既创造精神财富，也创造物质财富，获得这些财富的多

第十章　勤奋是提高身价的阶梯

寡则取决于每一个人是否有精湛的技艺去不断加工、增补和润色。

尽力将工作做到位，力求完美、出色，这样，你良好的职业道德就彰显出来了。

3．主动修正工作中的失误

事实上，每一个人的工作都会或多或少地存在着不足。对此，你也不会否认。既然你的工作存在着错误，那就说明你的工作方法存在需要改进的地方。你要做的就是立即改进，把工作中某些方面的欠缺修正过来。

飞机起飞前，一位乘客请求空姐给他倒一杯水吃药。空姐很有礼貌地说："先生，为了您的安全，请稍等片刻，等飞机进入平稳飞行后，我会立刻把水给您送过来，好吗？"

15分钟后，飞机早已进入平稳飞行状态。突然，乘客服务铃急促地响了起来。空姐猛然意识到：糟了，由于太忙，忘记给那位乘客倒水了！当空姐来到客舱，按响服务铃的果然是刚才那位乘客。

她小心翼翼地把水送到那位乘客跟前，面带微笑地说："先生，实在对不起！由于我的疏忽，延误了您吃药的时间，我感到非常抱歉。"

这位乘客抬起左手，指着手表说道："怎么回事？有你这样服务的吗？你看看，都过多久了？"

空姐手里端着水，心里感到很委屈。可是无论她怎么解释，这位挑剔的乘客都不肯原谅她的疏忽。

在接下来的飞行途中，空姐为了补偿自己的过失，每次去客舱给乘客服务时，都会特意走到那位乘客面前，面带微笑地询问他是否需要水，或者别的什么帮助。

然而，那位乘客余怒未消，摆出一副不合作的样子，并不理会空姐。

临到目的地前，那位乘客要求空姐把留言本给他送过去。很显然，他要投诉这名空姐。

此时空姐心里虽然很委屈，但仍然恪守职业道德，显得非常有礼貌，而且面带微笑地说道："先生，请允许我再次向您表示真诚的歉意，无论您提出什么意见，我都将欣然接受您的批评！"

那位乘客脸色一沉，嘴巴准备说什么，可是却没有开口，他接过留言本，开始在本子上写了起来。

等到飞机安全降落，所有的乘客陆续离开后，空姐打开留言本，却惊奇地发现，那位乘客在本子上写下的并不是投诉信，相反，这是一封热情洋溢的表扬信。

是什么使得这位挑剔的乘客最终放弃了投诉呢？

在信中，空姐读到这样一句话："在整个过程中，你表现出的真诚歉意，特别是你的 12 次微笑深深地打动了我，使我最终决定将投诉信写成表扬信！你的服务质量很高，如果有机会，我还将乘坐你们的这趟航班！"

你也必须这样做，当工作出现失误时，你应赶快予以修正，甚至力求比原来做得更好。如此一来，多数情况下，你不但能得到他人的谅解，有时还能让上级领导深刻地体会到你的敬业精神，反而会更加重视你。

由此可见，一个人工作有失误并不可怕，关键在于你自己要勇于面对，勇于承担责任并且立即改进。这样你就能将每一项工作都做到位。

4. 全力以赴地工作

比利时有一出著名的基督受难舞台剧，演员辛齐格几年如一日在剧中扮演受难的耶稣，他高超的演技与忘我的境界常常让观众不觉得是在看演出，而似乎像真的看到了台上再生的耶稣。

一天，一对远道而来的夫妇在演出结束之后来到后台，他们想见见扮演耶稣的演员辛齐格，并合影留念。

合完影后，丈夫一回头看见了靠在旁边的巨大的木头十字架，这正是辛齐格在舞台上背负的那个道具。

丈夫一时兴起，对一旁的妻子说："你帮我照一张我背负十字架的相吧！"

于是，他走过去，想把十字架拿起来放到自己背上去，但他费尽了全力，十字架仍纹丝未动，这时他才发现那个十字架根本不是道具，而是一个真正橡木做成的沉重的十字架。

在使尽了全力之后，那位先生不得不气喘吁吁地放弃了。他站起身，一边抹去额头的汗水，一边对辛齐格说："道具不是假的吗？你为什么要每次都扛着这么重的东西演出呢？"

辛齐格说："如果感觉不到十字架的重量，我就演不好这个角色。在舞台上扮演耶稣是我的职业，和道具没有关系。"

身价，这样提高……
SHENJIA ZHEYANG TIGAO

这个故事给我们以强烈的震撼。我们也可以这样说：职场中没有道具，你要做好你的工作，就必须付出百分百的努力。

全力以赴地投入工作，做事不要做给上级领导或同事看，更不要等别人来监督。只有靠自己积极主动地努力，才能将工作做得更好、更出色。

每一个人都懂得应该全力以赴地工作，成功的企业家更是如此。

盛田昭夫第一个实现了日本企业国际化的梦想，使索尼公司成为一个仅次于日本松下电器、德国西门子公司、荷兰飞利浦公司的第四大电子公司。盛田昭夫因此得到英国皇家学院授予的阿尔伯特勋章，并成为荣登美国《时代周刊》的封面人物。

就是这样一名出色的企业家，他对自己工作的要求向来都是全力以赴。不仅如此，他对自己的员工的工作要求也是全力以赴。他说："当你30年后离开我们公司，或者离开这个世界时，我不希望你后悔把宝贵的岁月荒废在这里，否则，那将是个悲剧。"

盛田昭夫在青少年时代就很喜欢电子产品。第二次世界大战刚刚结束，他就想去东京发展。父亲说他："就凭你们几个毛头小子还想从帝国的废墟上培植出鲜花来？"盛田昭夫没有听父亲的话，他和他的老师一起来到了东京，开创自己的事业。他们以500美元起家，在战争的废墟上成立了东京通讯工业公司，这个公司就是索尼公司的前身。

在索尼公司的发展历程中，盛田昭夫将重点放在创造市场上，而不是夺得市场。这是和其他经营者的主要区别。一般的经营者都是按照市场的需求来指导自己的经营方向，盛田昭夫则不是。他全力以赴的目标是将自己的产品打入市场，让这个市场为自己的产品而动，而不是自己的产品随市场而动。要做到这一点是有很大的难度的。但是盛田昭夫一点儿都不灰心，他认为，只要认定一个目标，并朝着这个目标全力以赴地去努力，只要他的员工愿意努力，多付出的部分一定会得到补偿的。

当需求随着盛田昭夫的新产品问世而出现的时候，盛田昭夫就已经成功了。盛田昭夫告诉员工，要不断地开发和研究新的产品，并在整个的过程中，让新的产品不断地增加。

为了创新，盛田昭夫付出了很大的代价，比如，盛田昭夫计划着用产品来领导潮流，也要为新的产品做好准备。盛田昭夫的公司要生产一些在市场上从来都没有销售过的产品，也就是从来没有被其他公司生产过的产品。在盛田昭夫的领导之下，索尼公司每天可以推出四种新的产品，每年可以推出来1000种。在创造和推出新产品的问题上，盛田昭夫从来都是全力以赴的。

其他的竞争者都是抱着看好戏的态度在观望，常常是索尼公司独占市场一年多以后，其他的公司才会相信该产品会成功，于是其他品牌的同类产品也随着上市了。这期间索尼公司已赚了大把的钱，并且又有了新的创新、新的产品问世，又会以新的产品重新占领市场。

盛田昭夫一旦有了自己的想法，就会立刻和技术人员一起研究其可行性。盛田昭夫对技术人员，说他要袖珍性质的电子产品，要实现的却是和那些大块头一样的功能。很快，这样的产品就出现了，同时这样的产品也给盛田昭夫以及他所管理的公司带来了巨大的利润，这种产品就是我们今天用的袖珍型的照相机和录影机。在这个基础上，盛田昭夫不断地告诉他的员工，要努力工作，千万不要满足于现状，要发展变化，不仅工艺领域如此，而且人们的观念、见解、风尚、爱好和兴趣也是如此。任何企业如果不善于领会这些变化的意义，就不会在商界生存，在高技术的电子领域尤其如此。

除了不断地开发新产品之外，盛田昭夫对于努力工作还有新的解释。比如，对未来工作的合理判断，对现在的把握。一家企业之所以能做大，是由很多的方面决定的。盛田昭夫的目标很简单，但是实现起来是有一定的难度。无论是企业还是个人，如果没有全力以赴的拼搏精神，那是什么事情都不可能干成的。

以勤勉的工作体现人格的魅力

社会中有许多人才华横溢，却往往有意无意地表现出自己怀才不遇想法。他们总以为自己被大材小用，无法施展胸中所学，因而心中充满抱怨，对工作便失去了热情，每天敷衍了事。殊不知，如果一个人不能务实，即使有才华，也会被白白地淹没了。

他的父亲是一名贫穷的油漆工，仅靠打工的微薄收入供他念完高中。这一年，他有幸被美国著名的耶鲁大学录取，但他却因缴不起学费，面临着辍学的危机。于是他决定利用假期像父亲一样外出

做油漆工,以挣够学费。

这天,眼看即将完工,他把拆下来的厨房门板刷了最后一遍油漆,一块块厨房门板刷好后再挂起来晾干。这时门铃响了,他赶忙去开门,不料却被一把扫帚绊倒,绊倒的扫帚又碰倒了一块厨房门板,而厨房门板正好倒在昨天刚粉刷好的雪白的墙面上,墙上立刻有了一道清晰的油漆印。他立刻又调了些涂料把这条漆印盖上。一切干好后,他再左看右看,总觉得新补上的涂料颜色与原来的墙壁不一样。他觉得应该将这面墙的涂料重新粉刷。

他累死累活地干完了。可第二天一进门,他发现昨天新刷的墙壁与相邻的墙壁之间颜色也有色差,而且越细看越明显。最后,他决定将所有的墙壁重刷……

最后,主人很满意,付足了他的酬劳。但对他来说,除去增加的涂料费用,他已所剩无几,根本不够交学费。

主人的女儿知道了这件事的原委,便将事情告诉了她的父亲。主人知道后很受感动,在女儿的要求下,他同意赞助这个年轻人上完大学。大学毕业后,年轻人不但娶了主人的女儿为妻,而且进入了主人所在的公司。十多年后,他成了这家公司的董事长。他就是如今拥有世界500多家沃尔玛零售超市的富商萨姆·沃尔顿。

一点儿失误可以产生一个瑕疵,一个瑕疵可以损坏一面墙壁的完美,一面墙壁又可以损坏所有墙壁,而勤勉地工作却可以改变所有墙壁,并且可以影响一个人的一生。

瑕疵造成的结果不在瑕疵本身,而恰恰在于我们面对瑕疵的态度。人有才华固然是好事,但是要务实才行。即使你有经天纬地之才,如果总是诉苦抱怨,不勉强务实地去做,那么一切都等于零。

珍惜光阴才可成就人生

奥斯特洛夫斯基在其所著的《钢铁是怎样炼成的》一书中写道:"人的生命是最宝贵的,生命属于我们只有一次。我们的生命应当这样度过:当他回首往事时,他不会因虚度年华而悔恨,也不为碌碌无为而羞耻……"当我们追忆自己的生活时,我们能否心安理得地对自己说"不因虚度年华而悔恨,也不为碌碌无为而羞耻"呢?

比利时某杂志曾在全国范围内，对60岁以上的老人开展了一次题为"你最后悔什么"的专题调查活动。调查结果很有意思：72%的老人后悔年轻时努力不够，以致事业无成。

在我们的身边，这样的话也不绝于耳。

常听有些四十多岁乃至五六十岁的人慨叹着说："唉，我的一生一无所获，事业一无所成。"人生最大的遗憾与折磨，莫过于到了一定的年纪对自己说："我的事业一无所成。"由于疏懒怠惰造成的巨大缺憾，连自己也没法向自己交代。坦白地承认生命白白地流逝，明明自己有十分的力气，却只用了一分，实乃人生最大的悲哀。

日本"经营之神"松下幸之助退休时说过一句话："自认已经努力地做过，也自觉问心无愧。"这实在是很重要的一句话。人们忙忙碌碌地，直到发觉年华流逝，要想从头再来已经不可能，一切都太迟了。得过且过、偷懒度日的人生，没有一点儿内容，没有什么值得夸赞的事物，也没有一点儿值得留下的回忆，这样的人生又有什么意义呢？

时间是生命的漏斗，即便是恍恍惚惚地度日子，时间的漏斗也是滴滴答答地直落下去。既然时间都是要掉落下来，为何不让它产生滴水穿石的效果？为何要看着它白白地流逝呢？

朱自清在他的名篇《匆匆》中写道："洗手的时候，日子从水盆里过去；吃饭的时候，日子从饭碗里过去；默默时，便从凝然的双眼前过去；我觉察他去的匆匆了，伸出手遮挽着时，他又从遮挽的手边过去……"是的，时间在匆匆地流失，抓起来就像金子，抓不住就像流水。

丁肇中和里奇特都是著名的物理学家，他俩虽然不在一起工作，却在同一天发现j/ψ粒子，如果他们两个人中某一个人稍为放松一下手中的时间，就会落在对方的后面，就会与科学发现的优先权失之交臂。正因为他俩谁也没有放松时间，所以于1976年，丁肇中和里奇特因同一功绩共同获得了诺贝尔物理学奖金。

现代著名国画大师齐白石在作画的60多年中，据说只有两次间断，10天没有动笔。一次是他63岁时生了一场大病，几次不省人事，另一次是64岁时母亲病故，因过度悲伤，没有作画。85岁那年，有一天他连画4张条幅，已经很累了，可仍然坚持再画一张。画毕，他在条幅上题写了这样的话："昨日大风雨，心绪不宁，不曾作画。今朝制此一张补充之，不教一日空闲过也。"在艺术的道路上，齐白石十分爱惜时间，不停地辛勤创作，终于取得了举世瞩目的绘画成就。

时间的价值非比寻常,它与人生的发展和成功关系非常密切。如果一个人在时间面前是个弱者,他将永远是一个弱者,因为一个人放弃时间,时间也放弃了他。如果一个人在时间面前是个强者,那么他将是一个善于利用"时间"的成功者。成功者的现在这一分钟,是经过了过去无数分钟的努力后才换来的。

被时间束缚住的生活是一种非常可怜的生活。早上被闹钟吵起,然后赶时间搭车,以分秒为单位追逐着时间,就这样地冲进公司。到了中午,又急匆匆地奔向餐厅。到了下班时间,等待那好像慢了几分钟的打卡机,再随着下班的人潮而去。每天就是这样地度过。用这样的态度来对待工作实在是一种痛苦。

如果你只是按照时间来行动,完全被动地生活,这样你只不过是时间的奴隶罢了。因为你是以时间为基准来行动,人就好像机械一样,有没有内容都不重要了。如果想要专业化地做好工作,一定要突破时间的围墙。如果你认为努力工作是一种损失的话,那绝对别指望得到充实的工作。其实你可以偶尔尝试摆脱时间的限制,把工作当成自己的使命,硬拼到底,使工作尽善尽美。这就是从时间的奴役中解脱的开始,超越时间的自由之门将为你而开。只知道细数着时间过日子的人不会有什么成就,因为他们所有的只是空白的过去,将来所能回忆的也只是一片空白的时间罢了。

忙得忘了时间、忘了吃饭,也忘了睡觉,以至于你感慨地说:"那个时候太专注啦!"这种令人怀念的充实生活,即便在你回忆起来的时候也是非常兴奋的。

有人说:"能够控制时间的人也就能控制世界。"然而在摆脱时间限制的同时,能够妥善地利用时间才是最重要的事。就好像开拓时间的原野,最要紧的是勤于耕种以及施肥,而且必须付出很多的工夫,才能增加收获。

为了使自己一天比一天更充实,可以试着从以下几个方面进行努力。

今天就要做好明天的计划和准备;

要比别人早 30 分钟开始;

把今天要做的工作按重要程度排序;

在较忙碌的日子,先把重要、紧急的事物处理好;

从最讨厌的工作开始做;

每天要比别人多做 30 分钟;

每天至少要有 30 分钟用来思考;

每天要安排 10 分钟做明天的准备;

在每天即将结束时,要做当天的反省工作;

……

无论如何，请记着，要趁着年轻努力地工作，留下值得自己回忆的奋斗轨迹吧！

一分钟都不能耽误

拖延是一种恶习。当拖延悄悄地靠近你时，战胜它的最好办法就是：在一分钟之内行动起来。

身处职场，我们经常听到类似这样的话："我要是等等看，情况会好转的。"这话表明，说这种话的人已经陷入了一种工作的惰性。对于有些人来讲，这似乎已经成为他们习以为常的一种工作方式。他们总是明日复明日地等待，因而总是碌碌无为。

把今天该完成的事情拖延到明天是一种很坏的工作习惯。对于渴望成功的人来说，拖延具有破坏性，也是最危险的恶习，它使人们丧失进取心。如果遇事推脱，就很容易再次拖延，直到变成一种根深蒂固的习惯。

任何人都要经过不懈地努力才能有所获，收获的成果取决于个人努力的程度，没有人能够随随便便成功。

如果你做事习惯拖延，那你就绝对不是一位称职的员工。如果一个人存心拖延逃避责任，就能找出成千上万种理由来辩解为什么工作无法完成，而应该完成工作的理由却少之又少。把"工作难度大，太花时间"的理由合理化，要比相信"只要够努力，就能完成任何工作"容易得多。

如果你发现自己经常为了没做某些事而制造借口，或是想出千百个理由来为没能如期实现计划而辩解，那么你现在正是该面对现实、动手做事的时候。

在决定了自己要做一件事的时候，要立即动手，绝不给自己留一秒钟的拖延余地。对付惰性最好的办法就是不让惰性出现。在事情开端的时候，人们总是先有积极的想法，然而当头脑中冒出"我是不是可以……"这样的问题时，惰性就出现了，"战争"也就开始了。结果就难说了。所以，要在积极的想法一出现时就马上行动，让惰性没有乘虚而入的可能。

每一个人每天总有很多繁杂的事务需要处理。如果你正受到怠惰的钳制，那么不妨立刻着手做一件事，是什么事并不重要，重要的是你要破除无所事事的恶习。从另一个角度来说，如果你想回避某项杂务，那么你就应该从这项杂务入手，立即行动。否则，事情还是会不断地困扰你，使你觉得烦琐无趣而不愿意动手。

如果需要你打一个电话给客户，但由于拖延的习惯，你没有打这个电话，

你的工作可能因这个电话而延误，你的公司也可能因这个电话而蒙受损失。更糟糕的是，如果你的思想还停留在消极拖延的状态，你根本不会意识到这样会给公司造成损失。

当你感到拖延的恶习正悄悄地向你袭来时，或当此恶习已迅速缠上你，使你动弹不得之际，你都需要用"一分钟也不能耽误"这句话来提醒自己。如果你积极行动起来，就会有更多的惊喜出现。只要你积极地去工作，你会得到比你想象的更多的物质和精神上的收获。

赫威尔是美国一家钢铁公司董事会的董事之一。他说，董事们在讨论问题时常常拖拖拉拉，许多问题被提出来讨论，却很少作出什么决定，以致大家得把一大堆报告带回家研究。后来，赫威尔说服董事长作出了一个规定：一次只提一个问题，直到解决为止，绝不拖延。为了让问题真正得以解决，除非前一个问题得到处置，否则不讨论第二个问题。这种办法果然奏效：备忘录上的有待处理的事项解决了，议事日程表上也不再排满预定处理的问题。

努力克服拖延的习惯，将其从自己的个性中根除。否则，这种恶习会随时吞噬你的意志力，你将难以取得任何成就。

有许多方法可以帮助人们克服这种恶习。

（1）调整观念，不要把拖延看成是一种无所谓的耽搁。

（2）每天从事一项明确的工作，而且不必等待别人的指示，能够主动去完成。

（3）为自己规定一个完成工作任务的期限。

（4）不要因为追求十全十美而迟疑不前，不要总对采取行动望而却步，也不要害怕自己做的或许不能达到完美无缺的效果。

（5）随时随地把握住眼前的3分钟，并努力切实地工作。

（6）认真审视自己，找出你目前回避的各种事情，并且从现在起逐步消除自己对工作的畏惧心理。

（7）鼓起勇气去做一两件你一直回避的事情：一个勇敢的行动可以消除各种恐惧心理。不要强迫自己必须"干好"，因为"干"才是关键所在。

（8）不要再使用"如果"、"希望"、"或许"等词，因为这类词语会使你拖延时间。当你发现自己的话里又出现这类词语时，就要努力改变自己的话。例如：你应该将"我希望事情会得到解决"改变成"我要努力做好这件事"，将"或许问题不大"改为"我保证没有任何问题"。

（9）如果你拖延的事情涉及其他人，你应该与他们商讨一下，听听大家的意见，并且敢于说出自己的各种顾虑，这将有助于你认识自己的拖延是否完全出于主观原因。

总之，要想真正成为一个努力工作的人，就必须打掉拖延这只拦路虎。

恪尽职守塑造平凡而卓越的人生

职责伴随每一个人生命的始终。从来到人世一直到离开这个世界，我们每时每刻都要履行自己的职责和义务——对上司的职责和义务，对下级的职责和义务，以及对同事、对家人、对社会的职责和义务。凡是我们生存和活动的地方，都有我们应尽的职责。

英国著名人士杰迈逊夫人说："职责是把整个道德大厦连接起来的黏合剂；如果没有职责这种黏合剂，人们的能力、善良之心、智慧、正直之心、自爱之心和追求幸福之心都难以持久。这样的话，人类的生存结构就会土崩瓦解，人们就只能无可奈何地站在一片废墟之中独自哀叹。"

持久而良好的责任心是每一个人都应该具备的最起码的品德，也是一个人的最高荣誉，因为每一个有成就、有德操的人都必须靠这种持久的责任心来支撑。没有持久的责任心，人们就会在逆境中倒下去，就会在各种各样的引诱面前把握不住自己。一旦真正具有了牢固而持久的责任心，最软弱的人也会变得坚强起来，在逆境中勇气倍增，在引诱面前不为所动。

对于勇敢者而言，责任心是一种不可或缺的强大支撑力量。这种力量使勇敢者更坚强、更勇敢。

面对罕见的暴风雨，庞培毅然率领人马乘船前往罗马。这时，他的一位很要好的朋友劝他别冒这个巨大的危险，因为在这样的风暴中行进是要冒生命危险的。面对恶劣的天气和挚友的劝阻，庞培说道："职责所在，我有必要立即出发，为此，我不能吝惜自己的生命。"

对于一代伟人华盛顿而言，恪尽职守的精神一直是他的动力之源。正是这种庄严的使命感使他不屈不挠、坚定异常。华盛顿意识到自己的职责，他不顾一切艰难险阻去完成民族赋予自己的崇高使命。他不是为了荣誉，也不是为了奖赏，而仅仅是因为这是他应该去奉献的正义事业。

华盛顿一生致力于正义事业，他先是担任陆军总司令，后来又担任美利坚合众国总统。无论担任什么职务，他在履行自己的职责

第十章 勤奋是提高身价的阶梯

身价，这样提高……
SHENJIA ZHEYANG TIGAO

时都坚定不移。他总是执著于自己的事业，从不计较别人或是或非的评论，从不在乎自己的声望。为了恪守职责，有时他不惜面对大多数人的反对乃至自己的生命。

有一次，关于批不批准杰伊先生与英国签订条约的问题正在激烈争论之中，大多数人都希望华盛顿拒签这一条约。考虑到个人的道义和国家的荣誉，华盛顿拒绝苟同大多数人的意见。为此，社会上掀起了反对该条约的抗议运动，人们把怒火倾泻在华盛顿身上，一些抗议者向华盛顿猛扔石块。华盛顿忠于自己的职责，签署了该条约。尽管到处都是抗议示威游行，这一条约最终还是得到了执行。华盛顿对那些抗议者说："我之所以不顾大家的反对而签署了该条约，完全是出于对祖国的忠诚，同时也是遵守出于我内心的道德律令。"

恪尽职守是一种伟大的精神瑰宝，也是我中华民族引以为骄傲的传统美德之一。只要这种精神永存，我们的未来就充满着希望，我们的明天就会更加美好。一旦这种精神消失了、减弱了，或者被贪图享受、自私自利或虚幻的荣耀之心取代了，那么灾难就会降临到我们的头上。

清政府腐败无能，国力的羸弱，国民耽于安乐，中国成为任列强宰割的"东亚病夫"。正是在这种实难深重、民族危亡的紧急关头，一大批仁人志士站了出来，以国家富强为己任，奉献出自己的才智乃至生命。在鸦片战争以后的整整一个世纪中，铁肩担道义、鲜血荐轩辕的仁人志士前仆后继，写下了一曲曲可歌可泣的乐章。

今天，大清的龙旗降下已经一个世纪，新中国已经以崭新的面貌屹立于世界，引起了世人越来越多的注目和尊重。在民族振兴的传大事业中，我们还必须增强责任心。无论作为个体来说还是作为一个民族整体来说，我们时刻都不能忘记自己肩负的历史使命和责任！

第十一章　身价越炫耀越不值钱

低调做人是一种大智慧

低调做人既是一种谦逊的姿态，又是一种宽容的风度；既是一种内在的涵养，又是一种做人的智慧。低调做人不仅可以保护自己，与人们和谐相处，也可以让人暗蓄力量，在不显不露中成就事业；不仅可以让人在卑微时安贫乐道，豁达大度，也可以让人在显赫时持盈若亏，不骄不狂。

说起低调做人，我们不会忘记曾经受过"胯下之辱"的韩信，当时他能够审时度势，不与市井无赖计较，表现出懦弱无能的样子，以迷惑那些小人。所以韩信暂时的低头，铸就将来的辉煌。可是，韩信并没有善终，因为他没有坚持低调到底，也许就是我们现代人所说的浮躁吧！他成名后，居功自傲，贪图权位，支持部下谋反，最后被吕后在长乐宫斩杀，最终走上了一条不归路。追根溯源，是因为他不知道急流勇退，不懂得低调做人，一味地贪图享乐，狂妄自傲，全然忘记了多年前那"胯下之辱"情景。

范蠡无疑是低调做人的智者。他深知越王勾践是一个只能共苦、不能同甘的君王，在辅助越王勾践灭掉吴国后，他就规劝文种大夫马上离开。遗憾的是文种并没有听从范蠡的忠告，继续留下来忠心耿耿地辅佐勾践，最后却落了个被赐死的下场。范蠡则泛舟湖中，带着自己心爱的人——西施，远走他乡经商去了，不久就成为了富翁，被人誉为"陶朱公"。

这就告诉了我们一个事实：一个人在卑微时低调做人很容易，因为他还没有高调做人的资本；难的是要在高位时保持低调做人。古往今来，有多少人在地位显赫的时候栽下跟斗，这里就不再一一列举了。人们常说放弃是一种智慧，缺陷是一种恩惠，关键看我们怎么去把握了。

商界巨子李嘉诚在他的儿子李泽楷进入商界时曾有过这样一句话："树大招风，低调做人。"可见成功人士更懂得"风头不可出尽，便宜不可占尽"的道理。他们经常用低调来保持自己的成功，这也是一种聪明的做人哲学。

综观历史风云，凡是成就卓越的人，做人大多是低调的。这就是"谦受益，

满招损","天外有天,人外有人"。凡事要站得高,看得远,要顾全大局,不能因小失大,更不能小肚鸡肠,不要太张扬,不要争功诿过,要提倡推功揽过。多讲别人的成绩和优点,少翻别人的旧账,少讲别人的缺点。无论对待何人何事,都要看主流、看全局、看本质、看长远,要有爱才之心、容才之量、举才之德、护才之魄。低调做人是大智慧。只有懂得始终保持低调做人的人,才能在人生的舞台上演好自己的角色。

做人越低调,生活越轻松

现代社会的生活节奏日趋加快,竞争日趋激烈,生活和工作的压力也越来越大,往往使我们感觉活得好累好累。这种压力所带来的"累"是产生浮躁的重要根源。人不能没有压力,没有压力就不会有动力。可是如今我们给自身加上了许多本不该有的压力,我们亟须缓解这些压力,我们才会活得轻松。

我们感觉的"累"其实有两种,一种叫"身体累",另一种叫"心累"。心理学称前者为生理疲劳,后者为心理疲劳。心理疲劳和生理疲劳不同,它多半带有主观体验的性质,并不完全是客观生理指标变化的反映。我们的这种感受,就是一种心理上的疲劳。心理疲劳主要是由于压力造成的。

打开每日的报纸,常见虐儿、跳楼、纵火、自杀的事件。他们都是精神困扰、饱受压力的一群。的确,生活在现今这个急速旋转的社会,每个人都面对不同程度的压力,例如,男人心里常记挂着赚钱,要事业有成,好向家人有交代;女人一面要出外工作,一面要照顾家人,时间分配总感觉不妥;学生背负老师、父母的期望,要努力读书,奈何资质有限,成绩差强人意,等等。

压力是什么?简单而言,压力是人们的一种感觉,而且是十分主观的感觉。大多数压力是人们自己制造的。处身在同一事物或环境中,不同的人会有不同的感觉。当遇上压力时,生理和心理会有一连串的反应,如未能善加控制这些反应,便会引起各种疾病,包括头痛、背痛、神经过敏、急躁不安等问题,甚至精神失常。

压力是无形的,但人们会感觉到它的存在。压力永远是越压越大,越来越多,直至人们不能承受时便会崩溃。所以我们必须了解压力,认识压力,控制它,不要被它控制。

那么,怎样才能有效缓解压力呢?关键就是对自己要有一个全方位的认知,要根据自己的性格特征、能力、体力和环境等具体条件去设计自己的人生目标。最好的心理健康策略就是对自己不挑剔，不给自己订一个太高的期望值。而低调就是对这种期望值的最低设置。

人们之所以感觉很累，其心理原因就是每天都在强求自己去实现某种美好的憧憬，爱与人攀比，每天都在膨胀着自己的欲望，把别人的成功结果作为自己追求的目标，以至产生贪婪的心理情结，心理上产生一种"不到长城非好汉"的饥荒感觉，比如，对地位的饥饿，对金钱的渴望，对虚伪自尊的坚持，对享乐的无尽欲求等，从而造成自身的不愉快，总感觉到生活得很累很累。其治疗的"良药"是用实事求是的态度去开发自己的潜能，不要过分注意别人的掌声与称赞，在不断扩大自己心理空间的同时去体验生活本身的意义和愉快。

我们应该面对现实，更新观念，努力地去追求和进取，这样我们就会发现自己的光辉。心理学家马斯洛有句名言："第一流的汤比第二流的画更富创造性。"这句话的意思是说，在竞争如此激烈的环境中，如果你适合当一名厨师，那就不必要去追求当一名画家了。

压力是现代生活中很平常的一部分，如果能积极地对待它，那么压力将会成为动力。做事时有些压力才会有动力，否则拖拖拉拉永无完结的一天，有个时限，工作才会完成。适量的压力，可推动一个人快速地把事情做好。

放下"架子"才有"身价"

现实生活中，常有那么一些担任领导职务的人，总是表现出一种对人冷淡，高高在上，说话爱下命令，令人难以接近的态度，与周围的人和下级之间保持着相当的距离，被人们极形象地称之为"摆官架子"。官架子这种东西最好不要摆，尤其在对待下属，因为它的产生是以人与人之间的不平等为基础的，最容易使人产生反感情绪，造成不良的心理距离，阻碍领导与下属之间的成功交往。

也许很多领导者并未意识到自己有官架子，平心而论，他们并不想故意摆出官架子。谁愿意做一个被人视为官气十足、不好接近的人？作为领导者，不仅要意识到不能摆官架子，同时还要注意下属的心理变化和情绪波动，适时调整自己的举止行为，以免让别人认为你有架子。

一个领导人的思想作风，会给自己的群体带来很大影响。有一个调查表明，不愿接近领导的人中，有1/3的人是因为领导架子大；70%的人认为双方关系不融洽的主要责任在领导。这很能说明一些问题。新步入领导岗位的人更容

易引人注目，大家在观察、分析他是否称职，他的能力如何，他的思想修养怎样，他的言谈举止是否恰当，他怎样处理与下级的关系等。如果被观察者不注意这些，不去思考自己在下级眼中究竟是一个什么样的领导，这是很不利的。对自己的能力、经验有足够估计的新领导，有了发挥自己才干的条件和机会，更多考虑的是如何工作，如何使自己的计划、设想付诸实施。是否会疏忽与周围的人商量、讨论？会不会忘记与大家感情上的交流？是不是过分自信而在说话时颐指气使？这些都会使人产生消极的心理反应，认为他"摆架子"、"处处不忘记自己是领导"。

　　长期处于领导岗位的人，由于时间、环境、工作方法和工作条件的固定性，容易对过去常反省的事情习以为常。加之领导工作头绪多、繁忙，很可能在一些自己不注意的地方造成下级的难堪和反感。然而有的领导在下属来谈工作时，坐在那儿像尊佛爷，既不请坐，也不停下手头的工作，或者是敷衍地哼哼哈哈。无论他们怎样解释并非有意识的不礼貌或者是工作忙，给人的印象、造成的影响都是很不好的。有自尊心的人会尽量避免与这种人接触，没有人愿意受这种冷落和难堪。所以，千万不能忽视这些看来是无足轻重的细小行为，礼貌的一两句话赢得的不仅仅是工作上的相互配合，更重要的是思想感情上的相通和互相信任与尊重。

　　有一位名叫李照的留学美国的计算机博士，毕业后在美国找工作，结果接连碰壁，想去好的单位，人家又不要，去差点儿的单位，自己又放不下面子，结果许多家公司都将这位博士拒之门外。这么高的学历，这么吃香的专业，为什么找不到一份工作呢？

　　万般无奈之下，李照决定不在乎面子，换一种方法试试。

　　他收起了所有的学位证明，以高中毕业生的身份再去求职。不久，李照就被一家电脑公司录用，做了一名最基层的程序录入员，这是一份稍有学历的人都不愿意去干的工作，而博士李照却干得兢兢业业，一丝不苟。

　　没过多久，上司就发现了李照的出众才华：他居然能看出程序中的错误，这绝非一般录入人员所能比的。这时李照亮出了自己的学士证书，老板于是给他掉换了一个与本科毕业生对口的工作。

　　过了一段时间，老板发现李照在新的岗位上不仅干得游刃有余，而且还提出了不少有价值的建议，这远比一般的大学生高明，就来问他。于是李照亮出了自己的硕士身份，老板于是又提升了他。

　　有了前两次的经验，老板就开始注意并观察他。一段时间之后，他发现李照比硕士还有水平，对专业知识的广度与深度都非常人可比，就再次找他谈话。这时，李照拿出博士学位证明，并叙述了自己这样做的原因。此时老板才恍然大悟，毫不犹豫地重用了他，因为他对李照的学识、能力及敬业精神早已全面了解了。

李照的聪明之处就在于，碰了几次钉子后，他放下身份与架子，不在乎博士的面子，甚至让别人看低自己，然后在实际工作中一次次地展现出了自己的才华，让别人一次次地对自己刮目相看，他的身价自然也就一步步地高起来。

因此，即便你的水平再高、能力再强、头衔再多、人际再广，如果你放不下架子，诸多优势不但不会对你有所帮助，而且还会成为你的羁绊。相反，只有放下你的"架子"，才可能真正提高你的"身价"。

藏而不露品自高

郑庄公准备伐许。战前，他先在国都组织比武，挑选先行官。众将一听露脸立功的机会来了，都跃跃欲试，准备一显身手。

第一个项目是击剑格斗。众将都使出浑身解数，只见利剑飞舞，盾牌晃动，斗来冲去。经过轮番比试，选出了6个人来，参加下一轮比赛。

第二个项目是比射箭，取胜的6名将领各射3箭，以射中靶心者为胜。前面的4个人射完，有的射中靶边，有的射中靶心。第5位上来射箭的是公孙子都。他武艺高强，年轻气盛，向来不把别人放在眼里。他搭弓上箭，3箭连中靶心。他昂着头，瞟了最后那位射手一眼，退下去了。

最后那位射手是个老人，胡子有点儿花白，他叫颍考叔，曾劝庄公与母亲和解，庄公很看重他。颍考叔上前，不慌不忙，"嗖嗖嗖"三箭射出，也连中靶心，与公孙子都射了个平手。

只剩下两个人了，庄公派人拉出一辆战车来，说："你们二人站在百步开外，同时来抢这部战车。谁先抢到手，谁就是先行官。"公孙子都跑了一半时，脚下一滑，跌了个跟头。等爬起来时，颍考叔已抢车在手。公孙子都哪里服气，拔腿跑去就想夺车。颍考叔一看，拉起战车飞快地跑开。庄公忙派人阻止，宣布颍考叔为先行官。颍公孙子都怀恨在心。

颖考叔果然不负庄公之望，在进攻许国都城时，手举大旗率先从云梯上冲上许都城头。眼见颖考叔大功告成，公孙子都忌妒得心里发疼，竟抽出箭来，搭弓瞄准城头上的颖考叔射去。颖考叔被射了个"透心凉"，从城头栽下来。另一位大将瑕叔盈以为颖考叔被许兵射中阵亡了，急忙拿起战旗，指挥士卒攻城，终于拿下了许都。

历史上，锋芒太露而惹祸上身的典型是为人臣而功高震主的人。打江山时，各路英雄汇聚麾下，锋芒毕露，一个比一个有能耐。主子当然需要借这些人的才能实现自己夺取天下的野心。天下已定，这些虎将功臣的才华并不会随之消失，这时他们的才能反而成了皇帝的心病，让他感到威胁，所以屡屡有开国初期滥杀功臣之事，这就是所谓"卸磨杀驴"。韩信被杀，明太祖火烧庆功楼，都是如此。

读过《三国演义》的人可能注意到，刘备死后，诸葛亮好像没有大的作为了，不像刘备在世时那样运筹帷幄、锋芒毕露了。因为在刘备这样的明君手下，诸葛亮是不用担心受猜忌的，并且刘备也离不开他，因此他可以尽力发挥自己的才华，辅助刘备打下了江山，三分天下而有其一。刘备死后，阿斗即位。刘备曾经当着群臣的面指着自己的儿子对诸葛亮说："如果这小子可以辅助，就好好辅助他；如果他不是当君主的材料，你就自立为君算了。"诸葛亮顿时冒了虚汗，手足无措，哭着跪拜于地说："臣怎么能不竭尽全力，尽忠贞之节，一直到死而不松懈呢？"说完，叩头流血。刘备再仁义，也不至于把国家让给诸葛亮，他说让诸葛亮自立为君，就是知道诸葛亮绝对不会这么做的。因此，诸葛亮一方面行事谨慎，鞠躬尽瘁，一方面常年征战在外，以防授人"挟制"的把柄。同时他锋芒大大收敛，故意显示自己老而无用，以免祸及自身。这是韬晦之计，收敛锋芒是诸葛亮的大聪明。

这是做人的两难问题，你不露锋芒，可能永远得不到重任；你锋芒太露却又易招人陷害。你施展自己的才华，虽容易取得暂时成功，却也就埋下了危机的种子，甚至是为自己掘好了坟墓。所以显露才华要适可而止。

深藏你的拿手绝技，你才可永为人师。当你展示自己的才能时，必须讲究策略，不可把你的看家本领一次就通盘托出，这样你才可长享盛名，使别人永远唯你马首是瞻。在指导或帮助那些有求于你的人时，你应激发他们对你的崇拜心理，要点点滴滴地展示你的造诣。含蓄节制乃生存与制胜的法宝，在重要事情上尤其如此。

"枪打出头鸟"，这个道理相信大多数人都明白，锋芒毕露可能会招致自身毁灭。所以做人要灵活，不该出头别出头。

锋芒毕露是刺激别人的最灵验的方法，但是只要仔细看看周围一些有人缘的人你会发现，他们的做法与此完全相反。"和光同尘"，毫无棱角，言语如此，行动也是一样。他们个个深藏不露，表面上看好像他们都是庸才，其实他们可能是才能出于你之上者；他们好像个个都很讷言，其实其中颇有善辩者；他们好像个个都无大志，其实颇有雄才大略而不愿久居人下者。然而他们却不肯在言谈举止上露出锋芒，不肯做出众的人物，这是什么道理呢？

有句俗话说得好：人怕出名猪怕壮。因为他们有所顾忌，如果言语露锋芒，便很容易得罪旁人，旁人便成为自己前进的阻力，成为自己成功的破坏者。行动露锋芒，便要招惹旁人的忌妒，旁人也将成为自己的阻力，成为自己的破坏者。如果你的四周都是你的阻力或你的破坏者，你的立足点就会被推翻，哪里还能实现你发挥才能、成就事业的目的呢？

有些人狂妄自大，树敌太多，与同事之间不能水乳交融地相处，究其原因就是因为在语言表达上、行为举止上锋芒太露，以至影响到他人。有些人言语、行为之所以锋芒太露，是急于求知于人的缘故，这也是遭人忌妒的最大原因。

《易经》上说："君子藏器于身，待时而动。"无此器最难，有此器不患无用时。锋芒毕露对人有的是害处，而好处却很小。这种锋芒好比是一个人的额头上长出的角，额上生角必然会很容易触伤别人，如果你不去想办法磨平自己的角，时间久了，别人也必将去折你的角，角一旦被折，其伤害就太多了。

为人处世大有学问，露才过甚，为智者所不屑，展示个人的才华，应该是无言胜有言，以漫不经心的态度处之。不要一下子展露你所有的本领，要慢慢来，逐次展示。

作为一个人，尤其是作为一个有才华的人，要做到不露锋芒，既能有效地保护自己，又能充分发挥自己的才华，要养成谦虚的美德。所谓"花要半开，酒要半醉"，盛开娇艳的鲜花，不是立即被人采摘而去，也就是衰败的开始。人生也是这样，当一个人志得意满时，切不可趾高气扬，目空一切，不可一世。无论一个人有怎样出众的才智，也不要自以为了不起，不要把自己看得太重要，不要把自己看成是救国济民的圣人君子似的，要收敛起自己的锋芒，要夹起尾巴做人。

不要担心你会受到排挤，不要担心你会孤独，如果你额头上没有那伤人的角，而处处显得平易近人，那么，还会有谁不欢迎你呢？

第十一章 身价越炫耀越不值钱

"才"高外露惹人妒

君子之心事，天青日白，不可使人不知；

君子之才华，玉韫珠藏，不可使人易知。

这是说有道德有修养的正人君子，他的思想行为该像青天白日一样光明磊落，没有什么需要隐藏的阴暗行为；而他的才情和能力应该像珍贵的珠宝一样不肤浅、不外露，不向人炫耀。

成功者之所以成功，是因为他做人成功；失败者之所以失败，也是在于做人的失败。在职场里打拼，在于"以德而不以术，以道而不以谋，以礼而不以权"。凡成大业者都有一颗谦虚谨慎的心，都是不把自己的真正才华及实力轻易暴露出来的人。

（1）卖弄才华招灾惹祸

三国时期的刀光剑影、鼓角争鸣已离我们渐远，但带不走的却是那一个个熟悉的英雄的名字，还有那一个个鲜活的历史教训。

曹操叫人建造花园。竣工后，工匠们请曹操审查花园工程的质量，曹操看过后并没说好，也没说不好，只是在花园的门上写了一个"活"字。工匠们不解其意，便去向杨修讨教。杨修看后，即明其意，说把门修窄些就是了。工匠们就按杨修的意思修改了。当曹操看到花园的门改造得正合自己心意时，非常高兴，便问工匠们是如何知道自己的心意的。工匠们说：还是杨修聪明，经他指点后才改造的。曹操口中称赞着杨修，可心里却在忌妒着杨修的才华。

曹操平汉中时，连吃败仗，欲进兵，怕马超拒守，想收兵，又恐蜀兵耻笑，心中犹豫不决。下人给他送来了鸡汤，便看着碗中的鸡肋沉思不语。这时刚好有人进入帐内，请示夜间的口令，曹操便随口答道："鸡肋！"杨修闻令传鸡肋，便让军士收拾行装，准备归程。军士们问他怎么知道魏王要收兵。杨修说："今晚的口令是鸡肋，就可以听出魏王的收兵决心。鸡肋，食之无味，弃之可惜。今进不能胜，退恐人笑，在此又无益处，不如早些回去。"

曹操早就忌妒杨修的才华高过自己，这次见杨修又猜透自己的心事，便以扰乱军心的罪名，下令将杨修处死。

过于炫耀和显示自己的才华实乃不智之举。杨修的才智比曹操要高出好多,但他的卖弄心理太强烈,又不懂得保护自己,以至于在曹操面前总是耐不住性子来显示自己的才华,以曹操那聪明又敏感的心,要留住杨修,实属难事!

《淮南子》有两句话颇值得玩味:将军不敢骑白马,亡人不敢夜揭烛。越是珍贵的珠宝首饰,越不可轻易拿出来佩戴,如果戴出来而不善加于保护的话,不但锋芒会被磨损,更容易惹出祸患。而越是才华横溢的人,越不可才华外露,如果不懂自我保护,其聪明才智就会过早地被别人扼杀。职场的主旨是:不要过于引人注目,否则很容易成为众矢之的。

(2) 出头的椽子总先烂

"山外有山,天外有天,能人背后有能人。"这个道理已是广为人知的。有的人往往忍不住向他人显示自己的才能和智慧,处处出风头,结果他不仅会失去很多学习别人身上优点的机会,更会招来他人的忌妒和陷害。

在日常的生活和工作中,爱卖弄才华的人是无时不有、无处不在的。朋友间、同事间、同学间等,都会有卖弄才华之人。古人说"木秀于林,风必摧之",众多人在一起工作,自然会有攀比心理,而忌妒也是通过攀比产生的,看到他人的才华及成功之处,自然会产生羡慕之心,稍不加以注意就有可能演变为忌妒心理。

生活中总有那么一些自私的人,看到别人比自己强,就心生忌妒,就会给别人使绊子。忌妒者处处给有才华者设置障碍,让他们什么事都做不好,让他们受到别人的排斥,给他们带来极大的伤害。忌妒者表面上或许还会阿谀奉承,甚至扮作有才华的人的知己和倾慕者,说一些奉承话:"你这么有才华,日后一定会被领导所重用!""有朝一日,你定会成为一人之下、万人之上的人,到时可别忘了我啊!"切莫被美丽的奉承冲昏了头,聪明的人是理智的,他会明白这只是表象而已,自己最好的办法就是收敛自己的得意姿态,注意自己的言行举止。

一个人发挥自己所具备的能力是没错的,但在职场中走,若是太强调自己的才智,而忽略了他人的优势,迟早是要吃苦头的。锋芒太露最易招人妒,所以做人要懂得收敛,切勿聪明过了头。这就好比在打一场球赛,尽管自己的得分能力很强,但有时也要传球给队友,让大家都有表现的机会。

(3) 低调淡然,远离伤害

陈晨刚到公司时的理想很高,做事也很卖力,对工作满怀热情

和信心,晚上经常为工作加班加点,虽然很辛苦,但还是很兴奋,有时他也会顺手把同事那份没做完的工作给一块儿解决了。第二天,他得意扬扬地对同事卖弄功劳,却没有注意到同事的表情很不自在。每次在开会之前,他会提前一天准备会议发言稿,而且每次发言他都会占用很长的时间,不过发言结束后,并没有他预期的掌声。慢慢地,同事们开始离他远远的,见面也是礼貌地问候一下,也不似以前那样亲近了。

初入职场的新人大多有着很大的冲劲和表现欲,希望自己的努力在短时间内得到认可并获得出色的成绩。在这个过程中,要注意谨慎地处理和身边同事的关系。

职场中有干劲儿是好事,往往能给团体带来新鲜的动力和活力。但是如果一个人过于表现自己的能力而置同事的感受于不顾,那么就可能会造成一定的误解。他的这种表现会让同事误以为他是在炫耀,甚至有看低他们的嫌疑。如果一个人事事偏己见,行己路,好大喜功,就会让周围的人失去了自我展现的舞台,别人不心生忌妒,实在不容易!

古语说:对尊长,勿现能。意思是说在领导或前辈面前不要故意卖弄自己的聪明和才华。在职场上,卖弄才华的人大多会受到团体其他成员的排斥,容易遭到别人的忌妒,这当然会给其职业道路平添许多的阻力。一个人若不懂得控制自己的表现欲望,不懂得与团队成员创作,不懂得虚己待人,其成就事业的概率是微乎甚微的。

在职场中,一个人只有心态低调且恭敬地对待周围的人和事,才能充分地发挥自己的能力。因为"成熟的麦穗总是低着头的"。

一个成功人士的最高境界,就是把做事和做人完美地融合在一起。高效做事、低调做人是职场的大学问。高效做事,是指在最短的时间内完成工作任务,用最小的成本为公司带来最大的效益。低调做人,就是用平和的心态去看待周围的一切,那是一种宽容的胸怀。做人与做事是相辅相成的,不懂得低调做人,高效做事就会找不着方向。

自夸不如人夸

一个人一旦被人发现是在讲大话,别人以后可能就会觉得他靠不住,轻浮。喜欢吹嘘自己的人内心是很空虚和自卑的。

第十一章 身价越炫耀越不值钱

美国著名的女作家冯格丽特·米切尔，有一次被邀请去参加世界书会。那时还没有胸前佩戴名牌的习惯。当时有位匈牙利作家坐在她的旁边，却根本不知道这位衣着朴素、态度谦虚的女士是谁。这位匈牙利作家以一种居高临下的态度同她进行了这样一段谈话。

"小姐，你是一位职业作家吗？"

"是的，先生！"

"那么，有些什么大作，可否告知一二？"

"谈不上什么大作，我只是偶尔写写小说而已。"

"噢，你也写小说，那么，我们可以算是真正的同行。我已经出版339本小说，那就是……你写过多少部呢，小姐？"

"我只写过一部，它的名字是《飘》。"

话音未落，那位匈牙利作家已目瞪口呆了。

在生活中常常会碰到这样一些人，每当人们谈起一个什么问题时，他就会时不时地接茬说："我知道，这个怎样怎样……"不着边际地乱吹一气，即使文不对题也丝毫不会感到脸红。这种人很招人烦。这种人这样做高明吗？显然不。他们的动机是很清楚的，就是不愿意被轻视，不懂装懂，在人前冒充有学问的人。他们没想过还是谦虚的人多，别人虽然没有像他们一样夸夸其谈，并不说明人家不懂，他们反倒成了班门弄斧，最后沦为笑柄。

在日常工作生活中，经常能看到一种爱自我表扬的人，他们想让别人知道自己有能力，处处想显示自己的优越感，并想借自我表扬来获得他人的赞赏和认可，结果却往往适得其反，失去了别人的信赖。

有一个小伙子，头脑灵活，思路敏捷，看起来确实有点儿聪明。一次，他去一家大宾馆应聘。

主持面试的客户部经理在同小伙子谈完一般情况，问道："我们经常接待外宾，需要懂外语。你学过哪门外语，水平如何？"

"我学过英语，在学校总是名列前茅，有时我提出的问题，英语教师都支支吾吾地答不上来！"小伙子自我表扬说。

经理笑了一下，又问："做一个合格的招待员，还要有多方面的知识和能力，你……"

经理的话还没说完，他便抢着说：

"我想是不成问题的，我在校各门学习成绩都不错，我的接受能力和反应能力都很快，做招待员工作绝不会比别人差。"

"那么说，就你的学识来说，当一名招待员是绰绰有余了？"经理问道。

"我想，是这样。"小伙子说。

"好吧，就谈到这里，你回去听消息吧。"经理说。

小伙子踌躇满志地回去等消息，可等到的消息却是不录用。

小伙子本来想自我表扬一番，以便获得经理的信赖，没想到结果是抬高自己，反而没给对方留下好印象，失去了别人的信任。

"面子是别人给的，脸是自己丢的。"一个人若真正拥有某种本领或才智，自然会得到别人公正的赞许。出自别人之口的赞美，才是真正有价值的。"王婆卖瓜，自卖自夸"没有任何价值。

不做狂妄傲慢的人

如果你不愿意遭到别人的反感、疏远，那你就要在做人上多个心眼儿。倘若你谦虚、恭谨、有礼貌，注意加强品德修养，谨防狂妄傲慢，那你的人际关系就会变得很和谐，你的身价自然会水涨船高。

英国著名作家萧伯纳曾应邀到俄国访问。有一天，他在莫斯科的公园散步，遇到一个可爱的小女孩在独自玩游戏。他一时间童心大发，便和小女孩一块儿忘我地玩起来。分手时，萧伯纳傲气十足地对小女孩说："回去告诉你的家人，今天和你玩游戏的人是大名鼎鼎的英国文学家萧伯纳。"

小女孩看了萧伯纳一眼，学着他的口吻，毫不示弱地说："回去你也告诉你的家人，今天和你玩游戏的是漂亮的小女孩安妮！"

萧伯纳对这个回答非常吃惊，并意识到自己的狂傲。后来，他对朋友说了这样一番话："一个人不论有多大的成就，对任何人都应该保持谦逊的态度。这个小女孩给我的教训，我一辈子也忘不了啊！"

狂妄与傲慢是目中无人的无知行为，它们相互作用的结果往往使人孤陋寡闻，其危害很深。萧伯纳并非狂傲之人，他从这件小事中意识到做人必须谨防狂妄与傲慢。狂妄与傲慢的人往往颐指气使，摆出一副"趾高气扬，不可一世"的俗态。"天不言自高,地不言自厚。"自己有无本事,本事有多大,别人都看得见,不用自吹,更不能狂妄。我们为人处世的准则应是戒骄、戒满、戒狂傲。狂妄傲慢的人大多过高地评价自己,过低地衡量别人,最终导致事业的失败。

> 从前有一片海,自以为了不起,越来越狂妄。它漫出海岸,想把大地淹没。
> "你还有什么用?"它呵斥大地,"你为什么让周围的岸管住我,使我的波涛不能到处随意翻滚?"
> "不要粗鲁无礼。"大地劝告它。
> "什么?无礼?"海怒气冲冲,"看我把你连同你的山峰、森林一起淹没!"
> 海说着,伙同流浪的海风,一起扑向岸边。花草树木、飞鸟鱼虫都害怕极了,它们都哭喊着。
> "别发狂,小傻瓜!"大地向海发出警告,"快停止吧!否则你会变浅,直到干涸为止。"
> 海没有回答,而是更加疯狂地掀起浑浊的浪涛扑打大地。它咒骂着:"住口!你很快就会消失的!"
> 这时候,只见大地把胸脯一挺,海底耸起一座座山。海水朝各个方向流淌,变成了江、河、小溪。这片海终于干涸了。

人们称狂妄轻薄的少年为"狂童",称自高自大的人为"狂人",称狂妄无知的人为"狂夫",称放荡不羁的人为"狂客",称举止轻狂的人为"狂者",称不拘小节的人为"狂生",称狂妄放肆的话为"狂言",称放荡骄恣的态度为"狂妄"……

从这里可以看出,我们要做一个有文化教养的人,必须加强文化修养和道德修养,做到终生戒狂。

面对一个狂妄而骄横的人,我们无须与之理论,时间自会证明他的实际价值,事实自会惩戒他的可笑无知。狂妄的人常常在无意中伤人,也常常因为这种无意而受伤。

有一些人并不一定没有才华,他们之所以不能施展才华的原因,是因为太狂妄。没有人乐意信赖言过其实的人,更没有人乐意帮助那些出言不逊的人。

狂妄之人多是无礼之人;无礼之人多是孤立之人;孤立之人多是最终失败之人。大凡具有大家风度的人,大多具有谦逊的品德,而狂妄之人骨子里透

第十一章 身价越炫耀越不值钱

身价，这样提高……

着一股小家子气。

最糟糕的要算是既狂妄又无能的人，狂妄使他们什么都敢干，无能使他们把什么都弄糟。狂妄使人荣誉受损，成就减半。从近处来说，狂妄会限制发展；从远处来说，狂妄会断送人的前程。

在科学上，你若是爱因斯坦，你或许有资本狂妄，而爱因斯坦只有一个；在哲学上，你若是柏拉图，你或许有资本狂妄，而柏拉图只有一个；在音乐上，你若是莫扎特，你或许有资本狂妄，而莫扎特只有一个；在文学上，你若是莎士比亚，你或许有资本狂妄，而莎士比亚只有一个；在美术上，你若是米开朗琪罗，你或许有资本狂妄，而米开朗琪罗只有一个……

世界之大，伟人之众，即使一天24小时掰着指头不停地数，也不知什么时候才能数到我们头上呢！我们又有多大的本事和成就可以狂妄呢？

狂妄与无知常常连在一起。俗话说："鼓空声高，人狂话大。"凡是狂妄的人，都过高地估计自己，过低地估计别人。他们口头上无所不能，评人论事谁也看不起，总是这个不行，那个也不行，只有自己最行。在他们眼里，自己好比一朵花，别人都是豆腐渣。

有的人读了几本书，就自以为才高八斗，学富五车，无人可比，现在的文学大家、科学巨匠全部不在话下；有的人学了几套拳脚，就自以为武功高强，身怀绝技，可以到处称雄，颇有打遍天下无敌手的气势；有的人演过一两部电影，就自以为演技超群，名扬四海，俨然当代影视圈中最耀眼的明星……

狂妄的结局是自毁、是失败，这是被无数事实证明了的客观规律。综观历史，只有虚心谨慎、求真务实的人，才能在事业上有所成就。

在现实生活中，无知者狂妄当然令人鄙夷，就是有一些本事的人，狂妄起来也毫无益处。有了本事自视过高，并进而发狂，表面看来似乎狂得有点"道理"，其实这是不知天高地厚的浅薄气在作怪。他们不懂得天外有天、山外有山的道理。妄自尊大、总想出人头地露一手的人，到头来只能是摔大跟头。

人生在世，总是谦虚一些、谨慎一些，多一点儿自知之明为好。"天不言自高，地不言自厚"。一个人有无本事，本事有多大，别人都看得见。

看看那些成绩斐然、为人类社会作出重大贡献的科学名家们，看看那些功力深厚、饮誉世界的艺术大师们，他们当中绝少有人因为自己具有足够资本而狂一狂的。他们却是非常自知而又非常谦虚的。所以，我们为人处世应是戒骄破满，不可狂妄。